ベーシック圏論
普遍性からの速習コース

T. レンスター 著
斎藤恭司 監修
土岡俊介 訳

丸善出版

Basic Category Theory

TOM LEINSTER

Copyright © Tom Leinster 2014
Japanese translation rights arranged with
Cambridge University Press
through Japan UNI Agency, Inc., Tokyo

監修者まえがき

　本書は圏論を初めて学ぶもののための入門書である．圏論において最も基本的なことについて類書に例をみない懇切丁寧な解説をしている．
　それでは，圏論とは何であろうか．本書の冒頭に原著者は「圏論は鳥の目で数学を俯瞰する」と述べている．すなわち，数学的対象や構造を理解するさいに，その記述に要する下部構造を忘れてしまい，その上澄みの構造だけをみることにより初めて見えてくるものがある．それを扱うのが圏論だというわけである．数学の論理が単純に下部構造や上部構造というように分離されるわけではないが，あえてたとえてみれば，コンピュータの機構をハードウェアとソフトウェアに分けたときのソフトウェアのようなものともいえるであろうか．思うに，この「上部構造の論理を取り扱う言語」という圏論のもつ性格のため，数学を学ぶうえで，圏論の役割はほかの個別の分野とは一風変わっているところがあるように思える．ここで，その特徴を説明するために，私自身の50年あまりにわたる圏論との関わりについて振り返ってみる．そのことが，現在もなお圏論への戸惑いと抵抗が残る研究者へは私なりの答えを示すことを，またいま新たに数学を学び始める方々へは励ましのメッセージとなることを期待する．
　圏論について初めて学んだのはいまから半世紀以上昔の1960年代前半のことである．そのころは圏および関手の例として与えられていたのは，群や環などの種々の代数構造の圏であったり，位相空間の圏から複体の圏への関手あるいはコホモロジー作用素の理論であったりした．そこに登場した普遍性とよばれる概念そのものは魅力的で，多くの数学構造がそれにより特徴づ

けられていく様子は楽しくもあったが，何ゆえに圏という概念を導入する必然性があるのか，当時の私には不明であった．つまり，圏という概念を持ち込まなくとも，物事は十分に理解できるように思われた．しかしその後 1960 年代後半から 70 年代前半にかけて Grothendieck による代数幾何学を学び，そこに表現可能関手や導来圏の概念[1]をみるにおよんで，圏論的アプローチによりそれまで見えていなかったものが見えるようになったことに驚きを感じた．すなわち，それまでは空間とか点とかはそれぞれ集合とその元というようにはっきりした「実体」だと思っていたものが実は「実体」は何もない対象物 (objects) 間の射 (morphism) にすぎないという認識の転換が必要で，それによりいろいろなことが見えるようになったことに驚いたのである[2]．

その後 20 年あまりを経て，Kontsevich によるホモロジカル鏡像対称性予想[3]の登場により事態はさらに一転した．その予想とは，ある複素多様体とシンプレクティック多様体の組に対して，一方の複素多様体にはその複素構造に由来するある圏を対応させ，他方の多様体にはそのシンプレクティック構造に由来する別の圏を対応させると，それらの二つの圏の導来圏は等価になるのではないかというものである．ここでは，もはや圏なしには命題を述べることすらできない．複素多様体やシンプレクティック多様体はともに幾何学の大きなテーマであり，それぞれ独立に研究されてきた．しかるにこの予想では，それぞれが元来もっていた複素構造やシンプレクティック構造などの下部構造を忘れることがむしろ積極的に奨励され，忘れることによりそれ

---

[1] アーベル圏とそれに付随する導来圏の概念は本書の範囲を超えるが，それらは圏論を引き続き学ぶさいの重要なテーマとなる．アーベル圏を局所化することにより導来圏の概念が Grothendieck により導入された．(R. Hartshorne, *Residues and Duality* (Springer, 1966), J.-L. Verdier, "Des Catégories Dérivées des Catégories Abéliennes" (in French), *Astérisque* **239** (Paris: Société Mathématique de France, 1996) 参照．) 彼はそのような視点から，それ以前の代数幾何学を全面的に書き換えてしまった．その目的が Weil 予想の解決にあったこと，またその Weil 予想自体は Deligne により解決されたこと (1974) は数学史上よく知られている．

[2] 数学において圏論が発展した 20 世紀後半という同じ時期に，物理学においても宇宙の構成要素が単純に素粒子というような「点」ではなく，弦 (string) とよばれる区間または円周から時空への写像であり，とくに開弦 (open string) はその両端点がそれぞれ位置する二つのブレイン (brane) の間の「射」とみなせるという，いわゆる弦理論が発展したのは単なる偶然であろうか．私にはこの同時期に宇宙と数学の基本に関する人間の認識の変革が進んだように見える．現在，物理学における超弦理論（超対称性をもつ弦理論のこと）と圏論的な数学とが相互に強い影響をもちながら発展を続けているのは偶然ではないであろう．

[3] M. Kontsevich, "Homological algebra of mirror symmetry", arXiv:alg-geom/9411018 (1994). この予想は，脚注 2 で述べた超弦理論のコンパクト化の中で物理学者により発見された対称性を Kontsevich が数学の圏論の言葉で捉え直したものである．

らの上部構造として導来圏論的には等価な数学構造が出現するという主張に驚かされる．また翻ってその等価性が，もともとの個別の圏に対し新たな視点と理解を深める手掛りとなっていくのである．実際に，この予想を機にしてそれを裏づけるべく多くの研究が生まれ，それはいまなお進行中である．

このように，二つのまったく異なる数学構造を背景にした圏が同値になるという現象は，この例にとどまらない．たとえば，Riemann–Hilbert 対応とよばれるある種の微分方程式の圏と構成可能層の導来圏は等価になる（柏原, Mebkhout, 1984）という結果がある．今後ともそのような現象は数学の至るところで発見され続けるだろう．もはや，圏論的視点をもたずして数学全体を見渡すことは不可能といえる．もしかしたら，人間の認識は本質的にそのような圏論的構造をもっているのかもしれない．

以上を踏まえると，これから数学を学ぶものにとって圏論は必須項目であると思う．そのために基本事項を丁寧に解説する本書の邦訳がなされたことを心より歓迎したい．本書は豊富な例題を含み，それらは本文と渾然一体となって読者の理解を助け，また演習問題を解いていくうちに自然と基礎体力が向上するような仕組みになっている．原著者は，例は読者の視界を広げるためのものであるから最初から全部を理解する必要はないとしているが，演習問題はすべてを解くことを勧めている．実際，初心者にとっては初見の例もあるかもしれないが，見る限り数学の中で基本的な素材から本書を理解する適切な例題たちを与えている．読者には必要な文献を自ら補いながらでも理解するよう努めることをお勧めしたい．演習問題には訳者による懇切丁寧な解答が与えられているが，やはり私も読者にはまず自力で挑戦することをお勧めする．

訳者の土岡俊介氏は表現論の第一線の研究者であり圏論を多用する立場にあるが，入門書として平易な言葉で書かれた原著の意図をくみ，読みやすい語り口となるよう訳文には細心の配慮を払っている．ともすれば無味乾燥になりがちな圏論というテーマに対してなされたこのような努力は多としてよいと思う．本書により圏論の世界に導かれる読者の多からんことを願ってこの監修者まえがきを終える．

2016 年 12 月　斎藤恭司

目　次

監修者まえがき　　　　　　　　　　　　　　　　　　　　　　iii

読者への注意　　　　　　　　　　　　　　　　　　　　　　　ix

序　論　　　　　　　　　　　　　　　　　　　　　　　　　　1

第 1 章　圏・関手・自然変換　　　　　　　　　　　　　　　11
　　1.1　圏 12
　　1.2　関手 20
　　1.3　自然変換 32

第 2 章　随　伴　　　　　　　　　　　　　　　　　　　　　49
　　2.1　定義と例 49
　　2.2　単位と余単位からみた随伴 60
　　2.3　始対象からみた随伴 68

第 3 章　休憩：集合論について　　　　　　　　　　　　　　77
　　3.1　集合にまつわる諸構成 78
　　3.2　小さな圏と大きな圏 87
　　3.3　歴史についての注意 93

第 4 章　表現可能関手　　　101

- 4.1　定義と例 102
- 4.2　米田の補題 113
- 4.3　米田の補題の帰結 119

第 5 章　極　限　　　129

- 5.1　極限：定義と例 129
- 5.2　余極限：定義と例 150
- 5.3　関手と極限の相互作用 163

第 6 章　随伴・表現可能関手・極限　　　169

- 6.1　随伴と表現可能関手からみた極限 169
- 6.2　前層の極限，余極限 173
- 6.3　随伴関手と極限の相互作用 188

付録 A　一般随伴関手定理の証明　　　205

ブックガイド　　　209

演習問題の解答　　　213

訳者あとがき　　　259

記号索引　　　261

欧文索引　　　263

和文索引　　　265

読者への注意

本書は高度な教科書ではない．執筆にさいして，英国における学部相当の数学の知識のみを仮定した．また講義を受けるのではなく，読書を通じて数学を学ぶのに慣れていることを読者には想定していない．さらに，圏論の最も基本的な内容のほかはあえて割愛することで，扱う話題は意図的に少なくした．ふさわしい後続の本が，「ブックガイド」の章に示されている．

本書を読むにあたって，読者に念頭においてほしいことを二つ述べる．例に関することと，演習問題に関することである．

新しい概念を説明するたびに，十分すぎるほどの例を与えた．しかし，それらをすべて理解する必要はない．実際，筆者が本書の草稿を用いて行った講義において，すべての例を理解できるだけの数学的教養をもっていた学生はいなかったと思う．重要なことは，理解できる例を通じて，読者が知っている数学と新しい概念を関連づけることである．

演習問題については，ほかの教科書の著者と同様，すべて解くことを強く推奨する．この文面は，重要な示唆を含んでいる．数論や組合せ論において，簡潔に述べられた問題が，非常に込み入った解答を必要とすることは珍しくない．しかし基礎レベルの圏論において，問題文が理解できることは，解答を知っていることとほとんど等価なのだ[1]．たいていの場合，演習問題の解き方は一通りしかない．ゆえに，もし演習問題が解けないのだとしたら，有効な処方箋は問題に現れた術語をよく見直し，それらを**完全**に理解しているか

---

[1] [訳註] この文面は正しいと思うが，実際のところいくつかの問題は「問題文が理解できることは，解答を知っていることとほとんど等価」より程度の高いものに見受けられる．

どうか自問することだ．焦らないこと．問題に取りかかるのではなく，理解することが，圏論の初歩を学ぶさいの主な課題である[2]．

Mac Lane (1971) のような引用は，「ブックガイド」に載せられた典拠を意味している．

本書はグラスゴー大学，それ以前にケンブリッジ大学の修士向けに行った講義を発展させたものである．さらにケンブリッジにおける講義は，Martin Hyland と Peter Johnstone による長年にわたる講義に基づいている．本書は以上のすべてと本質的に異なるが，いくつかの演習問題，トピックの進め方，あるいは言い回しさえも，その長い進化の過程で変わらずに残っている．それらへの恩義をここに明記したい．そして François Petit，学生たち，匿名の査読者たち，ケンブリッジ大学出版局のスタッフのみなさまにも感謝申し上げる．

---

[2] [訳註] 日本語への翻訳にあたり（演習問題 1.1.12, 1.2.20, 1.3.25, 2.1.12, 4.1.26 を除いた）計 101 問に訳者が解答（略解）を付した．除いた 5 個の演習問題は，それぞれ圏，関手，自然変換，随伴，表現可能関手の例をあげよという問題である．また演習問題 3.3.1 については，監修者が解答を担当した．

序　論

圏論は鳥の目で数学を俯瞰する．空高くからは詳細は見えなくなるが，地上では見抜けなかったパターンに焦点を当てることができる．二数の最小公倍数は，どのような理屈によって線型空間の直和に似ているのだろうか？　離散位相空間，自由群，商体に共通するものは何だろう？　本書ではこれらや類似の問いの答えを明らかにする．読者は，数学においてこれまで気づくことのなかったパターンを見出すだろう．

本書で最も重要な概念は，**普遍性** (universal property)[1]である．数学に，とりわけ純粋数学に分け入っていくほどに，普遍性に遭遇する．本書のほとんどは，この概念の異なった現れを学ぶために費やされる．

数学のすべての分野がそうであるように，圏論にも分野に特有の語彙がある．それらは本書で順に説明するが，普遍性という考え方はあまりにも重要なので，この序論の章を使って説明しよう．圏論通だけがわかる業界用語は一切用いず，例を用いて説明する．

最初の普遍性の例は非常に単純だ．

例 0.1　1 を一つの元からなる集合とする．(この一つの元がどのように記されるかは重要でない．) このとき，1 は次の普遍性をもつ：

　　任意の集合 X について，X から 1 へただ一つの写像が存在する．

(ここで，語「写像」「関数」「射」はすべて同一の概念を意味している．)

実際，X を集合としよう．$f : X \to 1$ を，各 $x \in X$ の行き先 $f(x)$ を 1 の

---

[1] [訳註] 直訳すると「普遍的性質」であるが，訳語として「普遍性」が定着している．

唯一の元に取ることで定義できるから，写像 $X \to 1$ は**存在する**．これは，た だ**一つの**写像 $X \to 1$ である：どんな写像 $X \to 1$ も，X の各元を 1 のただ 一つの元に送るしかないのだから．

「ある条件を満たすなにがしがただ一つ存在する」という文言は，圏論で はありふれたものだ．この言い回しは，その条件を満たすなにがしが一つは 存在し，そして一つしか存在しないことを意味する．存在を示すには，少な くとも一つの存在を示す必要がある．一意性の証明には，高々一つの存在を 示さねばならない．言い換えると，その条件を満たすなにがしを二つ取って， それらが等しいことを示すのだ．

この例のような性質は，描写される対象（この場合，集合 1）が，それが 住んでいる世界の全体（この場合，集合の宇宙）とどのように関係している か述べているので，「普遍性」とよばれる．この性質は，「任意の集合 X につ いて」という文言から始まっているので，1 と**各々の**集合 X の関係について 何かしらを記述したものになっている：この場合，それは X から 1 へただ一 つの写像が存在する，ということである．

例 0.2 次の例は環を伴うものである．本書では環は乗法的単位元 1 をもつ と仮定し，環準同型写像は乗法的単位元を保つものと了解されたい．

環 $\mathbb{Z}$ は次の性質をもつ：任意の環 R について，環準同型写像 $\mathbb{Z} \to R$ がた だ一つ存在する．

存在を示すために，R を環とし，写像 $\phi : \mathbb{Z} \to R$ を

$$\phi(n) = \begin{cases} \underbrace{1 + \cdots + 1}_{n} & (n > 0), \\ 0 & (n = 0), \\ -\phi(-n) & (n < 0). \end{cases}$$

によって定義しよう（ここで $n \in \mathbb{Z}$）．ϕ が環準同型写像であることが，一連 の初等的な確認作業によりわかる．

一意性を示すために，R を環とし，$\psi : \mathbb{Z} \to R$ を環準同型写像とする．ψ が，いままさに定義した ϕ と同一の写像になっていることを示せばよい．環 準同型写像は乗法的単位元を保つので $\psi(1) = 1$ である．環準同型写像は加 法を保つので，任意の $n > 0$ について

$$\psi(n) = \psi(\underbrace{1 + \cdots + 1}_{n}) = \underbrace{\psi(1) + \cdots + \psi(1)}_{n} = \underbrace{1 + \cdots + 1}_{n} = \phi(n)$$

が成り立つ．環準同型写像は加法零元を保つので $\psi(0) = 0 = \phi(0)$ を得る．最後に，環準同型写像は加法逆元を保つので，$n < 0$ について $\psi(n) = -\psi(-n) = -\phi(-n) = \phi(n)$ となる．

決定的に重要なこととして，与えられた普遍性を満たす対象は本質的に一つしか存在し得ないことがあげられる．この語「本質的に」は，二つの対象が同じ普遍性を満たす場合，それらは文字どおり[2]同じでないかもしれないが，つねに同型になることを意味している．たとえば：

補題 0.3 環 A が性質「任意の環 R について，ただ一つの環準同型写像 $A \to R$ が存在する」をもつとする．このとき環同型 $A \cong \mathbb{Z}$ が成り立つ．

証明 この性質をもつ環を「始対象」とよぶことにする．仮定として始対象 A が与えられていて，例 0.2 では $\mathbb{Z}$ が始対象であることを証明した．

A は始対象なので，ただ一つの環準同型写像 $\phi : A \to \mathbb{Z}$ が存在する．一方で，$\mathbb{Z}$ は始対象なので，ただ一つの環準同型写像 $\phi' : \mathbb{Z} \to A$ が存在する．いま，$\phi' \circ \phi : A \to A$ は環準同型写像であるが，当然，恒等写像 $1_A : A \to A$ もまたそうである．ゆえに，A の始対象性から $\phi' \circ \phi = 1_A$ となる．（これは始対象性の定義のうち，$R = A$ としたときの環準同型写像の一意性から従う．）同様に $\phi \circ \phi' = 1_\mathbb{Z}$ なので，ϕ と ϕ' は互いに逆になっており，A と $\mathbb{Z}$ の環同型を与える． □

この証明は，環の特殊性をほとんど使っておらず，実際はより高次の一般性に依拠している．このことを正確に理解するため，また網羅的に普遍性の考え方を伝えるために，より複雑な例を考えるのが有益だ．

例 0.4 線型空間 V が基底 $(v_s)_{s \in S}$ をもつとする．（たとえば V が有限次元ならば，$S = \{1, \ldots, n\}$ と取れる．）任意の線型空間 W について，V から W への線型写像は，各基底の元がどこに行くかによって指定できる．ゆえに，

$$\text{線型写像 } V \to W$$

---

[2] ［訳註］「集合として」という言い回しを好む人も多い．

と
$$\text{写像 } S \to W$$
の間に，自然な1対1対応が存在する．なぜなら，基底の元たちの割り当ては，V 上の線型写像にただ一通りに拡張されるからである．

最後の言明を言い直そう．写像 $i : S \to V$ を $i(s) = v_s$ によって定める ($s \in S$)．このとき，V と i は次の普遍性をもつ：

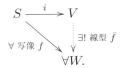

この図式は，任意の線型空間 W と任意の写像 $f : S \to W$ について，$\bar{f} \circ i = f$ なる線型写像 $\bar{f} : V \to W$ がただ一つ存在することを意味している．記号 $\forall$ は「任意の」を，記号 $\exists!$ は「ただ一つ存在する」をそれぞれ表している．

別の言い方をすると，「$\bar{f} \circ i = f$」は，「すべての $s \in S$ について $\bar{f}(v_s) = f(s)$」となる．よって，図式は基底上で定義された任意の写像 f がただ一通りに V 全体に拡張されることを主張している．さらに言い換えれば，写像

$$\{\text{線型写像 } V \to W\} \to \{\text{写像 } S \to W\},$$
$$\bar{f} \mapsto \bar{f} \circ i$$

は全単射である，ということだ．

例 0.5 与えられた集合 S について，S に**離散位相** (discrete topology)（すべての部分集合が開集合）を導入することにより位相空間 $D(S)$ を構成できる．この位相では，S から位相空間 X への**任意の写像は連続**になる．

再び言い直してみよう．写像 $i : S \to D(S)$ を $i(s) = s$ によって定義する（ここで $s \in S$）．すると $D(S)$ と i は，次の普遍性をもつ：

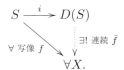

つまり，任意の位相空間 X と写像 $f : S \to X$ について，$\bar{f} \circ i = f$ なる連続

写像 $\bar{f} : D(S) \to X$ がただ一つ存在する．この連続写像 $\bar{f}$ は，単なる集合の間の写像ではなく位相空間の間の連続写像と思うことを除けば，写像 f と同一である．

この普遍性は，ほとんど自明すぎて無意味だと感じるかもしれない．しかし，もしも $D(S)$ の定義を，たとえば離散位相から密着位相（ここでは開集合は $\emptyset$ と S のみである）へ変更すると，先の普遍性は成り立たない．ゆえに，この性質は離散位相について本当に何かしら主張しているのであり，それは離散位相空間からの任意の写像は連続だということである．

実際，S が与えられたとき，普遍性は $D(S)$ と i を一意的に（より正確にいうと，同型を除いて一意的になのだが，さらなる注意が必要な読者はいるかな？）決定する．証明は先の補題 0.3 や以下の補題 0.7 と同様である．

例 0.6 与えられた線型空間 U, V, W について，**双線型写像** (bilinear map) $f : U \times V \to W$ とは写像 f であって，各引数について線型なものをいう（ここで $u, u_1, u_2 \in U$ で $v, v_1, v_2 \in V$ かつ λ, μ はスカラー）：

$$f(u, \lambda v_1 + \mu v_2) = \lambda f(u, v_1) + \mu f(u, v_2),$$
$$f(\lambda u_1 + \mu u_2, v) = \lambda f(u_1, v) + \mu f(u_2, v).$$

双線型写像のよい例として，実線型空間の内積（ドット積）

$$\begin{array}{ccc} \mathbb{R}^n \times \mathbb{R}^n & \to & \mathbb{R}, \\ (\boldsymbol{u}, \boldsymbol{v}) & \mapsto & {}^t\boldsymbol{u} \cdot \boldsymbol{v} \end{array}$$

があげられる．外積（クロス積）$\mathbb{R}^3 \times \mathbb{R}^3 \to \mathbb{R}^3$ もまた双線型である．

U と V を線型空間とすると，事実として $U \times V$ を定義域とする「普遍的な双線型写像」が存在する．言い換えると，適切な線型空間 T と適切な双線型写像 $b : U \times V \to T$ で，次の普遍性をもつものが存在する．

$$\begin{array}{ccc} U \times V & \xrightarrow{b} & T \\ & \searrow_{\forall \text{双線型 } f} & \downarrow_{\exists! \text{ 線型 } \bar{f}} \\ & & \forall W. \end{array} \quad (0.1)$$

大ざっぱにいえば，$U \times V$ を定義域とする双線型写像と，T を定義域とする線型写像が 1 対 1 に対応する，ということだ．

6 序論

T や b が何ものかわからなくても，普遍性が T と b を同型を除いてただ一通りに決定することは，ただちに証明できる．証明は補題 0.3 と本質的に同じだが，より複雑な普遍性のゆえに，より複雑にみえる．

補題 0.7 U, V を線型空間とする．$b : U \times V \to T$ と $b' : U \times V \to T'$ がともに普遍性を満たすと仮定すると，$T \cong T'$ となる．より正確に述べると，$j \circ b = b'$ となるただ一つの同型写像 $j : T \to T'$ が存在する[3]．

以下の証明において，「双線型」や「線型」ひいては「線型空間」が何を意味するかさえ，実際には関係しない．難しいところは，証明の論理を一本筋の通った明快なものにすることだ．それさえできれば，可能な証明は一つしかないことがわかる．たとえば，b の普遍性を使うためには，$U \times V$ を定義域にする双線型写像を一つ選択しなければならない．目下，その候補は b と b' の二つしかなく，ふさわしい場所でそれぞれ使うことになる．

証明 図式 (0.1) において，$(U \times V \xrightarrow{f} W)$ として $(U \times V \xrightarrow{b'} T')$ を採用する．これにより線型写像 $j : T \to T'$ であって $j \circ b = b'$ なるものが得られた．同様に b' の普遍性を用いて，$j' \circ b' = b$ なる線型写像 $j' : T' \to T$ を得る：

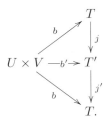

さて，$j' \circ j : T \to T$ は $(j' \circ j) \circ b = b$ なる線型写像である．一方で，恒等写像 $1_T : T \to T$ も線型で $1_T \circ b = b$ を満たす．だから b の普遍性のうち，一意性の部分から $j' \circ j = 1_T$ を得る．(ここで (0.1) の「f」として b を取った．) 同様に $j \circ j' = 1_{T'}$ となるので，j は同型写像である． □

例 0.6 において，与えられた線型空間 U, V について，普遍性 (0.1) を満

---

[3] ［訳註］より精密に述べるなら「$j \circ b = b'$ となるただ一つの線型写像 $j : T \to T'$ が存在する．このとき j は同型写像である」となるが，圏論における unique up to unique isomorphism の表現としては本文中の命題が適切である．

たす組 (T, b) の存在を事実として述べ，本質的に一つしか存在しないことを先ほど証明した．この線型空間 T は U と V の**テンソル積** (tensor product) とよばれ，$U \otimes V$ と書かれる．テンソル積は代数学においてとても重要である．$U \times V$ からの双線型写像は $U \otimes V$ からの線型写像であるから，テンソル積は双線型写像の研究を，線型写像の研究に帰着する．

しかし，テンソル積は本書において重要な役割を果たさない．教訓は，単にテンソル積の**ある**実現[4]ではなく，テンソル積そのもの[5]に安全に言及できる[6]ということだ．その理由は補題 0.7 にあるとおりである．これは普遍性を満たすものであれば何であれ適用可能な一般的な事柄である．

一度その対象の普遍性を理解すれば，それがどのように構成されたか忘れてしまってもたいてい害はない．たとえば，山積みの代数学の教科書に目を通せば，二つの線型空間のテンソル積のいくつか異なった構成方法を見出すだろう．しかし，どの構成方法であれ，そのテンソル積が普遍性を満たすことを一度証明すれば，構成方法は忘れても構わない．普遍性は同型を除いて対象を一意的に決定するのだから，必要なことはすべて普遍性が教えてくれる．

例 0.8 $\theta : G \to H$ を群準同型とする．θ に付随した図式

$$\ker(\theta) \xhookrightarrow{\iota} G \begin{smallmatrix} \theta \\ \rightrightarrows \\ \varepsilon \end{smallmatrix} H \tag{0.2}$$

を考えよう．ここで ι は $\ker(\theta)$ から G への包含写像であり，ε は自明な群準同型である．「包含写像」とは任意の $x \in \ker(\theta)$ について $\iota(x) = x$ となる写像を意味し，「自明な」は任意の $g \in G$ について $\varepsilon(g) = 1$ となることを意味している．記号 $\hookrightarrow$ はしばしば包含写像を表すために用いられる．これは部分集合の記法 $\subset$ と矢印の組み合わせである．

G への写像 ι は $\theta \circ \iota = \varepsilon \circ \iota$ を満たし，このようなものの中で普遍的である．演習問題 0.11 はこれを正確に述べよ，というものだ．

次は本章で最後の普遍性の例である．

---

[4] [訳註] 原著では *a* tensor product.
[5] [訳註] 原著では *the* tensor product.
[6] [訳註] 代数的性質（たとえば $1 + \omega + \cdots + \omega^{n-1} = 0$ が成り立つこと）が ω の取り方によらないので，1 の原始 n 乗根 ω ($\omega^n = 1$, $1 \leq \forall m < n$, $\omega^m \neq 1$ なる複素数）と言及できるように，テンソル積にも言及できる．なお正標数 p の代数閉体 $\overline{\mathbb{F}_p}$ では，1 の原始 n 乗根というだけではその最小多項式は一般には一意的に定まらない．

8 序論

例 0.9 二つの開集合で被覆された位相空間 $X = U \cup V$ を考える．包含写像からなる図式

$$\begin{array}{ccc} U \cap V & \xrightarrow{i} & U \\ {\scriptstyle j}\downarrow & & \downarrow{\scriptstyle j'} \\ V & \xrightarrow{i'} & X \end{array}$$

は位相空間と連続写像の世界で，次の普遍性をもつ：

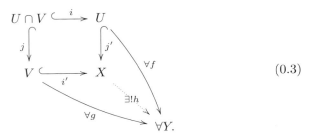
(0.3)

この図式は，与えられた Y, f, g で $f \circ i = g \circ j$ なるものについて，$h \circ j' = f$ かつ $h \circ i' = g$ なる連続写像 $h : X \to Y$ がただ一つ存在することを意味する．

都合のよい条件下においては，誘導された基本群の間の図式

$$\begin{array}{ccc} \pi_1(U \cap V) & \xrightarrow{i_*} & \pi_1(U) \\ {\scriptstyle j_*}\downarrow & & \downarrow{\scriptstyle j'_*} \\ \pi_1(V) & \xrightarrow{i'_*} & \pi_1(X) \end{array}$$

も，群と群準同型の世界で同じ普遍性をもつ．これが **van Kampen** の定理である．実際のところ，van Kampen はこの定理をずっと複雑な方法で定式化した．わかりやすく明瞭に述べるには圏論の言語が必要だが，彼は 1930 年代に研究していたのであり，それは圏論の誕生以前であった．

いままで，普遍性のいくつかの例をみてきた．これから本書において，普遍性の異なった見かけの記述方法を展開していく．圏と関手の基本的語彙を確立した後，**随伴関手**，**表現可能関手**，そして**極限**を調べる．これらの各々は普遍性へのそれぞれのアプローチを提供し，それぞれ異なった観点に考え

方の焦点を当てる．たとえば，例 0.4 と例 0.5 は随伴関手の観点から，例 0.6 は表現可能関手の観点から，例 0.1，例 0.2，例 0.8 および例 0.9 は極限の観点から最も心地よく記述できる．

演習問題

0.10 S を集合とする．**密着** (indiscrete) 位相空間 $I(S)$ とはその開集合が $\emptyset$ と S のみであるような位相空間のことである．例 0.5 をまねて，位相空間 $I(S)$ の満たす普遍性を見つけよ．

0.11 $\theta : G \to H$ を群準同型とする．図式 (0.2) 中のペア $(\ker(\theta), \iota)$ の満たす普遍性は何か？（当然，この性質は θ に依存するべきである．）

0.12 図式 (0.3) に示されている普遍性を確かめよ．

0.13 $\mathbb{Z}$ 係数の 1 変数多項式環を $\mathbb{Z}[x]$ と記す．

(a) 任意の環 R と任意の $r \in R$ について，環準同型 $\phi : \mathbb{Z}[x] \to R$ であって $\phi(x) = r$ なるものがただ一つ存在することを示せ．

(b) A を環とし，$a \in A$ をその元とする．任意の環 R と任意の $r \in R$ について，環準同型 $\phi : A \to R$ であって $\phi(a) = r$ なるものがただ一つ存在すると仮定する．このとき環同型写像 $\iota : \mathbb{Z}[x] \to A$ で $\iota(x) = a$ なるものがただ一つ存在することを示せ．

0.14 X と Y を線型空間とする．

(a) この問題に限り，**錐**とは線型空間 V と線型写像 $f_1 : V \to X$, $f_2 : V \to Y$ からなる三つ組 (V, f_1, f_2) のこととする．錐 (P, p_1, p_2) で次の普遍性「任意の錐 (V, f_1, f_2) について，線型写像 $f : V \to P$ であって $p_1 \circ f = f_1$ かつ $p_2 \circ f = f_2$ なるものがただ一つ存在する」を満たすものは何か？

(b) (a) で述べた普遍性をもつ錐は本質的にただ一つ存在することを示せ．すなわち，(P, p_1, p_2) と (P', p'_1, p'_2) がともに普遍性をもつならば，同型写像 $i : P \to P'$ で $p'_1 \circ i = p_1$ かつ $p'_2 \circ i = p_2$ なるものが存在することを示せ．

(c) この問題に限り，**余錐**とは線型空間 V と線型写像 $f_1: X \to V$, $f_2: Y \to V$ からなる三つ組 (V, f_1, f_2) のこととする．余錐 (Q, q_1, q_2) で次の普遍性「任意の余錐 (V, f_1, f_2) について，線型写像 $f: Q \to V$ であって $f \circ q_1 = f_1$ かつ $f \circ q_2 = f_2$ なるものがただ一つ存在する」を満たすものは何か？

(d) (c) で述べた普遍性をもつ余錐は本質的にただ一つ存在することを示せ（その意味を正確にすることも問題に含まれている）．

第1章　圏・関手・自然変換

　圏は互いに関係をもつ対象からなる体系である．対象は孤立して圏に棲みついているのではない．対象の間の射という概念があって，対象たちを結び付けている．

　「対象」の典型的な例は「群」あるいは「位相空間」だろうし，それぞれの場合に「射」の典型的な例は「群準同型」あるいは「連続写像」だろう．これから多くの例を理解し，またいくつかの圏はいま述べた二つの圏とはかなり異なった趣であることを学ぶ．実際，圏論における「射」は読者が最も慣れ親しんでいると思われる意味での関数である必要はない．

　圏は**それ自身**数学的な対象である．このことを念頭におけば，「圏の間の射」にふさわしい概念があることは驚くに値しないだろう．そのような射は関手とよばれている．おそらくより驚くべきことに，三番めのレベルの存在があげられる：関手間の自然変換とよばれる射について論じることができる．すなわちそれは，圏の間の射の間の射である．

　実際のところ，自然変換なる概念を定式化したいという要求が圏論を誕生させた．1940 年代初頭，代数的位相幾何学者は「自然変換」という言い回しを，あくまで非公式に使い始めた．正確な定義の必要性を見抜いたのが，Samuel Eilenberg と Saunders Mac Lane という二名の数学者である．しかし，自然変換を定義するには関手を定義する必要があり，そして関手を定義するには圏を定義する必要があった．このようにして圏論は誕生した．

　今日，圏論は代数的位相幾何学の範囲をはるかに超えてさまざまな分野で使われている．その触手は純粋数学のほとんどに伸びており，また応用数学の

いくつかの研究分野にも及んでいる．このうちおそらく最も注意に値するのは，ある種の計算機科学においては圏論が標準的な道具になったことだ．応用数学は単なる応用微分方程式論より真に内容のあるものなのだ！

1.1 圏

定義 1.1.1 圏 (category) $\mathscr{A}$ とは，

- 対象 (object) の集まり $\mathrm{ob}(\mathscr{A})$
- 各 $A, B \in \mathrm{ob}(\mathscr{A})$ について，A から B への**射** (map, morphism) または**矢印** (arrow) の集まり $\mathscr{A}(A, B)$
- 各 $A, B, C \in \mathrm{ob}(\mathscr{A})$ について，**合成** (composition) とよばれる関数

$$\begin{array}{rcl} \mathscr{A}(B, C) \times \mathscr{A}(A, B) & \to & \mathscr{A}(A, C) \\ (g, f) & \mapsto & g \circ f \end{array}$$

- 各 $A \in \mathrm{ob}(\mathscr{A})$ について，A 上の**恒等射** (identity) とよばれる $\mathscr{A}(A, A)$ の元 1_A

からなり，以下の公理を満たすもののことである．

- **結合法則**：任意の $f \in \mathscr{A}(A, B), g \in \mathscr{A}(B, C), h \in \mathscr{A}(C, D)$ について $(h \circ g) \circ f = h \circ (g \circ f)$ が成り立つ
- **単位法則**：任意の $f \in \mathscr{A}(A, B)$ について $f \circ 1_A = f = 1_B \circ f$ が成り立つ

注意 1.1.2 (a) しばしば以下の記法を採用する：

$$\begin{array}{rl} A \in \mathrm{ob}(\mathscr{A}) & \text{の意味で} \quad A \in \mathscr{A} \\ f \in \mathscr{A}(A, B) & \text{の意味で} \quad f \colon A \to B \text{ または } A \xrightarrow{f} B \\ g \circ f & \text{の意味で} \quad gf \end{array}$$

$\mathscr{A}(A, B)$ は $\mathrm{Hom}_{\mathscr{A}}(A, B)$ あるいは $\mathrm{Hom}(A, B)$ とも書かれる．記法「Hom」は，最も初期の圏論の例に由来し，準同型を意味している．

(b) 圏の定義は，$\mathscr{A}$ の射の列

$$A_0 \xrightarrow{f_1} A_1 \xrightarrow{f_2} \cdots \xrightarrow{f_n} A_n$$

から,ちょうど一つの射(つまり $f_n f_{n-1} \cdots f_1$)

$$A_0 \to A_n$$

が構成できるように設計されている.付加的な情報があれば,別の射 $A_0 \to A_n$ を構成し得る.たとえば,たまたま $A_{n-1} = A_n$ だったとすると,$f_{n-1} \cdots f_1$ は別のそのような射になる.しかし,ここでは付加的な情報のない**一般**の状況を論じているのだ.

たとえば,$n = 4$ のときの列は二つの射

$$A_0 \xrightarrow[(f_4(1_{A_3} f_3))((f_2 f_1) 1_{A_0})]{((f_4 f_3) f_2) f_1} A_4$$

を生み出すが,公理によってこれらは等しい.括弧を外して両方とも安全に $f_4 f_3 f_2 f_1$ と書ける.

ここで $n \geq 0$ と意図されている.$n = 0$ の場合,言明は圏の各対象 A_0 についてちょうど一つの射 $A_0 \to A_0$(つまり恒等射 1_{A_0})が構成できるということになる.1 が 0 個の数の積(空積)と思えるように,恒等射は 0 重の合成(空合成)と思うことができる.

(c) たびたび**可換図式** (commutative diagram) について論じる.たとえば,

$$\begin{array}{ccc} A & \xrightarrow{f} & B \\ {\scriptstyle h}\downarrow & & \downarrow{\scriptstyle g} \\ C & \xrightarrow[i]{} D \xrightarrow[j]{} & E \end{array}$$

のように与えられた圏の対象と射について,$gf = jih$ のとき図式は**可換** (commute) であるという.一般的に,図式が可換であるとは,対象 X から Y への経路が二つ以上あるならいつでも,片方の経路に沿った合成で得られる X から Y への射が,他に沿った合成で得られる射と等しいことをいう.

(d) いささか曖昧に使った「集まり」という単語は,大ざっぱには「集合」と同じ意味である.もしもその辺に関する微妙な事柄を知っているなら「クラス」のことと思うのがよい.この話題については第 3 章で再論する.

(e) $f \in \mathscr{A}(A, B)$ について，A を f の**定義域** (domain) といい，B を f の**値域** (codomain) という．圏の射には，定義域と値域が明確に定まっている．（もしも読者が，任意の二つの抽象的な集合[1]の共通部分という概念が意味をもつと信じているのであれば，$A = A'$ かつ $B = B'$ でない限り $\mathscr{A}(A, B) \cap \mathscr{A}(A', B') = \emptyset$ という条件を圏の定義に付け加えること．)

例 1.1.3（**数学的構造の圏**[2]）　(a) 以下のように描写される圏 **Set** が存在する．その対象は集合である．集合 A と B について，圏 **Set** における A から B への射は，ちょうど通常は A から B への関数（あるいは写像，射）とよばれているものである．この圏における合成は関数の通常の合成であり，恒等射もまた想像どおりのものである．

このような状況では，たいてい合成や恒等射はわざわざ指定しない．「集合と関数の圏」と書いて，残りの詳細は読者に委ねるのだ．実際，普通はさらに進んで単に「集合の圏」とよぶ．

(b) 群のなす圏 **Grp** の対象は群で，射は群準同型写像である．

(c) 同様に，環と環準同型写像のなす圏 **Ring** がある．

(d) 体 k 上の線型空間とその間の線型写像のなす圏 $\mathbf{Vect}_k$ がある．

(e) 位相空間と連続写像のなす圏 **Top** がある．

本章では，圏の**内部**よりは，もっぱら圏の**間**の相互関係が主題になる．しかし次の定義は必要になる．

定義 1.1.4　圏 $\mathscr{A}$ の射 $f : A \to B$ が**同型射** (isomorphism) であるとは，射 $g : B \to A$ が存在して $gf = 1_A$ かつ $fg = 1_B$ となることをいう．

定義 1.1.4 の状況で，g は f の**逆射** (inverse) とよばれ $g = f^{-1}$ と書かれる．（一意性は演習問題 1.1.13 で正当化される．）A から B に同型写像が存在するとき，A と B は**同型**であるといい，$A \cong B$ と書く．

例 1.1.5　**Set** における同型射は，ちょうど全単射のことである．この言明

---
[1] [訳註] ここでは，ある共通の集合の部分集合になっているとは限らない二つの集合のこと．
[2] [訳註] 数学的構造をもつ集合の圏の意味．

は論理的にはまったく自明でない．この主張は，両側の逆をもつ関数と単射かつ全射な関数の同値性そのものだ．

例 1.1.6 **Grp** における同型射とは，ちょうど群同型写像のことである．少なくとも，読者が群同型写像の定義を「全単射な群準同型写像」と教わっているなら，再びこれは論理的にはまったく自明ではない．これが **Grp** における同型射であることを示すには，全単射な群準同型の逆写像もまた群準同型であることを証明する必要がある．

同様に，**Ring** における同型射は，ちょうど環同型写像のことである．

例 1.1.7 **Top** における同型射は，ちょうど同相写像のことである．**Grp** や **Ring** の場合とは違って，**Top** では全単射な連続写像は必ずしも同型射ではないことに注意しよう．古典的な例は，射

$$
\begin{aligned}
[0,1) &\to \{z \in \mathbb{C} \mid |z| = 1\} \\
t &\mapsto e^{2\pi i t}
\end{aligned}
$$

で，これは連続全単射だが，同相写像ではない．

ここまでに述べた圏の例は重要だが，間違った印象を与えかねない．どの例でも，圏の対象は構造をもった集合（それは群構造だったり，位相構造だったり，はたまた **Set** の場合には何の構造ももたなかった）であり，射は適切な意味で構造を保つ関数である．そしてどの例でも，対象の元が何かについては明確に定まっている．

しかし，すべての圏がこのようなわけではない．一般的には，圏の対象は「付加構造つき集合」ではない．ゆえに，一般の圏においては対象の「元」について論じることは意味をなさない．（少なくとも，定義からただちに従うような明白な方法では意味をなさない．この話題について定義 4.1.25 で再論する．）同様に，一般の圏で，射は必ずしも通常の意味における関数や写像ではない．まとめると：

圏の対象は，ほんのわずかでも集合のようである必要はないし，
圏の射は，これっぽっちも関数のようである必要はない．

以下の二，三の例がこのことの説明である．これらはまた，これまでに与え

16 第1章 圏・関手・自然変換

てしまったかもしれない印象に反して，圏は必ずしも広大でなくてもよいことを示している．いまからみるように，いくつかの圏は小さく，それ自身が扱いやすい構造になっている．

例 1.1.8（**数学的構造としての圏**） (a) 圏はその対象，射，合成，恒等射をじかに述べることで指定できる．たとえば，∅ は対象と射をもたない圏である．**1** はただ一つの対象とその上の恒等射のみからなる圏である．これは次のように書かれる：（各対象がその上の恒等射をもつことはわかっているので，通常は恒等射をわざわざ図示しない．）

$$\bullet$$

次のように描かれる二つの対象と，一つめの対象から二つめの対象への非恒等射を一つもつ圏もある：（合成はただ可能なようにだけ定義される．）

$$\bullet \longrightarrow \bullet \quad \text{または} \quad A \xrightarrow{f} B$$

上で述べた要点を繰り返すと，A や B の「元」が何かは明白ではなく，またどのようにして f を何らかの「関数」とみなせるかも明白でない．

より複雑な例を作ることは容易である．たとえば，さらに三つの圏がある：

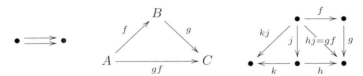

(b) 恒等射（これは，圏ならばもたねばならない）以外の射をもたない圏がある．これらの圏は**離散圏** (discrete category) とよばれる．離散圏は対象のクラスと同じである．より詩的にいえば，圏とは，多かれ少なかれ相互に関係している対象の集まりだ．離散圏はその極端な場合であって，各対象がその仲間から完全に孤立している．

(c) 群はただ一つの対象からなりすべての射が同型射であるような圏と本質的に同じである．

このことを理解するため，まずはただ一つの対象からなる圏 $\mathscr{A}$ を考えよう．この対象がどの文字や記号で表されるかは重要ではないので A とでもす

1.1. 圏

る．すると $\mathscr{A}$ は集合（あるいはクラス）$\mathscr{A}(A, A)$ と，結合的合成関数

$$\circ : \mathscr{A}(A, A) \times \mathscr{A}(A, A) \to \mathscr{A}(A, A)$$

で，両側単位元 $1_A \in \mathscr{A}(A, A)$ をもつものからなる．これは，逆元に触れなかったことを除けば，$\mathscr{A}(A, A)$ が群になることをいっている．しかし，$\mathscr{A}$ の各射が同型射であるということは，$\mathscr{A}(A, A)$ の各元が $\circ$ について逆をもつということと正確に同じである．

群 $\mathscr{A}(A, A)$ を G と書くことにすると，状況は次のようになっている：

ただ一つの対象 A をもつ圏 $\mathscr{A}$	対応する群 G
$\mathscr{A}$ における射	G の元
$\mathscr{A}$ における $\circ$	G における $\cdot$
1_A	$1 \in G$

圏 $\mathscr{A}$ は次のように図示される：

ここで矢印は異なる射 $A \to A$，すなわち群 G の異なる元を表している．

$\mathscr{A}$ の（ただ一つの）対象がどのようによばれるかは問題にならない．これはちょうど代数の問題を解くさいに，変数を表すのに x, y, t のどれを選んでもよいのと同じようにまったく重要でない．後に圏の「同値」を定義して，これまでの議論を正確な命題にする：群の圏は，一つの対象からなりすべての射が同型射であるような（小さい）圏のなす圏と圏同値である（例 3.2.11）．

群が一種の圏であるという考え方を知ったとき，ただの偶然または技巧として退けてしまいたくなるが，そうではない．そこには真に内容がある．

このことを理解するために，教育課程が入れ替わって群を学ぶ前に圏が既知だと想像してみよう．最初の群論の講義で講師は，群とは対象のすべての対称性のなす体系と考えられると宣言する．そして対象 X の対称性とは，X をもとに戻せる，あるいは可逆な方法で X 自身に写す方法のことであるという．ここに至って，聴衆は教授者が特殊な場合の圏について語っていることを悟るだろう．一般に，圏は（通常，一つではなく）**多く**の対象の間の（通

常，可逆なもの以外にも）あらゆる射からなる体系だからである．だから群はすべての射が可逆でただ一つの対象のみをもつという特殊な性質をもつ圏にほかならない．

(d) 先の例で逆射は本質的な役割を果たしていない．このことは，「逆元をもたない群」について一考の余地があることを示唆している．数学ではそのようなものはモノイドとよばれている．

形式的に，**モノイド** (monoid) とは結合的な二項演算とそれについての両側単位元をもつ集合のことである[3]．群は対象に適用可能な可逆な変換，あるいは対称性を描写しており，モノイドは必ずしも可逆とは限らない変換を描写している．たとえば，集合 X について，その上のすべての全単射 $X \to X$ がなす群と，その上のすべての関数 $X \to X$ がなすモノイドがある．どちらの場合も，二項演算は合成であり，単位元は X 上の恒等写像である．モノイドの別の例は，自然数の集合 $\mathbb{N} = \{0, 1, 2, \ldots\}$ に操作として $+$ を，単位元として 0 を考えたものがある．同じ集合 $\mathbb{N}$ に操作として $\cdot$ を，単位元として 1 を指定して，別のモノイドを考えることもできる．

群の場合と同様の議論により，一つの対象からなる圏は本質的にモノイドと同じである．このことは例 3.2.11 で正式に述べられる．

(e) **前順序** (preorder) とは，反射的で推移的な二項関係のことである．**前順序集合** $(S, \leq)$ とは，集合 S とその上の前順序 $\leq$ の組である．例として，$S = \mathbb{R}$ に通常の順序 $\leq$ を考えたものがあり，ほかには S を $\{1, \ldots, 10\}$ の部分集合の集合とし $\leq$ を $\subseteq$（包含）としたものや，a が b を割り切るという意味で $a \leq b$ を $S = \mathbb{Z}$ に定義したものなどがある．

前順序集合は，各 $A, B \in \mathscr{A}$ について A から B への射が高々一つであるような圏 $\mathscr{A}$ とみなすことができる．これを理解するために，この性質を満たす圏 $\mathscr{A}$ を考えよう．対象 A から対象 B へのただ一つの射をどの文字を用いて表示するかは重要ではない．記録しておくべきなのは，どの対象の組 (A, B) に射 $A \to B$ が存在するという性質があるかということである．そこで射 $A \to B$ が存在することを $A \leq B$ と書くことにしよう．

$\mathscr{A}$ は圏だから，射の合成がある．つまり $A \leq B \leq C$ ならば $A \leq C$．圏

---

[3]［訳註］結合的な二項演算をもつ集合は半群 (semigroup) とよばれる．

はまた恒等射をもつから，任意の A について $A \leq A$. つまり結合法則と単位法則が自動的に従うので，$\mathscr{A}$ は推移的かつ反射的な二項関係，すなわち前順序をもつ対象の集まりと同じである．ただ一つの射 $A \to B$ は，$A \leq B$ という言明または主張と考えることができる．

集合上の**順序**とは，前順序 $\leq$ であって，さらに $A \leq B$ かつ $B \leq A$ ならば $A = B$ という性質[4]（同値であるが，対応する圏において $A \cong B$ ならば $A = B$）をもつものである．順序集合は**半順序集合** (partially ordered set) または**ポセット** (poset) ともよばれる．前順序であって順序でない例は，$\mathbb{Z}$ 上の整除関係 $|$ である．（なぜなら，$2 \mid -2$ かつ $-2 \mid 2$ だが $2 \neq -2$ だから．）

既知の圏から，新しい圏を構成する方法を二つあげる．

構成 1.1.9 圏 $\mathscr{A}$ について，矢印の向きを反転させることで**反対圏** (opposite category) または**双対圏** (dual category) $\mathscr{A}^{\mathrm{op}}$ が定義される．形式的には $\mathrm{ob}(\mathscr{A}^{\mathrm{op}}) = \mathrm{ob}(\mathscr{A})$ で，すべての対象 A, B について $\mathscr{A}^{\mathrm{op}}(B, A) = \mathscr{A}(A, B)$. $\mathscr{A}^{\mathrm{op}}$ の恒等射は $\mathscr{A}$ の恒等射と同じである．$\mathscr{A}^{\mathrm{op}}$ における合成は $\mathscr{A}$ における合成と同じだが，引数の順序が逆転する．これを書き下すと：$A \xrightarrow{f} B \xrightarrow{g} C$ を $\mathscr{A}^{\mathrm{op}}$ の射とすると，$A \xleftarrow{f} B \xleftarrow{g} C$ は $\mathscr{A}$ の射である．後者は $\mathscr{A}$ の $A \xleftarrow{f \circ g} C$ という射を生じ，これに対応する $\mathscr{A}^{\mathrm{op}}$ の射 $A \to C$ はもともと考えていた $\mathscr{A}^{\mathrm{op}}$ の二つの射の合成である．

つまり $\mathscr{A}$ の矢印 $A \to B$ は $\mathscr{A}^{\mathrm{op}}$ の矢印 $B \to A$ に対応する．上の定義に従えば $f : A \to B$ が $\mathscr{A}$ の矢印ならば，対応する $\mathscr{A}^{\mathrm{op}}$ の矢印 $B \to A$ も f とよばれる．これに f^{op} といった異なる名前を与える流儀もある．

注意 1.1.10 **双対性** (duality) の**原理**は圏論の基本である．形式ばらずにいうと，すべての圏論の定義，定理，証明は，現れる矢印を逆転させて得られる**双対**をもつ．双対性の原理を有効利用すれば，作業の省略が可能になる：既知の定理とその証明について一貫して矢印を逆転させれば，双対の定理が得られる．本書では双対性に関するたくさんの例が登場する．

構成 1.1.11 圏 $\mathscr{A}$ と $\mathscr{B}$ について，**直積圏** (product category) $\mathscr{A} \times \mathscr{B}$ が次で定義される：

---

[4]［訳註］反対称律とよばれる．

$$\mathrm{ob}(\mathscr{A} \times \mathscr{B}) = \mathrm{ob}(\mathscr{A}) \times \mathrm{ob}(\mathscr{B}),$$
$$(\mathscr{A} \times \mathscr{B})((A, B), (A', B')) = \mathscr{A}(A, A') \times \mathscr{B}(B, B').$$

別の表現をするならば,直積圏 $\mathscr{A} \times \mathscr{B}$ の対象は組 (A, B) で (ここで $A \in \mathscr{A}$, $B \in \mathscr{B}$),射 $(A, B) \to (A', B')$ は組 (f, g) である (ここで $f: A \to A'$ は $\mathscr{A}$ の射で,$g: B \to B'$ は $\mathscr{B}$ の射). $\mathscr{A} \times \mathscr{B}$ における合成と恒等射の定義については,演習問題 1.1.14 を参照されたい.

演習問題

1.1.12 いままでに述べられていない圏の例を三つあげよ.

1.1.13 圏の射が逆射をもつならば,それは高々一つであることを示せ.つまり射 $f: A \to B$ について $gf = 1_A$ かつ $fg = 1_B$ なる $g: B \to A$ は高々一つである.

1.1.14 $\mathscr{A}, \mathscr{B}$ を圏とする.構成 1.1.11 で定義された直積圏 $\mathscr{A} \times \mathscr{B}$ だが,合成と恒等射の定義をまだ与えていなかった.理にかなった定義は一通りしかない.それを書き下せ.

1.1.15 位相空間がその対象で,X から Y への連続写像のホモトピー類を射 $X \to Y$ とする圏を **Toph** と書く.**Toph** が圏であることを証明するには,ホモトピーの何を理解する必要があるか? **Toph** の二つの対象が同型であることを,純粋に位相空間論の言語でいうとどうなるか?

1.2 関手

圏論の一つの教訓は,新しい数学的対象に出くわすたび,それらの間の理にかなった「射」の概念が存在するかつねに問うてみるべきだということである.これを圏そのものについて適用してみよう.その答えは肯定的で,圏の間の射は関手とよばれている.

定義 1.2.1 $\mathscr{A}, \mathscr{B}$ を圏とする.**関手** (functor) $F: \mathscr{A} \to \mathscr{B}$ とは,

- $A \mapsto F(A)$ と書かれる関数
$$\mathrm{ob}(\mathscr{A}) \to \mathrm{ob}(\mathscr{B})$$
- $A, A' \in \mathscr{A}$ について $f \mapsto F(f)$ と書かれる関数
$$\mathscr{A}(A, A') \to \mathscr{B}(F(A), F(A'))$$

からなり，以下の公理を満たすもののことである．

- $\mathscr{A}$ で $A \xrightarrow{f} A' \xrightarrow{f'} A''$ となるものについて $F(f' \circ f) = F(f') \circ F(f)$
- $A \in \mathscr{A}$ について $F(1_A) = 1_{F(A)}$

注意 1.2.2 (a) 関手の定義は，$\mathscr{A}$ の射の列（ここで $n \geq 0$）
$$A_0 \xrightarrow{f_1} \cdots \xrightarrow{f_n} A_n$$
から，ちょうど一つの可能な $\mathscr{B}$ の射
$$F(A_0) \to F(A_n)$$
が構成できるように設計されている．たとえば，$\mathscr{A}$ において
$$A_0 \xrightarrow{f_1} A_1 \xrightarrow{f_2} A_2 \xrightarrow{f_3} A_3 \xrightarrow{f_4} A_4$$
となっているとき，$\mathscr{B}$ に
$$F(A_0) \xrightarrow[F(1_{A_4})F(f_4)F(f_3 f_2)F(f_1)]{F(f_4 f_3)F(f_2 f_1)} F(A_4)$$
なる射があるが，公理によってこれらは等しい．

(b) 構造つき集合と構造を保つ写像が（**Grp**, **Ring** といった）圏をなすという考えには慣れ親しんでいる．とくにこの考えは，圏と関手に適用できる．対象が圏で射が関手の圏 **CAT** が存在する．

この言明の一部分は，関手が合成できるということである．すなわち，関手 $\mathscr{A} \xrightarrow{F} \mathscr{B} \xrightarrow{G} \mathscr{C}$ について，新しい関手 $\mathscr{A} \xrightarrow{G \circ F} \mathscr{C}$ が明白な方法によって生じる．もう一つの部分は，各圏 $\mathscr{A}$ について，恒等関手 $1_{\mathscr{A}} : \mathscr{A} \to \mathscr{A}$ が存在するということである．

例 1.2.3 おそらく最も簡単な関手の例は，いわゆる**忘却関手** (forgetful functor) である．（これは非公式な用語で，正確な定義はない．）たとえば：

(a) 次のように定義される関手 $U : \mathbf{Grp} \to \mathbf{Set}$ がある：群 G について $U(G)$ は G の台集合（つまり元の集合）で，群準同型写像 $f : G \to H$ について $U(f)$ は写像 f そのものである．つまり U は群の群構造を忘れ，射が群準同型写像であることを忘れる．

(b) 同様に，環の環構造を忘れる関手 $\mathbf{Ring} \to \mathbf{Set}$ と，（体 k について）線型空間の線型構造を忘れる関手 $\mathbf{Vect}_k \to \mathbf{Set}$ がある．

(c) 忘却関手は必ずしもすべての構造を忘れる必要はない．たとえば，$\mathbf{Ab}$ をアーベル群[5]の圏としよう．環の乗法構造は忘れるが台となる加法群は覚えている関手 $\mathbf{Ring} \to \mathbf{Ab}$ が考えられる．あるいは，$\mathbf{Mon}$ をモノイドの圏とする．環の加法構造は忘れるが台となる乗法のモノイドは覚えている関手 $U : \mathbf{Ring} \to \mathbf{Mon}$ を考えることもできる．（つまり環 R について $U(R)$ は集合 R で，$\cdot$ と 1 によってモノイドになる．）

(d) 任意のアーベル群 A について $U(A) = A$ とし，任意のアーベル群準同型写像 f について $U(f) = f$ として定まる包含関手 $U : \mathbf{Ab} \to \mathbf{Grp}$ があるが，これはアーベル群が可換であったことを忘れる．

例 (a)–(c) の忘却関手は対象上の**構造**を忘れ，例 (d) の包含関手は**性質**を忘れる．それにもかかわらず，どちらの状況でも同じ「忘却」という単語を使うのが便利だと判明している．

忘却は自明な操作だが，それが効力を発揮するいくつかの状況がある．たとえば，任意の有限体の位数は素数べきであるという定理だが，証明の重要なステップはその体が体であることを忘れ，部分体 $\{0, 1, 1+1, 1+1+1, \ldots\}$ 上の線型空間であることのみを覚えておくことであった．

例 1.2.4 **自由関手** (free functor) は，ある意味で忘却関手の双対（これについては次章で論じる）であるが，それほど初等的というわけでもない．再び，「自由関手」は便利だが非公式な用語である[6]．

---
[5]［訳註］加法群，可換群，加群とよばれることもある．
[6]［訳註］「自由構成関手 (free construction functor)」という言い回しを好む人も多い．

(a) 集合 S について，S 上の**自由群** (free group) $F(S)$ を構成できる．これは S を部分集合として含む群であって，2.1 節で明確にされる意味で群の公理から必然的に従うこと以外には何の性質ももたない群である．直観的にいうと，群 $F(S)$ は集合 S に群になるのに十分なだけの新しい元を追加し，しかし群の公理から強制される以外の方程式は何も課さないことで得られる．

もう少し正確に述べてみよう．$F(S)$ の元は，$x^{-4}yx^2zy^{-3}$（ここで $x, y, z \in S$）といった形式的な表示あるいは**語** (word) である．二つのこういった語は片方から他方が通常の簡約規則で得られるとき等しいとみなされる．たとえば $x^3xy, x^4y, x^2y^{-1}yx^2y$ はすべて $F(S)$ の同じ元を表している．二つの語の乗法は，ただ単に一方をもう片方に続けて書く（連結する）だけである．たとえば，$x^{-4}yx$ 掛ける xzy^{-3} は $x^{-4}yx^2zy^{-3}$ である．

この構成法は，各集合 S について群 $F(S)$ を割り当てる．さらに，F は関手である．つまり集合間の写像 $f: S \to S'$ は群準同型写像 $F(f): F(S) \to F(S')$ を誘導する．たとえば，$f(w) = f(x) = f(y) = u$ と $f(z) = v$ で定義される集合間の写像

$$f: \{w, x, y, z\} \to \{u, v\}$$

を考える．これは群準同型写像

$$F(f): F(\{w, x, y, z\}) \to F(\{u, v\})$$

を誘導し，そこでは $x^{-4}yx^2zy^{-3} \in F(\{w, x, y, z\})$ は

$$u^{-4}uu^2vu^{-3} = u^{-1}vu^{-3} \in F(\{u, v\})$$

へと写される．

(b) 同様に，集合 S 上の自由可換環 $F(S)$ を構成でき，これは **Set** から可換環の圏 **CRing** への関手を定める．実際，$F(S)$ は慣れ親しんだ $\mathbb{Z}$ 上の可換変数 $x_s (s \in S)$ のなす多項式環である．（つまるところ，多項式とは変数と環演算 $+, -, \cdot$ を用いて構築された形式的表示にすぎないのだ．）たとえば，S が 2 点集合であれば $F(S) \cong \mathbb{Z}[x, y]$ となる．

(c) 集合から自由線型空間を作り出すこともできる．体 k を固定しよう．自由関手 $F: \mathbf{Set} \to \mathbf{Vect}_k$ は，対象 S について，S を基底とする線型空間が

$F(S)$ であるとして定義される．そのような線型空間はどう作っても同型になる．しかし，そもそもそのような線型空間の存在はおそらく明白ではないだろうから，ここで一つ構成することにしよう．大まかにいうと，$F(S)$ は S の元の形式的な k 線型結合，つまり

$$\sum_{s \in S} \lambda_s s$$

という表示のなす集合である．ここで λ_s はスカラーで，$\lambda_s \neq 0$ なる s は有限個しかない．(この制限は線型空間では**有限**の和のみが意味をもつことゆえに課せられたものだ．) $F(S)$ の元は足し合わせることができる：

$$\sum_{s \in S} \lambda_s s + \sum_{s \in S} \mu_s s = \sum_{s \in S} (\lambda_s + \mu_s) s.$$

そして $F(S)$ にはスカラー積もある（ここで $c \in k$）：

$$c \cdot \sum_{s \in S} \lambda_s s = \sum_{s \in S} (c \lambda_s) s.$$

以上によって $F(S)$ は線型空間になる．

完全に正確に論じ「表示」という表現を避けるために，$F(S)$ を関数 $\lambda : S \to k$ であって $\{s \in S \mid \lambda(s) \neq 0\}$ が有限になるものすべての集合として定義できる．（このような関数 $\lambda : S \to k$ が表示 $\sum_{s \in S} \lambda(s) s$ に対応することを思い浮かべること．）$\lambda, \mu \in F(S)$ について，和 $\lambda + \mu \in F(S)$ を

$$(\lambda + \mu)(s) = \lambda(s) + \mu(s)$$

とすることで $(s \in S)$，$F(S)$ に加法が導入される．同様に，スカラー積は $(c \cdot \lambda)(s) = c \cdot \lambda(s)$ によって定義される[7]（ここで $c \in k$, $\lambda \in F(S)$, $s \in S$）．

環や線型空間は，自由関手の明示的な構成を比較的簡単に書き下せるという特別な性質をもっている．群の場合ははるかに典型的に特別でない．ほとんどの代数的な構造について，自由関手を記述するには群の場合と同様に込み入った作業が必要になる．このことは例 2.1.3 および例 6.3.11 で再論する（そこでは神経質になるべき作業をどのようにして完全に回避するか理解する）．

---

[7] [訳註] ただしこの F を関手にする方法は，それほど自明ではない．**Set** における $g : S \to T$ と $\lambda \in F(S)$ について，$F(g)(\lambda) : T \to k$, $t \mapsto \sum_{s \in g^{-1}\{t\}} \lambda(s)$ と定義する．

例 1.2.5（代数的位相幾何学における関手） 歴史的には，関手の最初の例のいくつかは代数的位相幾何学から生じた．そこにおける空間を学ぶための戦略はうまい方法によってデータを抽出し，そのデータを代数的構造に組み立て，そしてもとの空間の代わりにその代数構造を研究することだ．ゆえに，代数的位相幾何学では空間の圏から代数の圏へのたくさんの関手を伴ってきた．

(a) $\mathbf{Top}_*$ を基点つき位相空間と基点を保つ連続写像の圏とする．基点 x つき位相空間 X について，X の x での基本群 $\pi_1(X,x)$ を割り当てる関手 $\pi_1 : \mathbf{Top}_* \to \mathbf{Grp}$ がある．（教科書によっては，基点の選択を無視し，より単純な記法 $\pi_1(X)$ を用いている．X が弧状連結であればだいたいは安全であるが，厳密にいえば基点はいつでも指定されるべきである．）

この，π_1 が関手であるということは，ただ単に基点つき位相空間 (X,x) に群 $\pi_1(X,x)$ が割り当てられるだけではなく，各基点を保つ連続写像

$$f : (X,x) \to (Y,y)$$

についても，群準同型写像

$$\pi_1(f) : \pi_1(X,x) \to \pi_1(Y,y)$$

が割り当てられるということだ．通常，$\pi_1(f)$ は f_* と書かれる．関手性公理は $(g \circ f)_* = g_* \circ f_*$ と $(1_{(X,x)})_* = 1_{\pi_1(X,x)}$ を述べている．

(b) 各 $n \in \mathbb{N}$ について，空間にその n 次ホモロジー群を（いくつか可能な方法があるが）割り当てる関手 $H_n : \mathbf{Top} \to \mathbf{Ab}$ がある．

例 1.2.6 たとえば，多項式連立方程式系

$$2x^2 + y^2 - 3z^2 = 1 \tag{1.1}$$

$$x^3 + x = y^2 \tag{1.2}$$

は，関手 $\mathbf{CRing} \to \mathbf{Set}$ を誘導する．可換環 A について，$F(A)$ を方程式 (1.1) と (1.2) を満たす三つ組 $(x,y,z) \in A \times A \times A$ の集合とする．$f : A \to B$ が環準同型写像であれば，$(x,y,z) \in F(A)$ について $(f(x), f(y), f(z)) \in F(B)$ が成り立つ．ゆえに，環の射 $f : A \to B$ は集合の射 $F(f) : F(A) \to F(B)$ を誘導する．これが関手 $F : \mathbf{CRing} \to \mathbf{Set}$ を定義する．

代数幾何学において，**スキーム** (scheme) とは関手 **CRing** → **Set** でしかるべき条件を満たすもののことである．（これは最もよくある定義の述べ方ではないが，同値である.）先の関手 F はその簡単な例になっている．

例 1.2.7 G, H をモノイドとし（群が好みならそれでもよいだろう），それらを一つの対象をもつ圏とみなしたものを $\mathscr{G}, \mathscr{H}$ とする．関手 $F : \mathscr{G} \to \mathscr{H}$ は $\mathscr{G}$ のただ一つの対象を $\mathscr{H}$ のただ一つの対象に送らなければならないので，射への効果で決定されることになる．よって，関手 $F : \mathscr{G} \to \mathscr{H}$ は関数 $F : G \to H$ であって任意の $g, g' \in G$ について $F(g'g) = F(g')F(g)$ かつ $F(1) = 1$ なるものと同じである．言い換えると，関手 $\mathscr{G} \to \mathscr{H}$ はまさに準同型写像 $G \to H$ のことである．

例 1.2.8 G をモノイドとし，それを一つの対象をもつ圏とみなしたものを $\mathscr{G}$ とする．関手 $F : \mathscr{G} \to \mathbf{Set}$ は，集合 S（これは $\mathscr{G}$ の唯一の対象での F の値である）と，各 $g \in G$ について関数 $F(g) : S \to S$ で関手性公理を満たすものから成り立つ．$(F(g))(s) = g \cdot s$ と書くならば，関手 F は集合 S と関数

$$\begin{array}{rcl} G \times S & \to & S \\ (g, s) & \mapsto & g \cdot s \end{array}$$

で，任意の $g, g' \in G, s \in S$ について $(g'g) \cdot s = g' \cdot (g \cdot s)$ かつ $1 \cdot s = s$ を満たすものと同じである．言い換えると，関手 $\mathscr{G} \to \mathbf{Set}$ は左 G 作用つきの集合（簡単のため，**左 G 集合**とよばれる）のことである．

同様に，関手 $\mathscr{G} \to \mathbf{Vect}_k$ は，まさに表現論の意味における G の k 線型表現のことである．このことは表現の妥当な**定義**として採用できる．

例 1.2.9 A, B を（前）順序集合とする．対応する圏の間の関手は，ちょうど**順序を保つ写像** (order-preserving map) である．すなわち関数 $f : A \to B$ であって，$a \leq a' \implies f(a) \leq f(a')$ となるもののことである．演習問題 1.2.22 でこれを確認する．

しばしば，関手のような操作で矢印の向きを逆転させるもの，すなわち $\mathscr{A}$ の射 $A \to A'$ について，$\mathscr{B}$ の射 $F(A) \leftarrow F(A')$ を誘導するものがある．このような操作は反変関手とよばれる．

定義 1.2.10 $\mathscr{A}, \mathscr{B}$ を圏とする．$\mathscr{A}$ から $\mathscr{B}$ への**反変関手** (contravariant functor) とは，関手 $\mathscr{A}^{\mathrm{op}} \to \mathscr{B}$ のことである．

混乱を避けるため，「反変関手 $\mathscr{A} \to \mathscr{B}$」ではなく「$\mathscr{A}$ から $\mathscr{B}$ への反変関手」と書いた．

関手 $\mathscr{C} \to \mathscr{D}$ は 1 対 1 に関手 $\mathscr{C}^{\mathrm{op}} \to \mathscr{D}^{\mathrm{op}}$ に対応する．そして $(\mathscr{A}^{\mathrm{op}})^{\mathrm{op}} = \mathscr{A}$ だから，$\mathscr{A}$ から $\mathscr{B}$ への反変関手は関手 $\mathscr{A} \to \mathscr{B}^{\mathrm{op}}$ とも記述できる．どちらの記述を用いるかはたいして重要ではないが，長い目でみると，定義 1.2.10 の取り決めが物事を簡単にする．

通常の関手 $\mathscr{A} \to \mathscr{B}$ は，強調のために，しばしば $\mathscr{A}$ から $\mathscr{B}$ への**共変関手** (covariant functor) とよばれる．

例 1.2.11 空間については，その上の関数を調べることで多くの情報が得られる．20 世紀および 21 世紀の数学におけるこの原理の重要性はどれだけ大げさにしても強調しすぎることはない．

たとえば，位相空間 X について，$C(X)$ を X 上の実数値連続関数のなす環とする．環演算は「点ごと」に定義される：たとえば，$p_1, p_2 : X \to \mathbb{R}$ が連続関数だった場合，写像 $p_1 + p_2 : X \to \mathbb{R}$ は

$$(p_1 + p_2)(x) = p_1(x) + p_2(x)$$

と定義される ($x \in X$)．連続写像 $f : X \to Y$ は，環準同型写像 $C(f) : C(Y) \to C(X)$ を誘導する．その定義は，$q \in C(Y)$ について，合成写像

$$X \xrightarrow{f} Y \xrightarrow{q} \mathbb{R}$$

を $C(f)(q)$ とするというものだ．$C(f)$ は f と逆方向になることに注意しよう．いくつか公理を確認すれば（演習問題 1.2.26），C は **Top** から **Ring** への反変関手であることが結論される．

この特別な例は本書では大きな役割を果たさないが，細心の注意を払うに値する．これは元が射である構造（この場合，連続関数を元とする環）の重要な考え方の例説だ．合成を介して C が関手になる方法もまた重要である．同種の構成方法が後の章できわめて重要になる．

ある種の空間のクラスでは，X から $C(X)$ への移行は情報を失わない．つまり環 $C(X)$ から空間 X を再構成する方法がある．このことや関連する諸理由により，「代数は幾何の双対である」といわれる．

例 1.2.12 k を体とする．二つの k 線型空間 V, W について，
$$\mathbf{Hom}(V, W) = \{\text{ 線型写像 } V \to W \}$$
は線型空間になる．この線型空間の元それ自身は写像であり，線型空間の演算（加法とスカラー積）は，先の例のように点ごとに定義される．

いま，線型空間 W を固定しよう．線型写像 $f: V \to V'$ は，線型写像
$$f^*: \mathbf{Hom}(V', W) \to \mathbf{Hom}(V, W)$$
を誘導する．その定義は，$q \in \mathbf{Hom}(V', W)$ について，$f^*(q)$ が合成写像
$$V \xrightarrow{f} V' \xrightarrow{q} W$$
で与えられるというものだ．これは関手
$$\mathbf{Hom}(-, W): \mathbf{Vect}_k^{\mathrm{op}} \to \mathbf{Vect}_k$$
を定義する．記号「$-$」は空欄あるいはプレースホルダーで，ここに変数が挿入できる．ゆえに，$\mathbf{Hom}(-, W)$ の V での値は $\mathbf{Hom}(V, W)$ である．しばしば $-$ の代わりに空白を用いて，$\mathbf{Hom}(\ , W)$ のように書く．

重要な特殊ケースは W が k（それ上の 1 次元線型空間とみなされる）の場合である．線型空間 $\mathbf{Hom}(V, k)$ は V の**双対空間**とよばれ，V^* と書かれる．よって，各線型空間をその双対空間に送る反変関手
$$(\ )^* = \mathbf{Hom}(-, k): \mathbf{Vect}_k^{\mathrm{op}} \to \mathbf{Vect}_k$$
がある．

例 1.2.13 各 $n \in \mathbb{N}$ について，空間にその n 次コホモロジー群を割り当てる関手 $H^n: \mathbf{Top}^{\mathrm{op}} \to \mathbf{Ab}$ がある．

例 1.2.14 G をモノイドとし，それを一つの対象からなる圏 $\mathscr{G}$ と思う．関手 $\mathscr{G}^{\mathrm{op}} \to \mathbf{Set}$ は，例 1.2.8 と本質的に同じ理由によって**右 G 集合**である．

左作用が共変関手で，右作用が反変関手であることは，関数 f の元 x での値を $(x)f$ ではなく $f(x)$ と書くという基本的な記法からの帰結である．

値域が **Set** の反変関手は，とても重要なので特別な名前がついている．

定義 1.2.15　$\mathscr{A}$ を圏とする．$\mathscr{A}$ 上の**前層** (presheaf) とは関手 $\mathscr{A}^{\mathrm{op}} \to \mathbf{Set}$ のことである．

この名前は次の特殊な場合に由来する．X を位相空間としよう．包含関係を順序関係とする X の開部分集合のなす半順序集合を $\mathscr{O}(X)$ と記す．例 1.1.8 (e) のように $\mathscr{O}(X)$ を圏とみなす．よって $\mathscr{O}(X)$ の対象は X の開部分集合であり，$U, U' \in \mathscr{O}(X)$ について $U \subseteq U'$ ならば一つの射 $U \to U'$ が存在し，そうでなければ射は存在しない．空間 X 上の**前層**とは，圏 $\mathscr{O}(X)$ 上の前層のことである．たとえば，空間 X について，X 上の前層 F は

$$F(U) = \{\text{ 連続関数 } U \to \mathbb{R}\}$$

とし ($U \in \mathscr{O}(X)$)，$U \subseteq U'$ が X の開部分集合のとき射 $F(U') \to F(U)$ を制限[8]とすることで定義される．前層，および**層** (sheaf) とよばれる前層の適切なクラスは，現代的な幾何学において重要な役割を果たす．

われわれは**集合**の間の**関数**については非常によく知っており，しばしば単射，全射，全単射といった特別な種類の関数を考察することが有用だ．また単射と部分集合の概念が関係していることも知っている．たとえば B が A の部分集合であれば，包含写像で与えられる単射 $B \to A$ が存在する．この節と次節において，圏の間の**関手**に対する類似の概念をいくつか導入する．まずは次の定義から始める．

定義 1.2.16　関手 $F: \mathscr{A} \to \mathscr{B}$ は，各 $A, A' \in \mathscr{A}$ について，関数

$$\begin{array}{ccc} \mathscr{A}(A, A') & \to & \mathscr{B}(F(A), F(A')) \\ f & \mapsto & F(f) \end{array}$$

が単射であるとき**忠実** (faithful) といい，全射であるとき**充満** (full) という．

注意 1.2.17　定義における A と A' の役割に注意しよう．忠実性は，f_1 と f_2 が異なる $\mathscr{A}$ の射であったとしても，$F(f_1) \neq F(f_2)$ となることをいってはいない（演習問題 1.2.27）．図 1.1 の状況で，もしも示されている各 A, A' と g について，F で g に送られる点線矢印が高々一つあれば忠実であり，少なくとも一つあれば充満である．

---

[8]［訳註］関数の制限 $F(U') \to F(U)$, $g \mapsto g|_U$ のこと．

30   第1章 圏・関手・自然変換

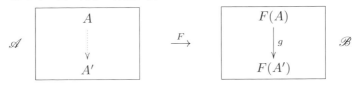

図 **1.1** 充満性と忠実性.

定義 1.2.18 圏 $\mathscr{A}$ の**部分圏** (subcategory) $\mathscr{S}$ とは，$\mathrm{ob}(\mathscr{A})$ の部分クラス $\mathrm{ob}(\mathscr{S})$ と，各 $S, S' \in \mathrm{ob}(\mathscr{S})$ について $\mathscr{A}(S, S')$ の部分クラス $\mathscr{S}(S, S')$ からなり，$\mathscr{S}$ が合成と恒等射で閉じているものをいう．これが**充満** (full) 部分圏とは，各 $S, S' \in \mathrm{ob}(\mathscr{S})$ について $\mathscr{S}(S, S') = \mathscr{A}(S, S')$ となることをいう．

よって，充満部分圏は対象の選択とその間のすべての射からなるので，単に対象が何かをいえば指定できる．たとえば，**Ab** は **Grp** の充満部分圏で，可換な群から成り立っている．

$\mathscr{S}$ が $\mathscr{A}$ の部分圏であれば，包含関手 $I : \mathscr{S} \to \mathscr{A}$ が $I(S) = S, I(f) = f$ で定義される．これは自動的に忠実で，$\mathscr{S}$ が充満部分圏であるときに限って充満である．

注意 1.2.19 関手の像は必ずしも部分圏になるとは限らない．たとえば $F(A) = X, F(B) = F(B') = Y, F(C) = Z, F(f) = p, F(g) = q$ で定義される次のような関手を考えてみよう．

$$\left(A \xrightarrow{f} B \quad B' \xrightarrow{g} C \right) \xrightarrow{F} \left(\begin{array}{c} Y \\ {}^{p}\nearrow \quad \searrow^{q} \\ X \xrightarrow[qp]{} Z \end{array} \right)$$

このとき，p と q は F の像に含まれるが，qp はそうではない．

演習問題

1.2.20 いままでに述べられていない関手の例を三つあげよ．

1.2.21 関手は同型を保つことを証明せよ．つまり $F : \mathscr{A} \to \mathscr{B}$ が関手で，

$A, A' \in \mathscr{A}$ が $A \cong A'$ ならば，$F(A) \cong F(A')$ となることを示せ．

1.2.22 例 1.2.9 で述べた主張を証明せよ．言い換えると，半順序集合 A と B が与えられたとき，対応する圏を $\mathscr{A}, \mathscr{B}$ と書くことにすると，関手 $\mathscr{A} \to \mathscr{B}$ は順序を保つ写像 $A \to B$ と同じであることを示せ．

1.2.23 **CAT** の対象として同型であるとき，二つの圏 $\mathscr{A}$ と $\mathscr{B}$ は**同型**であるといい，$\mathscr{A} \cong \mathscr{B}$ を書く．

(a) G を群とし，一つの対象からなりすべての射が同型射である圏とみなすことにする．このとき，反対圏 G^{op} も一つの対象からなりすべての射が同型射である圏なので，群と思うことができる．G^{op} を純粋に群論的な言語で記述すると何になるか？ G と G^{op} が同型であることを示せ．

(b) 反対と同型でないモノイドを見つけよ．

1.2.24 関手 $Z: \mathbf{Grp} \to \mathbf{Grp}$ であって，任意の G について $Z(G)$ が G の中心になっているものはあるか？

1.2.25 しばしば定義域が直積圏 $\mathscr{A} \times \mathscr{B}$ であるような関手が見受けられる．ここではこのような関手が，連動する関手の族の組であって，片方は $\mathscr{A}$ 上で定義され，他方は $\mathscr{B}$ 上で定義されると思えることを示そう．（これは双線型写像と線型写像の状況に酷似している．）

(a) $F: \mathscr{A} \times \mathscr{B} \to \mathscr{C}$ を関手とする．各 $A \in \mathscr{A}$ に対して，対象 $B \in \mathscr{B}$ について $F^A(B) = F(A, B)$，$\mathscr{B}$ の射 g について $F^A(g) = F(1_A, g)$ と定義される関手 $F^A: \mathscr{B} \to \mathscr{C}$ が存在することを示せ．各 $B \in \mathscr{B}$ に対して，関手 $F_B: \mathscr{A} \to \mathscr{C}$ を同様に定義せよ．

(b) $F: \mathscr{A} \times \mathscr{B} \to \mathscr{C}$ を関手とする．(a) の記法で，関手の族 $(F^A)_{A \in \mathscr{A}}$ と $(F_B)_{B \in \mathscr{B}}$ は以下の二つの条件を満たすことを示せ：

- $A \in \mathscr{A}, B \in \mathscr{B}$ について $F^A(B) = F_B(A)$
- $\mathscr{A}$ の $f: A \to A'$ と $\mathscr{B}$ の $g: B \to B'$ について $F^{A'}(g) \circ F_B(f) = F_{B'}(f) \circ F^A(g)$

(c) 圏 $\mathscr{A}, \mathscr{B}, \mathscr{C}$ と，関手の族 $(F^A)_{A \in \mathscr{A}}, (F_B)_{B \in \mathscr{B}}$ で (b) の二つの条件を

満たすものを考える．このとき (a) の方程式を満たす関手 $F: \mathscr{A} \times \mathscr{B} \to \mathscr{C}$ がただ一つ存在することを示せ．(「関手がただ一つ存在する」とは，とくに関手が**存在**すること，つまり一意性と同様に存在も証明しなければならない．)

1.2.26 例 1.2.11 の詳細を埋め，関手 $C: \mathbf{Top}^{\mathrm{op}} \to \mathbf{Ring}$ を構成せよ．

1.2.27 異なる $\mathscr{A}$ の射 f_1, f_2 について $F(f_1) = F(f_2)$ となる，忠実な関手 $F: \mathscr{A} \to \mathscr{B}$ の例を見つけよ．

1.2.28 (a) この節で出てきた関手の例で，どれが忠実でどれが充満か？

(b) 忠実かつ充満な関手，充満だが忠実でない関手，忠実だが充満でない関手，忠実でも充満でもない関手の例をそれぞれ一つ書き下せ．

1.2.29 (a) 半順序集合の部分圏は何か？ そのうち充満なものは何か？

(b) 群の部分圏は何か？（注意すること！） そのうち充満なものは何か？

1.3 自然変換

いまや圏については知っている．また関手についても知っており，それは圏の間の射である．おそらく驚いてよいことに，「関手の間の射」なるさらなる概念が存在する．このような射は自然変換とよばれている．この概念は，二つの関手の定義域と値域が同一であるときに限って適用される．

$$\mathscr{A} \underset{G}{\overset{F}{\rightrightarrows}} \mathscr{B}.$$

これがどのようなものか理解するために，特殊な場合を考えよう．$\mathscr{A}$ を対象が自然数 $0, 1, 2, \ldots$ からなる離散圏とする（例 1.1.8 (b)）．別の圏 $\mathscr{B}$ への関手 F とは単に $\mathscr{B}$ の対象の列 $(F_0, F_1, F_2, \ldots)$ のことである．G を $\mathscr{A}$ から $\mathscr{B}$ への別の関手とし，$\mathscr{B}$ の対象の列 $(G_0, G_1, G_2, \ldots)$ からなるとしよう．F から G への「射」の理にかなった定義は $\mathscr{B}$ の射の列

$$(F_0 \xrightarrow{\alpha_0} G_0, \ F_1 \xrightarrow{\alpha_1} G_1, \ F_2 \xrightarrow{\alpha_2} G_2, \ldots)$$

となるだろう．この状況は次のように図示される：

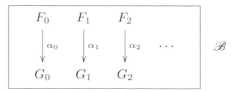

(ここで右の図はあまりそのとおりに受け取らないこと. F_i または G_i のいくつかは等しいかもしれないし, $\mathscr{B}$ には示されている以外にも多くの対象があるかもしれない.)

以上は, 一般の場合において関手 $\mathscr{A} \xrightarrow[G]{F} \mathscr{B}$ の間の自然変換は, 各 $A \in \mathscr{A}$ について割り当てられた射たち $\alpha_A : F(A) \to G(A)$ からなると示唆する. 上の例では圏 $\mathscr{A}$ は自明でない射を一つももたないという特殊な性質を備えていた. 一般には, 射 α_A と $\mathscr{A}$ の射とのある種の整合性が要求される.

定義 1.3.1 $\mathscr{A}, \mathscr{B}$ を圏とし, $\mathscr{A} \xrightarrow[G]{F} \mathscr{B}$ を関手とする. **自然変換** (natural transformation) $\alpha : F \to G$ とは $\mathscr{B}$ の射の族 $(F(A) \xrightarrow{\alpha_A} G(A))_{A \in \mathscr{A}}$ であって, $\mathscr{A}$ の各射 $A \xrightarrow{f} A'$ について, 図式

$$\begin{array}{ccc} F(A) & \xrightarrow{F(f)} & F(A') \\ \alpha_A \downarrow & & \downarrow \alpha_{A'} \\ G(A) & \xrightarrow{G(f)} & G(A') \end{array} \qquad (1.3)$$

が可換になるものをいう. 射 α_A は α の**成分** (component) とよばれる.

注意 1.3.2 (a) 自然変換の定義は, $\mathscr{A}$ の各射 $A \xrightarrow{f} A'$ について, $\mathscr{B}$ の射 $F(A) \to G(A')$ がちょうど一つ構成できるように設計されている. この射は $f = 1_A$ のとき α_A である. 一般の f については (1.3) の対角線のことであり,「ちょうど一つ」とはこの図式が可換であることを含意している.

(b) α が F から G への自然変換であることを表すのに

$$\mathscr{A} \underset{G}{\overset{F}{\rightrightarrows}} \Downarrow \alpha \; \mathscr{B}$$

と書くこともある.

例 1.3.3 $\mathscr{A}$ を離散圏とし，$F, G : \mathscr{A} \to \mathscr{B}$ を関手とする．このとき F と G は単に $\mathscr{B}$ の対象の族 $(F(A))_{A \in \mathscr{A}}$ と $(G(A))_{A \in \mathscr{A}}$ のことである．$\mathscr{A} = \mathbb{N}$ のときに主張したように，自然変換 $\alpha : F \to G$ とは単に $\mathscr{B}$ の射の族 $(F(A) \xrightarrow{\alpha_A} G(A))_{A \in \mathscr{A}}$ のことである．この族は $\mathscr{A}$ のすべての射 f について (1.3) の自然性公理を満たすはずである．というのも $\mathscr{A}$ の射は恒等射のみで，f が恒等射のときこの公理は自動的に満たされるからだ．

例 1.3.4 群（あるいはより一般的にモノイド）G は一つの対象からなる圏と思えるという例 1.1.8 を思い出そう．また，圏 G から **Set** への関手は左 G 集合にすぎないという例 1.2.8 も思い出そう．(以前は $\mathscr{G}$ によって群 G に対応する圏を記したが，これからは G によって両方を記すことにする．) 二つの G 集合 S と T を考えよう．S と T は関手 $G \to$ **Set** と思えるから，自然変換

は具体的にいうと何か？という問いがあり得る．

ここで問題になっている自然変換は，**Set** における一つの射であって（というのも G の対象は一つだけだから），いくつかの公理を満たすものである．書き下せば，関数 $\alpha : S \to T$ で $\alpha(g \cdot s) = g \cdot \alpha(s)$ が任意の $s \in S, g \in G$ について成り立つものである．(なぜか考えること．) 言い換えると，これは単に G 集合の準同型であり，しばしば G **同変** (equivariant) 写像とよばれる．

例 1.3.5 自然数 n を固定する．本例において，どのようにして「$n \times n$ 行列の行列式」が自然変換と理解されるかをみる．

可換環 R について，R 成分の $n \times n$ 行列は乗法によってモノイド $M_n(R)$ をなす．そして環準同型 $R \to S$ はモノイド準同型 $M_n(R) \to M_n(S)$ を誘導する．したがって $M_n :$ **CRing** $\to$ **Mon** は可換環の圏からモノイドの圏への関手を定義している．

また環 R の台集合は乗法によってモノイド $U(R)$ になり，$U :$ **CRing** $\to$ **Mon** は別の関手を定めている．

R 成分の $n \times n$ 行列 X は行列式 $\det_R(X)$ をもち，これは R の元である．慣れ親しんでいる行列式の性質

$$\det_R(XY) = \det_R(X)\det_R(Y), \quad \det_R(I) = 1$$

は，各 R について関数 $\det_R : M_n(R) \to U(R)$ がモノイド準同型であることを示している．だから，射の族

$$\left(M_n(R) \xrightarrow{\det_R} U(R) \right)_{R \in \mathbf{CRing}}$$

があって，これが自然変換

$$\mathbf{CRing} \underset{U}{\overset{M_n}{\rightrightarrows}} \Downarrow \det \ \mathbf{Mon}$$

を定義しているかどうかという問いがあり得る．実際，これは自然変換になっている．自然性公理の図式が可換であるということ（確認すること！）は，行列式がすべての環について一様に定義されているという事実を反映している．つまり，ある環上の行列について行列式はこう定義するが，別の環については違う方法で定義するというようなことはしない．一般的にいうと，自然性公理 (1.3) は族 $(\alpha_A)_{A \in \mathscr{A}}$ がすべての $A \in \mathscr{A}$ にわたって一様に定義されているという考え方を捉えていると考えられる．

構成 1.3.6 自然変換は射の一種なので，合成できることを期待してよいだろう．そして実際そうできるのだ．与えられた自然変換

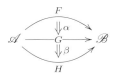

について，合成された自然変換

$$\mathscr{A} \underset{H}{\overset{F}{\rightrightarrows}} \Downarrow \beta \circ \alpha \ \mathscr{B}$$

が，$A \in \mathscr{A}$ について $(\beta \circ \alpha)_A = \beta_A \circ \alpha_A$ と定義される．また恒等自然変換

$$\mathscr{A} \underset{F}{\overset{F}{\rightrightarrows}} \Downarrow 1_F \ \mathscr{B}$$

も，各関手 F ごとに $(1_F)_A = 1_{F(A)}$ と定義される．よって二つの圏 $\mathscr{A}$ と $\mathscr{B}$ について，$\mathscr{A}$ から $\mathscr{B}$ への関手を対象とし，それらの間の自然変換を射とする圏が存在することになる．これは $\mathscr{A}$ から $\mathscr{B}$ への**関手圏** (functor category) とよばれ，$[\mathscr{A}, \mathscr{B}]$ あるいは $\mathscr{B}^{\mathscr{A}}$ と書かれる．

例 1.3.7 2 で二つの対象からなる離散圏を表すことにする．2 から圏 $\mathscr{B}$ への関手とは $\mathscr{B}$ の対象の組のことであり，自然変換は射の組である．ゆえに関手圏 $[2, \mathscr{B}]$ は直積圏 $\mathscr{B} \times \mathscr{B}$ と同型である（構成 1.1.11）．このことは関手圏の別の表記法 $\mathscr{B}^2$ にもよく適合している．

例 1.3.8 G をモノイドとする．このとき $[G, \mathbf{Set}]$ は左 G 集合の圏であり，$[G^{\mathrm{op}}, \mathbf{Set}]$ は右 G 集合の圏である（例 1.2.14）．

例 1.3.9 二つの順序集合 A と B を考え，（例 1.1.8 (e) のように）圏とみなす．順序を保つ写像 $A \underset{g}{\overset{f}{\rightrightarrows}} B$ が与えられたとき，これらを（例 1.2.9 のように）関手とみなす．このとき高々一つの自然変換

$$A \underset{g}{\overset{f}{\Downarrow}} B$$

がありえ，任意の $a \in A$ について $f(a) \leq g(a)$ となる場合に限り存在する．（順序集合において任意の図式は可換なので，自然性公理 (1.3) は自動的に成り立つ．）だから $[A, B]$ もまた順序集合である．その元は A から B への順序を保つ写像であり，$f \leq g$ はすべての $a \in A$ について $f(a) \leq g(a)$ であることと同値である．

「位数 6 の巡回群」や「二つの空間の積」といった日常的な言い回しは，圏における二つの同型な対象についてそれらが集合として同じかどうかは問題にしないという考え方を反映している．このことは非常に重要である．

とくに，この教訓は圏として関手圏を考えたときに適用される．言い換えると，二つの関手 $F, G : \mathscr{A} \to \mathscr{B}$ が文字どおり同じかどうかを普通は問題にしない．（同一とは，各 $A \in \mathscr{A}$ について対象 $F(A)$ と $G(A)$ が同一ということである．）真に重要なのは，それらが自然同型かどうかである．

定義 1.3.10 $\mathscr{A}, \mathscr{B}$ を圏とする．$\mathscr{A}$ から $\mathscr{B}$ への関手の間の**自然同型** (natural isomorphism) とは，$[\mathscr{A}, \mathscr{B}]$ における同型射のことである．

この定義の同値な言い換えはしばしば有用である：

補題 1.3.11 $\mathscr{A} \underset{G}{\overset{F}{\rightrightarrows}} \mathscr{B}$ (with α) を自然変換とする．α が自然同型であることと，$\alpha_A : F(A) \to G(A)$ が各 $A \in \mathscr{A}$ について同型射であることは同値である．

証明 演習問題 1.3.26 □

もちろん，関手 F と G が**自然同型** (naturally isomorphic) とは，F から G へ自然同型が存在することをいう．自然同型は特別な圏（つまり $[\mathscr{A}, \mathscr{B}]$）の同型だから，すでに表記法 $F \cong G$ がある．

定義 1.3.12 関手 $\mathscr{A} \underset{G}{\overset{F}{\rightrightarrows}} \mathscr{B}$ について，F と G が自然同型のとき

$$A \text{ について} \textbf{自然に} \text{ (naturally) } F(A) \cong G(A)$$

という．

この別の用語法は次のように理解される：もしも A について自然に $F(A) \cong G(A)$ であれば，個別の A について確かに $F(A) \cong G(A)$ が成り立つが，より多くのことがいえる．それは同型射 $\alpha_A : F(A) \to G(A)$ を自然性公理 (1.3) が成り立つように選べるということである．

例 1.3.13 $F, G : \mathscr{A} \to \mathscr{B}$ を離散圏 $\mathscr{A}$ から圏 $\mathscr{B}$ への関手とする．このとき $F \cong G$ と，各 $A \in \mathscr{A}$ について $F(A) \cong G(A)$ であることは同値である．

だからこの場合に限っては，A について自然に $F(A) \cong G(A)$ であることと，各 $A \in \mathscr{A}$ について $F(A) \cong G(A)$ であることは同値である．しかしこのことは $\mathscr{A}$ が離散圏だから真なのであって，一般には正しくないことを強調しておく．圏と関手 $\mathscr{A} \underset{G}{\overset{F}{\rightrightarrows}} \mathscr{B}$ で各 $A \in \mathscr{A}$ について $F(A) \cong G(A)$ となるが，A について自然にそうではない例はたくさんある．演習問題 1.3.31 は組合せ論からの例を与える．

例 1.3.14 体 k 上の有限次元線型空間の圏を **FDVect** と記す．双対空間の構成は **FDVect** からそれ自身への反変関手を定義する（例 1.2.12）．ゆえに，

二重双対空間の構成方法は **FDVect** からそれ自身への共変関手を定義する.

さらに, 各 $V \in$ **FDVect** について標準的な同型 $\alpha_V : V \to V^{**}$ を取れる. $v \in V$ について V^{**} の元 $\alpha_V(v)$ は「v における評価」である. すなわち $\alpha_V(v) : V^* \to k$ は $\phi \in V^*$ を $\phi(v) \in k$ に写す. この α_V が同型であるということは, 有限次元線型空間の理論の標準的な結果である.

以上は恒等関手から二重双対関手の間の自然変換

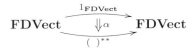

を定める. 補題 1.3.11 より, α は自然同型である. よって $1_{\mathbf{FDVect}} \cong (\ )^{**}$ である. 同じことであるが, 定義 1.3.12 の言葉を用いるならば, V について自然に $V \cong V^{**}$ が成り立つ.

このことは圏論が直観を正確にする場面の一つである. 非形式的な意味で, 有限次元線型空間とその二重双対の間のこの同型が「自然」あるいは「標準的」であることは圏論を学ぶ前では明白だった (定義するのに恣意的な選択が不要だから). 反対に V とその一重双対 V^* の間の同型を指定するには恣意的な基底の選択が必要で, 同型は本当に基底の選択に依存する.

線型空間の例では, **標準的** (canonical) という語が用いられた. これは非公式な用語であり, 「天与の」とか「恣意的な選択を用いることなく定義される」といったような意味である. たとえば, 二つの集合 A と B について, 標準的な全単射 $A \times B \to B \times A$ が $(a,b) \mapsto (b,a)$ と定義される. また標準的な関数 $A \times B \to A$ が $(a,b) \mapsto a$ と定義される. しかし「元 $a_0 \in A$ を選んですべてを a_0 に送る」と定義される関数 $B \to A$ は, a_0 の選択が恣意的だから標準的でない.

自然同型の概念により, 別の中心的な概念である圏同値に必然的に到達する.

集合の二つの元は同じであるかそうでないかのどちらかである. 圏の二つの対象は同じであり得るし, そうでなくても同型であり得るし, そもそも非同型であり得る. 定義 1.3.10 の前に説明したように, 圏における二つの対象の同一性という考えは不合理に厳しい条件である. つまり通常は同型かどうかが関心事なのだ. だから:

- 集合の二つの元が同じということの適切な概念は同一性
- 圏の二つの対象が同じということの適切な概念は同型性

ということになる．これを関手圏 $[\mathscr{A}, \mathscr{B}]$ に適用すると，後者から

- 二つの関手 $\mathscr{A} \rightrightarrows \mathscr{B}$ が同じということの適切な概念は自然同型性

を得る．では二つの圏が同じということの適切な概念は何だろうか？ 同型性は法外に厳しい条件である．というのも，もしも $\mathscr{A} \cong \mathscr{B}$ であれば，関手

$$\mathscr{A} \xrightleftharpoons[G]{F} \mathscr{B}. \tag{1.4}$$

が存在して

$$G \circ F = 1_{\mathscr{A}} \quad \text{かつ} \quad F \circ G = 1_{\mathscr{B}} \tag{1.5}$$

が成り立つが，関手の同一性はあまりに強い条件なのだった．「圏同値」とよばれる最も有用な圏の同一性の概念は，同型性より緩い条件である．その定義を得るには，単に式 (1.5) で不当に厳密な等号を同型に置き換えればよく

$$G \circ F \cong 1_{\mathscr{A}} \quad \text{かつ} \quad F \circ G \cong 1_{\mathscr{B}}$$

となる．

定義 1.3.15 圏 $\mathscr{A}$ と $\mathscr{B}$ の間の**圏同値** (equivalence of categories) とは，関手の組 (1.4) と自然同型

$$\eta : 1_{\mathscr{A}} \to G \circ F, \quad \varepsilon : F \circ G \to 1_{\mathscr{B}}$$

からなる．$\mathscr{A}$ と $\mathscr{B}$ の間に同値が存在するとき，$\mathscr{A}$ と $\mathscr{B}$ は**圏同値**であるといい，$\mathscr{A} \simeq \mathscr{B}$ と書く．関手 F と G もまた**圏同値**[9]とよばれる．

η と ε は同型だから，これらの向きはとくに重要というわけではない．この特別な向きを選んだ理由は，随伴について論じるさいに明らかになる（2.2 節）．

注意 1.3.16 記号 $\cong$ は圏の対象の同型に使われたので，とくに圏同型にも使われる（圏は **CAT** の対象である）．記号 $\simeq$ は圏同値に使われる．少なくともこの規約は本書やほとんどの圏論家が用いているが，決して数学全体において普遍的に使われているというわけではない．

---

[9] ［訳註］「圏同値を与える」という用いられかたをすることも多い．

圏同値を与える関手にはとても有用な別の特徴づけがある．まず定義をする．

定義 1.3.17 関手 $F : \mathscr{A} \to \mathscr{B}$ が**対象について本質的に全射** (essentially surjective on objects) とは，各 $B \in \mathscr{B}$ についてある $A \in \mathscr{A}$ が存在して $F(A) \cong B$ となること[10]をいう．

命題 1.3.18 関手が圏同値であることと，それが充満忠実かつ対象について本質的に全射であることは同値である．

証明 演習問題 1.3.32. □

この結果は，全単射群準同型写像が群同型写像（つまりその逆も群準同型写像）であるという定理や，自然変換であって各成分が同型であるものは自然同型という定理（補題 1.3.11）と比べてよいものだ．これらの二つの結果は，じかに逆射を構成することなく射が同型であることを示す方法を与えてくれるから有用である．命題 1.3.18 も同様で，関手 F が圏同値を与えることが，「逆」同値 G あるいは（定義 1.3.15 の記法における）η, ε を実際に構成することなしに証明可能になる．

命題 1.3.18 の系は，充満忠実な関手を本質的には充満部分圏への埋め込みとみなすことへといざなう．

系 1.3.19 $F : \mathscr{C} \to \mathscr{D}$ を充満忠実関手とする．このとき $\mathscr{C}$ は，$F(C)$ の形（ここで $C \in \mathscr{C}$）の対象からなる $\mathscr{D}$ の充満部分圏 $\mathscr{C}'$ と圏同値である．

証明 $F'(C) = F(C)$ で定義される関手 $F' : \mathscr{C} \to \mathscr{C}'$ は充満忠実で（F がそうだから），また対象について本質的に全射である（$\mathscr{C}'$ の定義より）．□

まったく同様の証明により，「$F(C)$ の形」を「$F(C)$ と等しい」ではなく「$F(C)$ と同型な」と解釈してもこの結果は正しい．

例 1.3.20 $\mathscr{A}$ を圏とし，$\mathscr{B}$ をその勝手な充満部分圏で $\mathscr{A}$ の各対象と同型な対象を少なくとも一つは含むものとする．このとき包含関手 $\mathscr{B} \hookrightarrow \mathscr{A}$ は忠実で（これはどんな部分圏からの包含関手でもいえる），充満で，そして対

---

[10] [訳註] 対象について本質的に全射な関手を，稠密 (dense) とよぶ人もいる．ただしこれは本書における用法（定理 6.2.17）とは異なることに注意すること．

象について本質的に全射である．ゆえに $\mathscr{B} \simeq \mathscr{A}$ である．

だから圏が与えられたとき，対象の同型類からいくつか（しかしすべてではなく）対象を捨てたとしても，このダイエットされた圏はもとの圏と圏同値である．逆に，与えられた圏についてすでに存在する対象と同型な対象をいくら投げ入れても大差はない．新しい大きな圏はもとの圏と圏同値である．

たとえば，**FinSet** を有限集合とその間の関数の圏としよう．各自然数 n について，n 点集合 **n** を選択し，$\mathscr{B}$ を対象が $0, 1, \ldots$ からなる **FinSet** の充満部分圏としよう．このとき $\mathscr{B}$ は **FinSet** よりいくつかの意味でずっと小さいわけだが，$\mathscr{B} \simeq$ **FinSet** である．

例 1.3.21 例 1.1.8 (d) において，モノイドは本質的に一つの対象からなる圏と同じであることをみた．いま手元の圏同値の概念を用いて，この命題を正確にする準備ができている．ただ現状ではそのための集合論的な言葉を欠いており，その言葉を知った後で（例 3.2.11）再論する．しかし本質的な点はいま述べることができる．

$\mathscr{C}$ を対象が一つの圏からなる **CAT** の充満部分圏，**Mon** をモノイドの圏とすると，$\mathscr{C} \simeq$ **Mon** が成り立つ．これをみるために，まずどんな圏であれその対象 A について，射 $A \to A$ たちは合成について（少なくともいくらかの集合論的制限を課すならば）モノイドをなすことに注意しよう．ゆえに，対象が一つの圏を，そのただ一つの対象からそれ自身への射のモノイドに送る標準的な関手 $F : \mathscr{C} \to$ **Mon** がある．この関手 F は充満忠実で（例 1.2.7 による），対象について本質的に全射である．よって F は圏同値を与える[11]．

例 1.3.22 $\mathscr{A}^{\mathrm{op}} \simeq \mathscr{B}$ の形の圏同値は，しばしば $\mathscr{A}$ と $\mathscr{B}$ の間の**双対性**とよばれる．$\mathscr{A}$ は $\mathscr{B}$ の**双対**ともいう．$\mathscr{A}$ が代数の圏で $\mathscr{B}$ が空間の圏になっているような，多くの有名な双対性がある．例 1.2.11 における標語「代数は幾何の双対である」を思い起こそう．

本書の範囲を超える，いくつかの非常に上級な例を以下に示す．

- Stone 双対性：ブール代数の圏は，完全非連結コンパクト Hausdorff 空間の圏の双対である．

---

[11]［訳註］本文の関手 F は圏同型を与えない．（$*$ を固定して，対象が $*$ のみである圏からなる **CAT** の充満部分圏を $\mathscr{C}$ とすると，圏同型 $\mathscr{C} \cong$ **Mon** が成り立つ．）

- Gelfand–Naimark 双対性：単位的可換 C^* 環（関数解析学で重要な代数構造）の圏は，コンパクト Hausdorff 空間の圏の双対である．
- 代数幾何学では,「空間」に関するいくつかの概念があり，その一つが「アフィン代数多様体」である．k を代数的閉体とする．k 上のアフィン代数多様体の圏は，べき零元をもたない有限生成 k 代数の圏の双対である．
- Pontryagin 双対性：局所コンパクト可換位相群の圏は，自分自身の双対である．「位相群」という語が示唆するように，双対性の両辺が代数的かつ幾何的だ．Pontryagin 双対性は，Fourier 変換の性質の抽象化である．

例 1.3.23 構造をもつ対象の圏で，その射が構造を保たないようなものを考えてもめったに役に立たない．たとえば，$\mathscr{A}$ を対象が群で射がそれらの間のすべての関数である圏としよう．$\mathbf{Set}_{\neq \emptyset}$ を空でない集合のなす圏とする．忘却関手 $U : \mathscr{A} \to \mathbf{Set}_{\neq \emptyset}$ は充満忠実である．（深遠ではないが）事実として，すべての空でない集合には少なくとも一通りの群構造を入れられる[12]ので，U は対象について本質的に全射である．ゆえに U は圏同値を与える．このことは，圏 $\mathscr{A}$ は群の用語を使って定義されているが，実際のところは空でない集合の圏にすぎないことを暗に示している．

注意 1.3.24 本章の復習をしておこう．これまでに次のものを定義した．

- 圏（1.1 節）
- 圏の間の関手（1.2 節）
- 関手の間の自然変換（1.3 節）
- 関手の合成

$$\cdot \to \cdot \to \cdot$$

と，圏の恒等関手（注意 1.2.2 (b)）

---

[12] [訳註] X を空でない集合とする．X が有限集合であれば，全単射 $X \xrightarrow{\sim} \mathbb{Z}/|X|\mathbb{Z}$ によって右辺の群構造を引き戻して X に群構造が入る．X が有限集合でないとき，自由群 $F(X)$ と X の間に全単射があることを用いてもよいが，ここではもう少し地に足のついた方法を述べておく：X の有限部分集合のなす集合を $\mathscr{P}_{\mathrm{fin}}(X)$ とすると，（選択公理の仮定のもとで）全単射 $X \xrightarrow{\sim} \mathscr{P}_{\mathrm{fin}}(X)$ の存在が示される（斎藤毅著『集合と位相』（東京大学出版会，2009 年）の系 7.3.8.1)．$\mathscr{P}_{\mathrm{fin}}(X)$ には対称差 $S \Delta T = (S \setminus T) \cup (T \setminus S)$ によって群構造が入ることが確認できるので（$S, T \subseteq X$ は有限部分集合），全単射 $X \xrightarrow{\sim} \mathscr{P}_{\mathrm{fin}}(X)$ によって右辺の群構造を引き戻して X に群構造が入る．なお，空でない任意の集合に少なくとも一つ群構造が入れられることから選択公理を証明できることも知られている．

1.3. 自然変換   43

- 自然変換の合成

と，関手の恒等自然変換（構成 1.3.6）

この自然変換の合成は，しばしば**垂直合成** (vertical composition) とよばれ，**水平合成** (horizontal composition) もある．それは自然変換

を受け取り，自然変換

$$\mathscr{A} \xrightarrow[G' \circ G]{F' \circ F} \mathscr{A}''$$

を作り出す．これは伝統的に $\alpha' * \alpha$ と書かれる．$A \in \mathscr{A}$ における $\alpha' * \alpha$ の成分は，自然性図式

$$\begin{array}{ccc} F'(F(A)) & \xrightarrow{F'(\alpha_A)} & F'(G(A)) \\ \alpha'_{F(A)} \downarrow & & \downarrow \alpha'_{G(A)} \\ G'(F(A)) & \xrightarrow{G'(\alpha_A)} & G'(G(A)) \end{array}$$

の対角線として定義される．言い換えると，$(\alpha' * \alpha)_A$ は $\alpha'_{G(A)} \circ F'(\alpha_A)$ または $G'(\alpha_A) \circ \alpha'_{F(A)}$ として定義される．これらは等しいからどちらを採用しても違いはない．

水平合成の特別な場合に α または α' が恒等自然変換の場合がある．これはとりわけ重要で，それ専用の記法がある．たとえば，

$$\mathscr{A} \xrightarrow{F} \mathscr{A}' \xrightarrow[G']{F'} \mathscr{A}'' \quad \text{は} \quad \mathscr{A} \xrightarrow[G' \circ F]{F' \circ F} \mathscr{A}'' \quad \text{を与える}$$

$$\mathscr{A} \underset{G}{\overset{F}{\rightrightarrows}} \mathscr{A}' \xrightarrow{F'} \mathscr{A}'' \quad \text{は} \quad \mathscr{A} \underset{F' \circ G}{\overset{F' \circ F}{\rightrightarrows}} \mathscr{A}'' \quad \text{を与える}$$

ここで $(\alpha'F)_A = \alpha'_{F(A)}$ かつ $(F'\alpha)_A = F'(\alpha_A)$ である.

垂直合成と水平合成はうまく相互作用する：自然変換

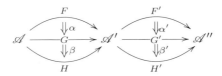

は，**交換法則** (interchange law)

$$(\beta' \circ \alpha') * (\beta \circ \alpha) = (\beta' * \beta) \circ (\alpha' * \alpha) : F' \circ F \to H' \circ H$$

に従う．例によって，合成に関する命題は恒等射についての命題を伴い，そ
れは $1_{F'} * 1_F = 1_{F' \circ F}$ である．

以上より，圏 $\mathscr{A}, \mathscr{A}', \mathscr{A}''$ について，関手

$$[\mathscr{A}', \mathscr{A}''] \times [\mathscr{A}, \mathscr{A}'] \to [\mathscr{A}, \mathscr{A}'']$$

であって，対象については $(F', F) \mapsto F' \circ F$，射については $(\alpha', \alpha) \mapsto \alpha' * \alpha$
で与えられるものを構成できる．とくに，$F' \cong G'$ かつ $F \cong G$ ならば
$F' \circ F \cong G' \circ G$ となる[13]．なぜなら演習問題 1.2.21 でみたように，関手は
同型を保つからである．

（この関手の存在は，圏 $\mathscr{C}$ の**内部**において，対象 A, A', A'' ごとに関**数**

$$\mathscr{C}(A', A'') \times \mathscr{C}(A, A') \to \mathscr{C}(A, A'')$$

で $(f', f) \mapsto f' \circ f$ と与えられるものが存在するという事実に類似している．）

上の図は，対象（0 次元）と矢印 →（1 次元）のみでなく，2 次元領域に
広がる矢印の間の 2 重矢印 ⇒ も含んでいる．いままでの暗黙に行ってきた

---

[13] [訳註] $F' \cong G'$ かつ $F \cong G$ は，関手圏の直積圏 $[\mathscr{A}', \mathscr{A}''] \times [\mathscr{A}, \mathscr{A}']$ において二つの対象 (F', G') と (F, G) が自然同型といっているから（演習問題 1.3.29），本脚注がされている文面は，関手 $[\mathscr{A}', \mathscr{A}''] \times [\mathscr{A}, \mathscr{A}'] \to [\mathscr{A}, \mathscr{A}'']$ が，自然同型性を同一性の定義として採用しても well-defined だといっている．

議論は 2 圏論[14]とよばれる．圏，関手，自然変換からなる 2 圏が存在し，その詳細はこれまで描写してきたとおりである．もしも本気で圏に向き合うなら，自然と 2 圏についてもそうならざるをえない．そして本気で 2 圏に向き合うなら，自然と 3 圏についてもそうならざるをえない……そして，いつの間にか ∞ 圏を研究しているのである．しかし本書では，この無限に続く梯子の一，二段よりも高みに登ることはしない．

演習問題

1.3.25 いままでに述べられていない自然変換の例を三つあげよ．

1.3.26 補題 1.3.11 を証明せよ．

1.3.27 圏 $\mathscr{A}, \mathscr{B}$ について，$[\mathscr{A}^{\mathrm{op}}, \mathscr{B}^{\mathrm{op}}] \cong [\mathscr{A}, \mathscr{B}]^{\mathrm{op}}$ を示せ．

1.3.28 A, B を集合とし，A から B への関数の集合を B^A と記す．以下を書き下せ．

(a) 標準的な関数 $A \times B^A \to B$

(b) 標準的な関数 $A \to B^{(B^A)}$

（原理的にはそのような標準的な関数はたくさんあり得るが，両方の場合においては一つしかない[15]．）

---

[14] [訳註] 2 圏といったとき，1 次元矢印 $\to$ の合成の結合法則中の等号を適切な一貫性をもつ (2 重矢印の) 同型で置き換えた緩い双圏 (bicategory) を指すこともある．この文脈では，ここで 2 圏の例としてあげられている **CAT**（または **Cat**）は strict 2-category とよばれる．双圏と strict 2-category は，ある意味で等価である (strictification)．Tom Leinster, *Basic Bicategories*, https://arxiv.org/abs/math/9810017 は，そのよく知られたサーベイ論文である．ただしこの等価性は微妙であり，たとえば Stephan Lack, *Bicat is not triequivalent to Gray*, https://arxiv.org/abs/math/0612299 でも論じられている．

[15] [訳註] たとえば (a) で，関数の族 $(h_{A,B} : A \times B^A \to B)_{A,B}$ が，任意の $f : A' \to A$ と $g : B' \to B$ について

$$\begin{array}{ccc}
& \xrightarrow{1_{A'} \times (-\circ f)} A' \times B'^{A'} \xrightarrow{h_{A',B'}} B' \\
A' \times B'^A & & \downarrow g \\
& \xrightarrow{f \times (g \circ -)} A \times B^A \xrightarrow{h_{A,B}} B
\end{array}$$

を可換にするという「自然性」（dinatural とよばれる．Kelly (1982) を参照）をもつとすると，$h_{A,B}$ は解答で与えられるようなものしかないことが証明できる．

1.3.29 ここでは定義域が直積圏 $\mathscr{A}\times\mathscr{B}$ である関手の間の自然変換について考える．二つの引数についての同時自然性は，各々の引数の個別の自然性と同値であることを示すのが課題となる．

関手 $F, G : \mathscr{A}\times\mathscr{B} \to \mathscr{C}$ を取る．各 $A\in\mathscr{A}$ について関手 $F^A, G^A : \mathscr{B} \to \mathscr{C}$ が演習問題 1.2.25 でみたとおり存在する．同様に各 $B\in\mathscr{B}$ について関手 $F_B, G_B : \mathscr{A} \to \mathscr{C}$ が存在する．

$(\alpha_{A,B} : F(A,B) \to G(A,B))_{A\in\mathscr{A}, B\in\mathscr{B}}$ を射の族とする．この族が自然変換 $F \to G$ であることと，以下の二つの条件を満たすことの同値性を示せ．

- 各 $A\in\mathscr{A}$ について，族 $(\alpha_{A,B} : F^A(B) \to G^A(B))_{B\in\mathscr{B}}$ は自然変換 $F^A \to G^A$ になっている
- 各 $B\in\mathscr{B}$ について，族 $(\alpha_{A,B} : F_B(A) \to G_B(A))_{A\in\mathscr{A}}$ は自然変換 $F_B \to G_B$ になっている

1.3.30 G を群とする．$g\in G$ について，群準同型写像 $\phi : \mathbb{Z} \to G$ で $\phi(1) = g$ なるものがただ一つ存在する．ゆえに，G の元は本質的には群準同型写像 $\mathbb{Z} \to G$ と同じである．群が一つの対象からなる圏とみなされるとき，群準同型 $\mathbb{Z} \to G$ は，今度は関手 $\mathbb{Z} \to G$ と同じである．自然同型は関手 $\mathbb{Z} \to G$ の集合の間の同値関係を定義するので，G 上の同値関係を定義する．この同値関係を，純粋に群論の言葉で述べるとどうなるか？

（最初に見当をつけるとして，一般の群 G について，G 上にどんな同値関係を考えられるだろうか？）

1.3.31 集合 X の**置換** (permutation) とは全単射 $X \to X$ のことである．X 上の置換の集合を $\mathrm{Sym}(X)$ と書く．集合 X 上の**全順序** (total order) とは，順序 $\leq$ であって任意の $x,y\in X$ について $x\leq y$ または $y\leq x$ が成り立つものをいう．つまり有限集合上の全順序は，その元を一列に並べることと同じである．$\mathrm{Ord}(X)$ によって X 上の全順序の集合を表すことにしよう．

$\mathscr{B}$ を有限集合と全単射のなす圏とする．

(a) $\mathscr{B}$ の射について Sym をうまく定義し，Sym が関手 $\mathscr{B} \to \mathbf{Set}$ になるようにせよ．同じことを Ord について行え．これらの定義はともに標準的であるべきだ（そこに恣意的な選択は不要である）．

(b) 自然変換 Sym → Ord は存在しないことを示せ.(ヒント:恒等置換を考える.)

(c) X が n 個の元からなるとき,集合 $\mathrm{Sym}(X)$ と $\mathrm{Ord}(X)$ はそれぞれ何個の元をもつか?

任意の $X \in \mathscr{B}$ について $\mathrm{Sym}(X) \cong \mathrm{Ord}(X)$ であるが,$X \in \mathscr{B}$ について**自然に**ではないことを結論せよ.(教訓は,各有限集合 X について,X 上の置換の個数と同じだけ全順序があるが,自然な方法でそれらを対応づけることはできないということである.)

1.3.32 ここでは,命題 1.3.18 を証明する.$F : \mathscr{A} \to \mathscr{B}$ を関手としよう.

(a) F が圏同値を与えると仮定し,F が充満で,忠実で,対象について本質的に全射であることを示せ.(ヒント:忠実性を充満性より前に証明する.)

(b) さて,逆に F が充満で,忠実で,対象について本質的に全射であると仮定する.各 $B \in \mathscr{B}$ について,$\mathscr{A}$ の対象 $G(B)$ と同型 $\varepsilon_B : F(G(B)) \to B$ を選んで,$(\varepsilon_B)_{B \in \mathscr{B}}$ が自然同型 $FG \to 1_{\mathscr{B}}$ であるような関手に G が拡張されることを証明せよ.続いて自然同型 $1_{\mathscr{A}} \to GF$ を構成し,F が圏同値を与えることを示せ.

1.3.33 この問題では,線型代数において,行列が線型写像と等価なことを正確に述べる.

体 k を固定する.対象が自然数で,射が

$$\mathbf{Mat}(m, n) = \{ k \text{ 成分の } n \times m \text{ 行列} \}$$

で与えられる圏を **Mat** と書く.**Mat** と **FDVect** が圏同値であることを示せ.ここで **FDVect** は,k 上有限次元の線型空間のなす圏である.その圏同値は,**Mat** から **FDVect** への,あるいは **FDVect** から **Mat** への**標準的**な関手によるものだろうか?

(問題の一部は,圏 **Mat** における合成が何と思われるか考えることで,理にかなった可能性は一つしかない.また命題 1.3.18 を使うと簡単になる.)

1.3.34 圏同値が同値関係であることを示せ.(見かけほど自明ではない.)

第2章 随伴

Saunders Mac Lane の教科書 *Categories for the Working Mathematician* にある標語は

　随伴関手はあらゆるところに現れる

だ．本章ではこれが真実であることを，幅広い数学の分野からの随伴関手の例に触れることで理解し，さらに随伴について三つの異なった観点からアプローチする．それらのいずれもが，それぞれの観点からの直観をもたらす．最後にこれら三つのアプローチが同値であることを証明する．

　随伴を理解することで，読者はまた一つ役に立つ数学的な道具を得る．プロの純粋数学者のほとんどは圏や関手を知っているが，随伴についてはそうではない．より多くが知るべきだ．随伴関手はありふれていて難しくない．随伴を知れば，数学の風景に映るパターンを見つけやすくなるだろう．

2.1 定義と例

　互いに逆向きの関手の組 $F : \mathscr{A} \to \mathscr{B}$ と $G : \mathscr{B} \to \mathscr{A}$ を考える．大ざっぱにいうと，F が G の左随伴であるとは，$A \in \mathscr{A}$ と $B \in \mathscr{B}$ について，射 $F(A) \to B$ を与えることと射 $A \to G(B)$ を与えることが本質的に同じであることをいう．

定義 2.1.1 $\mathscr{A} \underset{G}{\overset{F}{\rightleftarrows}} \mathscr{B}$ を圏と関手とする．F が G の**左随伴**である，または G が F の**右随伴**であるとは

$$\mathscr{B}(F(A), B) \cong \mathscr{A}(A, G(B)) \tag{2.1}$$

が $A \in \mathscr{A}$ と $B \in \mathscr{B}$ について自然に成り立つことをいい，$F \dashv G$ と書かれる．「自然に」の意味は以下に定義されるとおりである．F と G の間の**随伴** (adjunction) とは，自然同型 (2.1) の選択のことである．

「$A \in \mathscr{A}$ と $B \in \mathscr{B}$ について自然に」とは，各 $A \in \mathscr{A}$ と $B \in \mathscr{B}$ について全単射 (2.1) が決まっていて，自然性の公理を満たすことをいう．この公理を書き下すにはいくつかの記法が必要である．対象 $A \in \mathscr{A}$ と $B \in \mathscr{B}$ について，(2.1) における射 $F(A) \to B$ と $A \to G(B)$ の間の対応を，どちらの向きも水平な上線で表すことにする：

$$\left(F(A) \xrightarrow{g} B \right) \mapsto \left(A \xrightarrow{\bar{g}} G(B) \right),$$
$$\left(F(A) \xrightarrow{\bar{f}} B \right) \leftarrow\mapsto \left(A \xrightarrow{f} G(B) \right).$$

したがって $\bar{\bar{f}} = f$ かつ $\bar{\bar{g}} = g$ となる．$\bar{f}$ は f の**転置** (transpose) とよばれる (g についても同様である)．自然性の公理は，任意の g と q について

$$\overline{\left(F(A) \xrightarrow{g} B \xrightarrow{q} B' \right)} = \left(A \xrightarrow{\bar{g}} G(B) \xrightarrow{G(q)} G(B') \right) \tag{2.2}$$

(すなわち $\overline{q \circ g} = G(q) \circ \bar{g}$) と，任意の p と f について

$$\overline{\left(A' \xrightarrow{p} A \xrightarrow{f} G(B) \right)} = \left(F(A') \xrightarrow{F(p)} F(A) \xrightarrow{\bar{f}} B \right) \tag{2.3}$$

という二つからなる．上線を書く操作は二回行うともとに戻るから，これらの両辺の左右どちらに長い上線を書くかは問題ではない．

注意 2.1.2 (a) 自然性の公理はこの場だけの特別な定義に思えるかもしれないが，第 4 章においてこれは単にある二つの関手が自然同型だといっていることを理解する．本節では自然性の公理はすっかり無視することにして，恣意的な選択をすることなしに何かが定義されるという自然性についての普通の直観を，公理が具現化していると信じることにする．

(b) 自然性公理は，射の配列

$$A_0 \to \cdots \to A_n, \quad F(A_n) \to B_0, \quad B_0 \to \cdots \to B_m$$

2.1. 定義と例   **51**

から，ちょうど一つの射

$$A_0 \to G(B_m)$$

を構成することを可能にする．圏，関手，自然変換の定義における注意と比較してみよう（注意 1.1.2 (b), 1.2.2 (a), 1.3.2 (a)）．

(c) 随伴関手はあらゆるところに現れるだけではなく，より進んで，関手のペア $\mathscr{A} \rightleftarrows \mathscr{B}$ に出くわしたなら，どちらの向きかはともかくそれらが随伴になっている可能性は十分に高い．

たとえば，Lie 代数と結合代数について研究している数学者と会話する機会があったとする．Lie 代数も結合代数も知らないと抗議してみても，向こうは気にせず Lie 代数を結合代数に対応させる方法があり，そして結合代数を Lie 代数に対応させる方法があると説明し続けたと想像してみよう．相手が何を話しているのかわからないとしても，ここでその方法がもう片方の方法の随伴になっていると思うのは悪くない賭けだ．それでたいがいうまくいく．

(d) 関手 G は左随伴をもつこともあるし，もたないこともある．もつとすると，それは自然同型を除いて一意的なので，「G の左随伴**というもの**[1]」について論じられる．このことは右随伴についても同様である．以上は後に証明される（例 4.3.13）．

「二つの関手が随伴であることを知って何が得られるか？」という問いはもっともだ．一意性はその答えの決定的な部分である．(c) の例に立ち返ろう．Lie 代数が何か，結合代数が何か，そして結合代数を Lie 代数に変える標準的な関手 G が何かを学ぶのにはおそらく二，三分もあれば十分だろう．では逆向きの関手 F についてはどうだろう？ ほとんどの代数学の教科書に（「普遍包絡環」の名前で）みられる F の描写を理解するにはより長い時間が必要だ．しかし単に F が G の左随伴と知れば，その過程を完全に迂回できる．G はただ**一つ**の左随伴をもつのだから，これが F を完全に特徴づける．この意味で，随伴が知るべきことをすべて教えてくれるのだ．

例 2.1.3（**代数：自由 ⊣ 忘却**） 代数構造の圏の間の忘却関手は，通常，左随伴をもつ．たとえば：

---

[1] [訳註] 原著では *the* left adjoint of G.

(a) k を体とすると，随伴

$$\begin{array}{c} \mathbf{Vect}_k \\ F \uparrow \dashv \downarrow U \\ \mathbf{Set} \end{array}$$

がある．ここで U は例 1.2.3 (b) の忘却関手で，F は例 1.2.4 (c) の自由関手である．随伴性は，集合 S と線型空間 V について，線型写像 $F(S) \to V$ が写像 $S \to U(V)$ と本質的に同じであることをいっている．

例 0.4 においてこのことを簡単にみたが，その詳細をいまここで確認しよう．集合 S と線型空間 V を固定する．線型写像 $g : F(S) \to V$ について集合の射 $\bar{g} : S \to U(V)$ が，$s \in S$ について $\bar{g}(s) = g(s)$ と定義できる．これは

$$\begin{array}{ccc} \mathbf{Vect}_k(F(S), V) & \to & \mathbf{Set}(S, U(V)) \\ g & \mapsto & \bar{g} \end{array}$$

なる関数を与える．逆向きに，集合の射 $f : S \to U(V)$ について，線型写像 $\bar{f} : F(S) \to V$ が，形式的線型結合 $\sum \lambda_s s \in F(S)$ を $\bar{f}(\sum_{s \in S} \lambda_s s) = \sum_{s \in S} \lambda_s f(s)$ と送ることで定義できる．これは

$$\begin{array}{ccc} \mathbf{Set}(S, U(V)) & \to & \mathbf{Vect}_k(F(S), V) \\ f & \mapsto & \bar{f} \end{array}$$

なる関数を与える．これらの二つの関数「上線」は互いに逆になっている．すなわち，線型写像 $g : F(S) \to V$ について，

$$\bar{\bar{g}}\left(\sum_{s \in S} \lambda_s s\right) = \sum_{s \in S} \lambda_s \bar{g}(s) = \sum_{s \in S} \lambda_s g(s) = g\left(\sum_{s \in S} \lambda_s s\right)$$

がすべての $\sum \lambda_s s \in F(S)$ について成り立つので $\bar{\bar{g}} = g$ となる．そして，集合の射 $f : S \to U(V)$ について，

$$\bar{\bar{f}}(s) = \bar{f}(s) = f(s)$$

がすべての $s \in S$ について成り立つので $\bar{\bar{f}} = f$ となる．ゆえに，各 $S \in \mathbf{Set}$ と $V \in \mathbf{Vect}_k$ について，$\mathbf{Vect}_k(F(S), V)$ と $\mathbf{Set}(S, U(V))$ の間の標準的な全単射が望みどおりに得られた[2]．

---

[2] [訳註] 注意 2.1.2 (a) の宣言どおり，本節では自然性公理は無視している．

ここで線型空間 V とその台集合 $U(V)$ の区別について慎重であらねばならなかった．しかし，一般の数学においてと同様に，圏論においても非常に多くの場合，忘却関手の記号は省略される．この例でいうと，U を削除して，V が現れるたびにそれが線型空間なのかその台集合なのかを見極めなければならないということである．この種の略記法をすぐに使い始めるだろう．

(b) 同様に，F と U をそれぞれ例 1.2.3 (a) と例 1.2.4 (a) の自由関手，忘却関手とした，以下の随伴がある．

自由群関手は明示的に構成するのに技巧を必要とする．第 6 章で，U やそれに似た多くの忘却関手が左随伴をもつことを保証する結果（一般随伴関手定理）を証明する．注意 2.1.2 (d) で観察したように，この結果により F を明示的に構成する必要性がある程度なくなる．これは強調されてよいはずだ：群論の研究者にとっては，自由群の詳細な描写が得られれば得られるほどよいだろう．明示的な構成は実に有用たり得る．しかしこの種の忘却関手がいつでも左随伴をもつというのは重要な一般的な原理である．

(c) U を例 1.2.3 (d) の包含関手とするとき，随伴

がある．群 G について，$F(G)$ は G の**アーベル化** (abelianization) G_ab である．これは G の商アーベル群で，G からアーベル群への任意の射が G_ab を経由して一意的に分解するという性質をもつ：

ここで η は G から商 G_{ab} への自然な射で，A はアーベル群である．((a) で告知した略記法より，図式のいくつかの場所で記号 U を省略している．) 全単射

$$\mathbf{Ab}(G_{\mathrm{ab}}, A) \cong \mathbf{Grp}(G, U(A))$$

は，左から右は $\psi \mapsto \psi \circ \eta$ で，右から左は $\phi \mapsto \bar{\phi}$ で与えられる．

（G_{ab} の構成法は以下のとおりである：$G' = \{xyx^{-1}y^{-1} \mid x, y \in G\}$ を含む最小の G の正規部分群として，$G_{\mathrm{ab}} = G/G'$ とする．G から可換群への準同型写像の核は G' を含むので，普遍性が従う．）

(d) 群の圏とモノイドの圏の間の随伴

$$\mathbf{Grp} \atop {F \uparrow \dashv U \dashv \uparrow R \atop \mathbf{Mon}}$$

がある．中央の関手 U は包含である．ここでも左随伴 F は描写に技巧を要する．略式には，$F(M)$ は M に各元の逆元を放り込んで得られる．（たとえば M が自然数のなす加法によるモノイドのとき，$F(M)$ は整数のなす群である．）再び，一般随伴関手定理（定理 6.3.10）が，この随伴の存在を保証する．

普通は忘却関手は**右**随伴をもたないので，この例は珍しい．ここで，モノイド M のすべての可逆元からなる部分モノイドが群 $R(M)$ の定義である．

圏 **Grp** は **Mon** の**反射的** (reflective) で**余反射的** (coreflective) な部分圏である．これは定義より，包含関手 $\mathbf{Grp} \hookrightarrow \mathbf{Mon}$ が左随伴と右随伴をもつという意味である．前の例は，**Ab** が **Grp** の反射的部分圏だといっている．

(e) **Field** を体のなす圏とする（その射は環準同型写像）．忘却関手 **Field** $\to$ **Set** は左随伴をもたない．（証明は例 6.3.5 を参照せよ．）体の理論は，群や環などの理論とは違うということだ．これは演算 $x \mapsto x^{-1}$ がすべての x について定義されていないためである（$x \neq 0$ についてだけ定義されている）．

注意 2.1.4 本書のいくつかの場所で，**代数的理論** (algebraic theory) の考えに触れるが，すでにそのいくつかの例を知っている：群の理論は代数的理論であり，環の理論，$\mathbb{R}$ 線型空間の理論，$\mathbb{C}$ 線型空間の理論，モノイドの理

2.1. 定義と例

論,そして(いくぶんつまらないが)集合の理論もそうだ.以下の記述の読後感として,「理論」というのは大げさで,「定義」というのがより適切と結論づけるかもしれない.しかしながら,これは確立された用語法である.

形式的に「代数的理論」を定義する必要はないが,一般的な考え方を知っておくのは重要だろう.群の理論を考察することから始めよう.

群は,関数 $\cdot : X \times X \to X$(乗法)と,別の関数 $(\ )^{-1} : X \to X$(逆元)と,元 $e \in X$(単位元)が与えられた集合 X で,これらの関数たちがなじみ深い方程式を満たすものと定義できる.もっと体系的に,X 上の三つの構造は集合の射とみなし得る

$$\cdot : X^2 \to X, \quad (\ )^{-1} : X^1 \to X, \quad e : X^0 \to X.$$

ここで最後の X^0 は 1 点集合 1 であって,集合の射 $1 \to X$ は本質的に X の元と同じであるという観察を用いている.

(群の定義としては,**構造**として乗法とおそらく単位元だけが与えられていて,逆元の存在は**性質**として要求されているほうがなじみ深いかもしれない.このアプローチでは,逆元の一意性についての補題が定義のすぐ後に続く.二つのアプローチは同値であるが,多くの目的のためには,前の段落で記述したような枠組みに定義を当てはめてしまうのがよい.)

代数的理論は以下の二つからなる:それぞれにアリティ(入力の数)が指定された演算の集まりと,方程式の集まりである.たとえば,群の理論はアリティが 2 の演算を一つ,アリティが 1 の演算を一つ,アリティが 0 の演算を一つもつ.代数的理論の**代数**または**モデル** (model) は,集合 X と,アリティが n の演算ごとに指定された射 $X^n \to X$ で,すべての元で方程式が成り立つものからなる.たとえば,群の理論の代数とは,まさしく群である.

より巧妙な例は,$\mathbb{R}$ 線型空間の理論である.これは一つの代数的理論だが,何よりもアリティが 1 の演算を無限個もつ.すなわち,(任意の線型空間 X について)各 $\lambda \in \mathbb{R}$ について λ によるスカラー積の演算 $\lambda \cdot - : X \to X$ のことだ.ここで体 $\mathbb{R}$ の特殊性は,それが前もって選ばれているということ以外には何もない.アリティが 1 の演算が異なっているから,$\mathbb{R}$ 線型空間の理論は $\mathbb{C}$ 線型空間の理論とは異なる.

手短にいうと,代数的理論の代数の主要な性質は,演算が集合全体で定義

されていて，方程式も全体で成り立つことだ．たとえば，群の**各々**の元は指定された逆元をもち，**各々**の元 x は方程式 $x \cdot x^{-1} = 1$ を満たす．これが群や環などの理論が代数的理論であって，体の理論がそうでないことの理由である．

例 2.1.5 随伴

$$D \dashv U \dashv I : \mathbf{Top} \rightleftarrows \mathbf{Set}$$

がある．ここで U は位相空間をその台集合に送り，D は集合に離散位相を導入し，I は集合に密着位相を導入する．

例 2.1.6 集合 A と B について，直積 $A \times B$ を構成でき，A から B への関数のなす集合 B^A も構成できる．これは集合 $\mathbf{Set}(A, B)$ と同じだが，A や B と同じ圏の対象であることを強調したいときは B^A という記法をよく用いる．

いま，集合 B を固定しよう．B と直積集合を取るという操作は関手

$$\begin{aligned} - \times B : \mathbf{Set} &\to \mathbf{Set} \\ A &\mapsto A \times B \end{aligned}$$

を定める．(ここで例 1.2.12 で導入された空欄の表記法を用いた.) また関手

$$\begin{aligned} (-)^B : \mathbf{Set} &\to \mathbf{Set} \\ C &\mapsto C^B \end{aligned}$$

もある．さらに，標準的な全単射

$$\mathbf{Set}(A \times B, C) \cong \mathbf{Set}(A, C^B)$$

が任意の集合 A と C について成り立つ．これは単に読みの区切り方を変えることで定義される：与えられた射 $g : A \times B \to C$ について，$\bar{g} : A \to C^B$ が

$$(\bar{g}(a))(b) = g(a, b)$$

で定義される $(a \in A$ かつ $b \in B)$ [3]．逆向きに，与えられた $f : A \to C^B$ に

---

[3] [訳註] $\bar{g} : A \to C^B$ は Haskell Curry にちなみ g のカリー化 (currying) とよばれる．

ついて，$\bar{f} : A \times B \to C$ が

$$\bar{f}(a,b) = (f(a))(b)$$

で定義される（$a \in A$ かつ $b \in B$）．図 2.1 は $A = B = C = \mathbb{R}$ の例である．そこに描かれているように曲面をスライスすることで，射 $\mathbb{R}^2 \to \mathbb{R}$ は $\mathbb{R}$ から $\{射 \mathbb{R} \to \mathbb{R}\}$ への射と思うことができる．

以上をすべて合わせると，各集合 B について随伴

$$\mathbf{Set} \underset{(-)^B}{\overset{- \times B}{\rightleftarrows}} \mathbf{Set}$$

が得られた．

定義 2.1.7 $\mathscr{A}$ を圏とする．対象 $I \in \mathscr{A}$ が **始対象** (initial object) であるとは，各 $A \in \mathscr{A}$ についてただ一つの射 $I \to A$ が存在することをいう．対象 $T \in \mathscr{A}$ が **終対象** (terminal object) であるとは，各 $A \in \mathscr{A}$ についてただ一つの射 $A \to T$ が存在することをいう．

たとえば，空集合は **Set** の始対象で，単位群は **Grp** の始対象であり，$\mathbb{Z}$ は **Ring** の始対象である（例 0.2）．1 点集合は **Set** の終対象であり，単位群は **Grp** の終対象であり（始対象でもあった），自明環（一つの元からなる環）は **Ring** の終対象である．**CAT** の終対象は圏 **1** で，これはただ一つの対象とその上のただ一つの射（必然的にその対象上の恒等射）をもつ圏である．

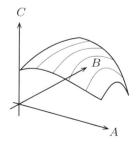

図 2.1 **Set** において射 $A \times B \to C$ は，A の各元に射 $B \to C$ を割り当てる方法とみなすことができる．

圏の中に必ずしも始対象が存在するとは限らない．しかし，もしも存在するなら，それは同型を除いて一意的である．実際，以下のように，始対象はただ一つの同型を除いて一意的である．

補題 2.1.8 I と I' を圏の始対象とする．このときただ一つの同型射 $I \to I'$ が存在する．とくに $I \cong I'$ である．

証明 I は始対象なので，ただ一つの射 $f: I \to I'$ が存在する．I' は始対象なので，ただ一つの射 $f': I' \to I$ が存在する．いま，$f' \circ f$ と 1_I はともに射 $I \to I$ で，I は始対象なので，$f' \circ f = 1_I$ である．同様に $f \circ f' = 1_{I'}$ が成り立つ．ゆえに f は望みどおり同型射である． □

例 2.1.9 始対象や終対象は随伴として記述できる．$\mathscr{A}$ を圏とすると，ちょうど一つ関手 $\mathscr{A} \to \mathbf{1}$ が存在する．また，関手 $\mathbf{1} \to \mathscr{A}$ は本質的には単に $\mathscr{A}$ の対象にすぎない（つまり，$\mathbf{1}$ のただ一つの対象の写り先）．関手 $\mathbf{1} \to \mathscr{A}$ を対象とみなせば，$\mathscr{A} \to \mathbf{1}$ の左随伴は，$\mathscr{A}$ のまさしく始対象である．

同様に，ただ一つの関手 $\mathscr{A} \to \mathbf{1}$ の右随伴は，まさしく $\mathscr{A}$ の終対象である．

注意 2.1.10 注意 1.1.10 で導入された言葉を用いるならば，終対象という概念は始対象という概念の双対である．（より一般的に，左随伴と右随伴という概念は互いに互いの双対である．）圏の任意の二つの始対象はただ一つの射で同型だから，双対性原理によって終対象についても同様のことが成り立つ．

注意 2.1.11 随伴は合成できる．随伴たち

$$\mathscr{A} \xrightleftharpoons[G]{F} \mathscr{A}' \xrightleftharpoons[G']{F'} \mathscr{A}''$$

を考えよう．ここで $\perp$ は回転された $\dashv$ である（よって $F \dashv G$ かつ $F' \dashv G'$）．このとき，随伴

$$\mathscr{A} \xrightleftharpoons[G \circ G']{F' \circ F} \mathscr{A}''$$

が得られる．なぜならば任意の $A \in \mathscr{A}$ と $A'' \in \mathscr{A}''$ について

$$\mathscr{A}''(F'(F(A)), A'') \cong \mathscr{A}'(F(A), G'(A'')) \cong \mathscr{A}(A, G(G'(A'')))$$

が A と A'' について自然に成り立つからである．

演習問題

2.1.12 いままでに述べられていない随伴関手，始対象，終対象の例を三つあげよ．

2.1.13 離散圏の間の随伴関手について何がいえるだろうか？

2.1.14 自然性方程式 (2.2) と (2.3) は，同値な言い換えとして（すべての p, f, q についての）一つの方程式

$$\left(A' \xrightarrow{p} A \xrightarrow{f} G(B) \xrightarrow{G(q)} G(B') \right) = \left(F(A') \xrightarrow{F(p)} F(A) \xrightarrow{\bar{f}} B \xrightarrow{q} B' \right)$$

に置き換えられることを証明せよ．

2.1.15 左随伴は始対象を保つことを示せ．すなわち，$\mathscr{A} \underset{G}{\overset{F}{\rightleftarrows}} \mathscr{B}$ で I が $\mathscr{A}$ の始対象ならば，$F(I)$ は $\mathscr{B}$ の始対象である．双対的に，右随伴が終対象を保つことを示せ．

(6.3 節で，これはより大きな全体像の一部であることを理解する：右随伴は極限を保存し，左随伴は余極限を保存する．)

2.1.16 G を群とする．

(a) **Set** と左 G 集合の圏 $[G, \textbf{Set}]$ の興味深い関手（どちらの向きでも）は何か？ そのうちどの関手がどれの随伴になっているか？

(b) 同様に，$\textbf{Vect}_k$ と G の k 線型表現の圏 $[G, \textbf{Vect}_k]$ の間の興味深い関手は何であり，これらの関手の間にどのような随伴があるか？

2.1.17 位相空間 X を固定し，X の開部分集合が包含関係でなす順序集合を $\mathscr{O}(X)$ で表す．集合 A について，定値 A を取る前層 ΔA を割り当てる関手

$$\Delta : \textbf{Set} \to [\mathscr{O}(X)^{\mathrm{op}}, \textbf{Set}]$$

を考える．以下の随伴関手の鎖を表示せよ．

$$\Lambda \dashv \Pi \dashv \Delta \dashv \Gamma \dashv \nabla.$$

2.2 単位と余単位からみた随伴

前節で随伴の定義をみた．本節と次節では，定義の二通りの言い換えを行う．本節で行う言い換えは理論的な取り扱いに最も有用なもので，一方，次節のものは多くの例と相性のよいものである．

随伴関手の理論を構築し始めるにあたって，これまで無視してきた自然性の条件（方程式 (2.2) と (2.3)）を真面目に考えなければならない．随伴 $\mathscr{A} \underset{G}{\overset{F}{\rightleftarrows}} \mathscr{B}$ を考えよう．自然性とは直観的にいうと，A が $\mathscr{A}$ を動いて，B が $\mathscr{B}$ を動くとき，$\mathscr{B}(F(A), B)$ と $\mathscr{A}(A, G(B))$ の間の同型が既知のすべての構造と整合的に動くということだ．言い換えれば，圏 $\mathscr{A}, \mathscr{B}$ での合成と関手 F, G の作用が整合的ということだ．

しかし「整合的」とはどういう意味だろうか？ たとえば，$\mathscr{B}$ の射

$$F(A) \xrightarrow{g} B \xrightarrow{q} B'$$

を考えよう．これに施し得る操作は二つある．一つは合成して転置することであり，射 $\overline{q \circ g} : A \to G(B')$ を生み出す．もう一つは g を転置して $G(q)$ と合成することであり，先のとは異なるかもしれない射 $G(q) \circ \bar{g} : A \to G(B')$ を生み出す．整合性はこの二つが等しいことを意味している．これが最初の方程式 (2.2) である．二番めの方程式はその双対であり，同様に説明できる．

各 $A \in \mathscr{A}$ について，射

$$\left(A \xrightarrow{\eta_A} GF(A) \right) = \overline{\left(F(A) \xrightarrow{1} F(A) \right)}$$

があり，双対的に，各 $B \in \mathscr{B}$ について射

$$\left(FG(B) \xrightarrow{\varepsilon_B} B \right) = \overline{\left(G(B) \xrightarrow{1} G(B) \right)}$$

がある．(ここで括弧を省略して $G(F(A))$ の代わりに $GF(A)$ と書き始めた．) これらはそれぞれ随伴の**単位** (unit)，**余単位** (counit) とよばれる自然変換

$$\eta : 1_{\mathscr{A}} \to G \circ F, \quad \varepsilon : F \circ G \to 1_{\mathscr{B}}$$

を定める[4]．

---

[4] [訳註] ここで η と ε が本当に自然変換になっていることを，各自で確認すべきだろう．

2.2. 単位と余単位からみた随伴　**61**

例 2.2.1　よく出てくる随伴 $\mathbf{Vect}_k \underset{F}{\overset{U}{\rightleftarrows}} \mathbf{Set}$ を考えよう．その単位 $\eta : 1_{\mathbf{Set}} \to U \circ F$ の S における成分は

$$\eta_S : \begin{array}{ccl} S & \to & UF(S) = \{\,\text{形式的 } k \text{ 線型結合} \sum_{s \in S} \lambda_s s\} \\ s & \mapsto & s \end{array}$$

である．余単位 ε の線型空間 V における成分は，線型写像

$$\varepsilon_V : FU(V) \to V$$

で，これは**形式的**線型結合 $\sum_{v \in V} \lambda_v v$ をその V における**実際**の値に送る．

線型空間 $FU(V)$ は巨大だ．たとえば，$k = \mathbb{R}$ で V が線型空間 $\mathbb{R}^2$ のとき，$U(V)$ は集合 $\mathbb{R}^2$ で，$FU(V)$ は $\mathbb{R}^2$ のすべての元を基底としてもつような線型空間である．ゆえに，これは非可算無限次元である．そして ε_V は，この無限次元空間から 2 次元空間 V への射なのだ．

補題 2.2.2　随伴 $F \dashv G$ の単位が η で余単位が ε であるとき，三角形の図式

は可換である．

注意 2.2.3　これらは**三角等式** (triangle identity) とよばれていて，それぞれ関手圏 $[\mathscr{A}, \mathscr{B}]$ および $[\mathscr{B}, \mathscr{A}]$ における可換図式である[5]．記法（とりわけ，44 ページに言及されている特殊な場合について）の説明については，注意 1.3.24 を参照すること．同値な言い換えとして，任意の $A \in \mathscr{A}$ と $B \in \mathscr{B}$ について三角形の図式

$$\begin{array}{ccc} F(A) \xrightarrow{F(\eta_A)} & FGF(A) & \\ {\scriptstyle 1_{F(A)}} \searrow & \downarrow {\scriptstyle \varepsilon_{F(A)}} & \\ & F(A) & \end{array} \qquad \begin{array}{ccc} G(B) \xrightarrow{\eta_{G(B)}} & GFG(B) & \\ {\scriptstyle 1_{G(B)}} \searrow & \downarrow {\scriptstyle G(\varepsilon_B)} & \\ & G(B) & \end{array} \qquad (2.4)$$

が可換というものがある．

---

[5] [訳註] 三角等式は（注意 2.2.9 に由来して）ジグザグ等式 (zig-zag identity) ともよばれる．

補題 2.2.2 の証明 三角形 (2.4) が可換であることを示す. $A \in \mathscr{A}$ とする. $\overline{1_{GF(A)}} = \varepsilon_{F(A)}$ なので, (2.3) より

$$\overline{\left(A \xrightarrow{\eta_A} GF(A) \xrightarrow{1} GF(A)\right)} = \left(F(A) \xrightarrow{F(\eta_A)} FGF(A) \xrightarrow{\varepsilon_{F(A)}} F(A)\right)$$

が成り立つが, 左辺は $\overline{\eta_A} = \overline{\overline{1_{F(A)}}} = 1_{F(A)}$ なので一つめの方程式が示された. 二つめの方程式は双対性から従う[6]. □

単位と余単位は, **恒等射**の転置についてのみ関知しているようにみえるが, 面白いことに随伴を完全に決定している. これが以下の主な内容である.

補題 2.2.4 $\mathscr{A} \underset{G}{\overset{F}{\rightleftarrows}} \mathscr{B}$ を単位が η で余単位が ε の随伴とする. このとき,

$$\bar{g} = G(g) \circ \eta_A$$

が任意の射 $g : F(A) \to B$ について成り立ち,

$$\bar{f} = \varepsilon_B \circ F(f)$$

が任意の射 $f : A \to G(B)$ について成り立つ.

証明 勝手な射 $g : F(A) \to B$ について, 方程式 (2.2) より

$$\overline{\left(F(A) \xrightarrow{g} B\right)} = \overline{\left(F(A) \xrightarrow{1} F(A) \xrightarrow{g} B\right)}$$
$$= \left(A \xrightarrow{\eta_A} GF(A) \xrightarrow{G(g)} G(B)\right)$$

が成り立ち, 最初の主張が示された. 二番めの主張は双対性から従う. □

定理 2.2.5 圏と関手 $\mathscr{A} \underset{G}{\overset{F}{\rightleftarrows}} \mathscr{B}$ を考える. このとき以下の (a) と (b) の間に 1 対 1 対応が存在する.

(a) F と G の間の随伴 (F が左で, G が右)

(b) 三角等式を満たす自然変換の組 $\left(1_{\mathscr{A}} \xrightarrow{\eta} GF,\ FG \xrightarrow{\varepsilon} 1_{\mathscr{B}}\right)$

---

[6] [訳註] もちろん同じ議論を繰り返して直接示してもよい. 以下同様である.

2.2. 単位と余単位からみた随伴　**63**

（定義より，F と G の間の随伴とは各 A, B ごとの同型射 (2.1) の選択で自然性方程式 (2.2) と (2.3) を満たすものであったことを思い出そう．）

証明　F と G の間の随伴が三角等式を満たす組 (η, ε) を与えることはすでに示している．これからこの対応が全単射であることを示そう．そこで，三角等式を満たす自然変換の組 (η, ε) を取る．示すべきは，単位が η で余単位が ε であるような F と G の間の随伴がただ一つ存在するということである．

一意性は補題 2.2.4 より従う．存在については，(b) にあるような自然変換 η と ε を取る．各 A と B について，対応

$$\mathscr{B}(F(A), B) \rightleftarrows \mathscr{A}(A, G(B)) \tag{2.5}$$

を次のように定義し，両方とも上線で表す．$g \in \mathscr{B}(F(A), B)$ について，$\bar{g} = G(g) \circ \eta_A \in \mathscr{A}(A, G(B))$ とし，逆向きも同様に $\bar{f} = \varepsilon_B \circ F(f)$ とする．

ここで各 A と B について，二つの対応 $g \mapsto \bar{g}$ と $f \mapsto \bar{f}$ は互いに互いの逆であることを主張しよう．実際，$\mathscr{B}$ の射 $g : F(A) \to B$ について，可換図式

$$\begin{array}{ccccc}
F(A) & \xrightarrow{F(\eta_A)} & FGF(A) & \xrightarrow{FG(g)} & FG(B) \\
& \searrow^{1} & \downarrow^{\varepsilon_{F(A)}} & & \downarrow^{\varepsilon_B} \\
& & F(A) & \xrightarrow{g} & B
\end{array}$$

がある．$F(A)$ から B へ図式の外側を回る道での合成は

$$\varepsilon_B \circ FG(g) \circ F(\eta_A) = \varepsilon_B \circ F(\bar{g}) = \bar{\bar{g}}$$

と $g \circ 1 = g$ なので，$\bar{\bar{g}} = g$ となる．双対性から $\mathscr{A}$ の任意の射 $f : A \to G(B)$ について $\bar{\bar{f}} = f$ を得る．これで主張は証明された．

自然性方程式 (2.2) と (2.3) を確認するのはやさしい．ゆえに，対応 (2.5) は随伴を定めている．最後に，この随伴の単位と余単位はそれぞれ η と ε である．なぜなら，単位の A における成分は

$$\overline{1_{F(A)}} = G(1_{F(A)}) \circ \eta_A = 1 \circ \eta_A = \eta_A$$

だからで，余単位については双対性から従う．　□

系 2.2.6　圏と関手 $\mathscr{A} \overset{F}{\underset{G}{\rightleftarrows}} \mathscr{B}$ について，$F \dashv G$ であることと，三角等式

を満たす自然変換 $1 \xrightarrow{\eta} GF$ と $FG \xrightarrow{\varepsilon} 1$ が存在することは同値である.

例 2.2.7 順序集合の間の随伴は，順序を保つ写像 $A \underset{g}{\overset{f}{\rightleftarrows}} B$ で

$$\forall a \in A, \forall b \in B, \quad f(a) \leq b \iff a \leq g(b) \tag{2.6}$$

を満たすものからなる[7]．これは，随伴の定義での同型射 (2.1) の両辺は高々一つの元しかもたない集合なので，それらが同型であることと，両方とも空または空でないことが同値だからだ．順序集合において，同じ定義域と値域をもつ二つの射は等しいので，自然性公理 (2.2) と (2.3) は自動的に成り立つ．

例 1.3.9 で述べたことを思い出そう．すなわち，$C \underset{q}{\overset{p}{\rightrightarrows}} D$ が順序集合の順序を保つ写像のとき，p から q への自然変換は高々一つということだ．そして自然変換が存在することと，任意の $c \in C$ について $p(c) \leq q(c)$ となることは同値なのだった．上記の随伴の単位は，任意の $a \in A$ について $a \leq gf(a)$ が成り立つという主張で，余単位は任意の $b \in B$ について $fg(b) \leq b$ が成り立つという主張である．順序集合において同じ定義域と値域をもつ二つの射が等しいので，三角等式は無意味である．

順序集合の場合，系 2.2.6 は条件 (2.6) が

$$\forall a \in A, \, a \leq gf(a) \quad \text{かつ} \quad \forall b \in B, \, fg(b) \leq b$$

と同値であるといっている．これは直接証明できる（演習問題 2.2.10）．

たとえば X を位相空間とし，X の閉部分集合の集合 $\mathscr{C}(X)$ と X の部分集合の集合 $\mathscr{P}(X)$ を考え，両方とも $\subseteq$ で順序づける．順序を保つ射

$$\mathscr{P}(X) \underset{i}{\overset{\mathrm{Cl}}{\rightleftarrows}} \mathscr{C}(X)$$

がある．ここで i は包含写像で，Cl は閉包を取る操作である．

$$\mathrm{Cl}(A) \subseteq B \iff A \subseteq B$$

が，任意の部分集合 $A \subseteq X$ と閉部分集合 $B \subseteq X$ について成り立つことから，これは随伴になっていて，Cl は i の左随伴であることがわかる．同値な

---

[7] ［訳註］$f \dashv g$ が意図されている．順序集合の間の共変関手または反変関手の随伴は Galois 接続 (Galois connection) ともよばれる．なお例 2.2.7 は前順序集合でも正しい．

命題は，任意の部分集合 $A \subseteq X$ について $A \subseteq \mathrm{Cl}(A)$ かつ任意の閉部分集合 $B \subseteq X$ について $\mathrm{Cl}(B) \subseteq B$ が成り立つというものだ．いずれにせよ，閉包を取るという位相的な操作が随伴関手として現れることがわかる．

注意 2.2.8 定理 2.2.5 は，随伴が三角等式を満たす関手と自然変換の四つ組 $(F, G, \eta, \varepsilon)$ とみなせるということだ[8]．（定義 1.3.15 のような）圏同値 $(F, G, \eta, \varepsilon)$ は必ずしも随伴とは限らない[9]．F が G の左随伴であるということは正しい[10]が（演習問題 2.3.10），必ずしも η や ε が単位や余単位になっているわけではない（それらが三角等式を満たすべき理由は何もないのだから）．

注意 2.2.9 三角等式を直観的にもっともらしくみせるような自然変換のうまい描き方がある．たとえば，圏と関手

$$\mathscr{A} \xrightarrow{F_1} \mathscr{C}_1 \xrightarrow{F_2} \mathscr{C}_2 \xrightarrow{F_3} \mathscr{C}_3 \xrightarrow{F_4} \mathscr{B}, \quad \mathscr{A} \xrightarrow{G_1} \mathscr{D}_1 \xrightarrow{G_2} \mathscr{B}$$

と自然変換 $\alpha : F_4 F_3 F_2 F_1 \to G_2 G_1$ があったとしよう．普通，α を次のように描く[11]：

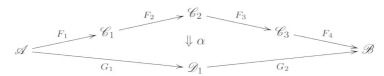

しかし，α を次のように**ストリング図式** (string diagram) として描き得る：

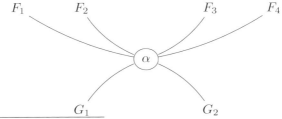

---

[8]　［訳註］このような四つ組 $(F, G, \eta, \varepsilon)$ は，随伴四つ組 (adjoint tuple) とよばれる．
[9]　［訳註］随伴四つ組 $(F, G, \eta, \varepsilon)$ が圏同値を与えているとき，随伴同値 (adjoint equivalence) とよばれる．随伴同値を圏同値の定義として，論理を展開する方法を好む著者もいる．
[10]　［訳註］任意の圏同値は随伴同値にできるということである．ただし，数学に現れるたいていの圏同値は最初から自然に随伴同値になっている印象を訳者はもっている．
[11]　［訳註］この自然変換の描き方は，すぐ後に出てくるストリング図式と対比して，塗絵図式 (pasting diagram) あるいは球状図式 (globular diagram) とよばれることもなくはない．

4 や 2 といった数に特別な意味はなく，任意の自然数 m と n に置き換えられる．$m = 0$ ならば $\mathscr{A} = \mathscr{B}$ で，α の定義域は $1_\mathscr{A}$ である（注意 1.1.2 (b) の最終段落に留意しよう）．この場合，α とラベルづけられた円盤は上から入ってくるストリングをもたない．同様に，$n = 0$ ならば円盤から下へ出ていくストリングをもたない．

自然変換の垂直合成はストリング図式を縦につなげることに対応し，水平合成は横に並べることに対応する[12]．関手 F 上の恒等自然変換は，簡単なストリングとして描かれる：

さて，随伴にこの記法を適用しよう．単位と余単位は，

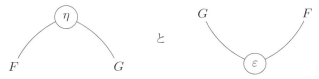

のように描かれ，三角等式はいまや位相幾何的にもっともらしい方程式

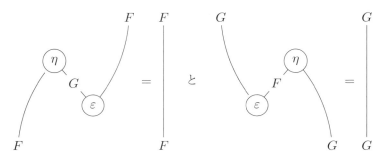

になる．どちらの方程式でも，その右辺は左辺のストリングを単にまっすぐになるように引っ張ることで得られる．

---

[12] ［訳註］ここでは，関手の合成を「左から右に」，自然変換の合成「上から下に」読む約束になっているが，この規約が広く合意されているわけではない．たとえば関手の合成と絵がそのまま対応するように，関手の合成を「右から左に」読む流儀にも，一定の合理性がある．

演習問題

2.2.10 $A \underset{g}{\overset{f}{\rightleftarrows}} B$ を順序集合の間の順序を保つ写像とする．以下の二条件が同値であることを**直接**証明せよ．

(a) 任意の $a \in A$ と $b \in B$ について，
$$f(a) \leq b \iff a \leq g(b)$$

(b) 任意の $a \in A$ について $a \leq g(f(a))$ かつ，任意の $b \in B$ について $f(g(b)) \leq b$

(両方の条件は $f \dashv g$ を主張している．例 2.2.7 を参照すること．)

2.2.11 (a) $\mathscr{A} \underset{G}{\overset{F}{\rightleftarrows}} \mathscr{B}$ を単位が η で余単位が ε の随伴とする．η_A が同型射であるような $A \in \mathscr{A}$ からなる $\mathscr{A}$ の充満部分圏を **Fix**(GF) で表し，双対的に **Fix**$(FG) \subseteq \mathscr{B}$ も定義される．随伴 $(F, G, \eta, \varepsilon)$ を制限することで **Fix**(GF) と **Fix**(FG) の間の圏同値 $(F', G', \eta', \varepsilon')$ が得られることを示せ[13]．

(b) (a) では，任意の随伴は，標準的な方法で充満部分圏の圏同値に制限されることをいっている．いくつか随伴の例について，この圏同値が何か調べよ．

2.2.12 (a) 任意の随伴について，その右随伴が充満忠実であることと，余単位が同型であることの同値性を示せ．

(b) (a) に述べた同値な条件を満たす随伴は**反射的** (reflection) とよばれる．(例 2.1.3 (d) と比較しよう．) 本章中の随伴の例で，反射的なものは何か？

2.2.13 (a) $f : K \to L$ を集合の射とする．L の部分集合 S をその逆像 $f^{-1}S \subseteq K$ に送る射を $f^* : \mathscr{P}(L) \to \mathscr{P}(K)$ で表す．$\mathscr{P}(K)$ と $\mathscr{P}(L)$ に包含順序を入れたとき，f^* は順序を保つので関手と思うことができる．f^* の左随伴および右随伴は何か？

---

[13] [訳註] $\mathscr{A}$ と $\mathscr{B}$ が順序集合のとき，すなわち F と G が Galois 接続のとき，この圏同値 (いまの場合，全単射) には unity of opposites という名前がついている．J. Lambek, P.J. Scott, *Introduction to higher order categorical logic* (Cambridge University Press, 1986) も参照されたい．Galois 対応 (Galois correspondence) ともよばれる．

(b) X と Y を集合とする．$p: X \times Y \to X$ で第 1 成分への射影を表すことにする．X の部分集合 S を，変数 $x \in X$ についての述語 $S(x)$ とみなすことにしよう．同様に $X \times Y$ の部分集合 R を 2 変数の述語 $R(x, y)$ と思おう．述語の言葉で p^* の左随伴と右随伴を述べると何になるか？　それぞれの随伴について，単位と余単位を論理的含意関係として解釈してみよ．（ヒント：p^* の左随伴はしばしば $\exists_Y$ と書かれ，右随伴は $\forall_Y$ と書かれる．）

2.2.14　関手 $F: \mathscr{A} \to \mathscr{B}$ と圏 $\mathscr{S}$ について，関手 $F^*: [\mathscr{B}, \mathscr{S}] \to [\mathscr{A}, \mathscr{S}]$ が，対象 $Y \in [\mathscr{B}, \mathscr{S}]$ については $F^*(Y) = Y \circ F$ で，射 α については $F^*(\alpha) = \alpha F$ で定義される．任意の随伴 $\mathscr{A} \underset{G}{\overset{F}{\rightleftarrows}} \mathscr{B}$ と圏 $\mathscr{S}$ は，随伴

$$[\mathscr{A}, \mathscr{S}] \underset{F^*}{\overset{G^*}{\rightleftarrows}} [\mathscr{B}, \mathscr{S}]$$

を誘導することを示せ．（ヒント：定理 2.2.5 を用いる．）

2.3　始対象からみた随伴

随伴の三番めの定式化をしよう．それはおそらく読者が日々の数学で最も頻繁に出くわす形であろう．

もう一度，随伴

$$\mathbf{Vect}_k \underset{\mathbf{Set}}{\overset{F \dashv U}{\longleftrightarrow}}$$

を考えよう．S を集合とする．S を基底とする線型空間 $F(S)$ の普遍性は，最も常識的には次のように述べられる：

> 任意の線型空間 V と，任意の関数 $f: S \to V$ について，f は線型写像 $\bar{f}: F(S) \to V$ に一意的に拡張される．

例 2.1.3 (a) で注意したように，忘却関手はしばしば忘れられる．つまりこの命題中の「$f: S \to V$」は厳密にいうと「$f: S \to U(V)$」のことである．ま

た「拡張される」という語も暗黙に埋め込み

$$\eta_S : S \to UF(S)$$
$$s \mapsto s$$

を参照している．だから正確な言葉を用いると，命題は次のようになる：

任意の $V \in \mathbf{Vect}_k$ と任意の $f \in \mathbf{Set}(S, U(V))$ について，ただ一つの $\bar{f} \in \mathbf{Vect}_k(F(S), V)$ であって，図式

$$\begin{CD} S @>\eta_S>> U(F(S)) \\ @VfVV @VVU(\bar{f})V \\ {} @. U(V) \end{CD} \qquad (2.7)$$

が可換になるものが存在する．

（例 0.4 と比べよう．）本節では，この命題と，F が U の左随伴でその単位は η であるという命題が同値であることを証明する．

このために，一つの定義が必要である．

定義 2.3.1 圏と関手

が与えられたとき，**コンマ圏** (comma category) $(P \Rightarrow Q)$（しばしば $(P \downarrow Q)$ とも書かれる）は以下のように定義される：

- 対象は，$A \in \mathscr{A}$, $B \in \mathscr{B}$ と $\mathscr{C}$ の $h : P(A) \to Q(B)$ の三つ組 (A, h, B)
- 射 $(A, h, B) \to (A', h', B')$ は，射の組 $(f : A \to A', g : B \to B')$ で，

$$\begin{CD} P(A) @>P(f)>> P(A') \\ @VhVV @VVh'V \\ Q(B) @>>Q(g)> Q(B') \end{CD}$$

が可換図式になるもの

注意 2.3.2 $\mathscr{A}, \mathscr{B}, \mathscr{C}, P, Q$ を上のとおりとすると，下に示すような標準的な関手と標準的な自然変換

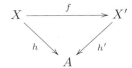

が存在する．2 圏論における適切な意味で，$(P \Rightarrow Q)$ はこの性質[14]について普遍的である[15]．

例 2.3.3 $\mathscr{A}$ を圏とし，$A \in \mathscr{A}$ を取る．$\mathscr{A}$ の A 上の**スライス圏** (slice category) ($\mathscr{A}/A$ と書かれる) は，対象が A への射で，射は可換三角形となるような圏である[16]．より正確にいうと，対象は $X \in \mathscr{A}$ と $\mathscr{A}$ の射 $h: X \to A$ の組 (X, h) で，$\mathscr{A}/A$ の射 $(X, h) \to (X', h')$ は三角形

が可換になる $\mathscr{A}$ の射 $f: X \to X'$ である．

スライス圏はコンマ圏の特殊な場合である．例 2.1.9 より，関手 $\mathbf{1} \to \mathscr{A}$ は単に $\mathscr{A}$ の対象だったことを思い出そう．いま $\mathscr{A}$ の対象 A について，コンマ圏 $(1_{\mathscr{A}} \Rightarrow A)$ を，以下の図式に従って考える：

$$\begin{array}{ccc} & & \mathbf{1} \\ & & \downarrow A \\ \mathscr{A} & \xrightarrow{1_{\mathscr{A}}} & \mathscr{A} \end{array}$$

$(1_{\mathscr{A}} \Rightarrow A)$ の対象は，原則的には $X \in \mathscr{A}, B \in \mathbf{1}$ と $\mathscr{A}$ の $h: X \to A$ からなる三つ組 (X, h, B) だ．しかし $\mathbf{1}$ は一つしか対象をもたないから，組 (X, h)

---

[14] [訳註] 原著では property だが，構造 (structure) のほうがふさわしいかもしれない．性質と構造が混同されがちなことについては注意 2.1.4 でも触れられている．

[15] [訳註] F. Borceux, *Handbook of Categorical Algebra, Volume 1* (Cambridge University Press, 1994) の Proposition 1.6.3 を参照されたい．

[16] [訳註] $\mathscr{A}/A$ には，$\mathscr{A}$ の A の上の圏 (over category) という別名もある．

が実質である．ゆえにコンマ圏 $(1_{\mathscr{A}} \Rightarrow A)$ はスライス圏 $\mathscr{A}/A$ と同じ対象をもつ．射についても同様のことが確認できて，$\mathscr{A}/A \cong (1_{\mathscr{A}} \Rightarrow A)$ がわかる．

双対的に（つまりすべての矢印を逆向きにして），**余スライス圏** (coslice category) $A/\mathscr{A} \cong (A \Rightarrow 1_{\mathscr{A}})$ があって，その対象は A から出る射である．

例 2.3.4　$G : \mathscr{B} \to \mathscr{A}$ を関手で，$A \in \mathscr{A}$ を取る．これらについて，図式

からコンマ圏 $(A \Rightarrow G)$ を構成できる．その対象は組 $(B \in \mathscr{B}, f : A \to G(B))$ で，$(A \Rightarrow G)$ の射 $(B, f) \to (B', f')$ は $\mathscr{B}$ の射 $q : B \to B'$ で，三角形

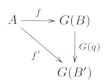

を可換にするものである．

この図式が線型空間の例の図式 (2.7) と類似している方法に注目しよう．コンマ圏 $(A \Rightarrow G)$ はそこで論じた普遍性を捉えるために用いられる．

くだけた言い方として，$f : A \to G(B)$ が $(A \Rightarrow G)$ の対象であるとは，本当のところは組 (B, f) が $(A \Rightarrow G)$ の対象であることを意味することにしよう．異なる対象 $B, B' \in \mathscr{B}$ について $G(B) = G(B')$ となり得るから，潜在的な混乱の可能性があるのだが，しばしばこの規約を用いることにしよう．

さてコンマ圏と随伴を関係づけていく．

補題 2.3.5　随伴 $\mathscr{A} \underset{G}{\overset{F}{\rightleftarrows}} \mathscr{B}$ と対象 $A \in \mathscr{A}$ について，単位射 $\eta_A : A \to GF(A)$ は $(A \Rightarrow G)$ の始対象である．

証明　$(B, f : A \to G(B))$ を $(A \Rightarrow G)$ の対象とする．$(F(A), \eta_A)$ から (B, f) にただ一つの射が存在することを示せばよい．

$(A \Rightarrow G)$ の射 $(F(A), \eta_A) \to (B, f)$ は，$\mathscr{B}$ の射 $q : F(A) \to B$ で

$$A \xrightarrow{\eta_A} GF(A)$$
$$\downarrow f \qquad \downarrow G(q)$$
$$G(B)$$
(2.8)

が可換になるものである．ところが補題 2.2.4 より $G(q) \circ \eta_A = \bar{q}$ なので，(2.8) が可換になることと $f = \bar{q}$ は同値で，さらにこれは $q = \bar{f}$ と同値である．ゆえに $\bar{f}$ は $(A \Rightarrow G)$ のただ一つの射 $(F(A), \eta_A) \to (B, f)$ である． □

ついに随伴の三番めで最後の定式化をお目にかけよう．

定理 2.3.6 圏と関手 $\mathscr{A} \xrightleftharpoons[G]{F} \mathscr{B}$ を考える．このとき以下の (a) と (b) の間に 1 対 1 対応が存在する．

(a) F と G の間の随伴（F が左で G は右）

(b) 各 $A \in \mathscr{A}$ について $\eta_A : A \to GF(A)$ が $(A \Rightarrow G)$ の始対象であるような自然変換 $\eta : 1_{\mathscr{A}} \to GF$

証明 F と G の間の各随伴が (b) の性質を満たす自然変換 η を誘導することは，示したばかりだ．定理を証明するには，(b) の性質を満たす自然変換 η は，F と G の間のただ一つの随伴の単位になっていることを示す必要がある．

定理 2.2.5 より，F と G の間の随伴は，三角等式を満たす自然変換の組 (η, ε) と同じである．だから (b) の性質を満たす自然変換 η について，組 (η, ε) が三角等式を満たすような自然変換 $\varepsilon : FG \to 1_{\mathscr{B}}$ がただ一つ存在することをいえばよい．

$\eta : 1_{\mathscr{A}} \to GF$ を (b) の性質を満たす自然変換とする．

一意性 $\varepsilon, \varepsilon' : FG \to 1_{\mathscr{B}}$ を (η, ε) と (η, ε') がともに三角等式を満たす自然変換とする．三角等式の一つは，各 $B \in \mathscr{B}$ について，三角形

$$G(B) \xrightarrow{\eta_{G(B)}} G(FG(B))$$
$$\searrow_1 \qquad \downarrow G(\varepsilon_B)$$
$$G(B)$$
(2.9)

が可換になることをいう．ゆえに，ε_B は $(G(B) \Rightarrow G)$ の射

2.3. 始対象からみた随伴   **73**

$$\left(FG(B), G(B) \xrightarrow{\eta_{G(B)}} G(FG(B))\right) \longrightarrow \left(B, G(B) \xrightarrow{1} G(B)\right)$$

である．同じことが ε'_B でもいえる．しかし $\eta_{G(B)}$ は始対象なので，そのような射はただ一つだけ存在する．つまり $\varepsilon_B = \varepsilon'_B$．これがすべての B について成り立つから $\varepsilon = \varepsilon'$ がわかった．

存在　$B \in \mathscr{B}$ について，$\varepsilon_B : FG(B) \to B$ を，$(G(B) \Rightarrow G)$ の唯一の射

$$(FG(B), \eta_{G(B)}) \to (B, 1_{G(B)})$$

として定義する．(よって ε_B の定義から，三角形 (2.9) は可換になる．) $(\varepsilon_B)_{B \in \mathscr{B}}$ が自然変換 $FG \to 1$ になり，η と ε が三角等式を満たすことを示す．

自然性を証明するために，$\mathscr{B}$ の $B \xrightarrow{q} B'$ を取る．可換図式

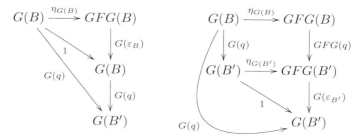

があるので，$q \circ \varepsilon_B$ と $\varepsilon_{B'} \circ FG(q)$ はともに $(G(B) \Rightarrow G)$ の射 $\eta_{G(B)} \to G(q)$ になっている[17]．$\eta_{G(B)}$ は始対象なので，これらは等しくなければならない．これは q についての ε の自然性の証明になっているから，ε は自然変換である．

三角等式のうち方程式 (2.9) が成り立つことはすでに観察した．残りは

$$\begin{array}{ccc} F(A) & \xrightarrow{F(\eta_A)} & FGF(A) \\ & \searrow{\scriptstyle 1_{F(A)}} & \downarrow{\scriptstyle \varepsilon_{F(A)}} \\ & & F(A) \end{array}$$

が，各 $A \in \mathscr{A}$ について可換になるという主張だが，先ほどと同様の技法を

---

[17] [訳註] $q \circ \varepsilon_B$ と $\varepsilon_{B'} \circ FG(q)$ が $(G(B) \Rightarrow G)$ 中で $(FG(B), G(B) \xrightarrow{\eta_{G(B)}} G(FG(B)))$ から $(B', G(B) \xrightarrow{G(q)} G(B'))$ への射になっているということ．

繰り返して示そう．以下の可換図式があって[18]，η_A が始対象だから，望みどおり $\varepsilon_{F(A)} \circ F(\eta_A) = 1_{F(A)}$ を得る．

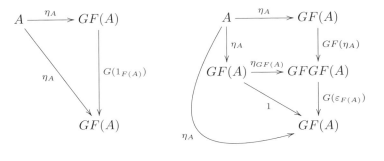

□

6.3 節において，随伴関手定理を学ぶ．これは関手が左随伴をもつことを保証する条件を述べたものだ．次の系がその証明の出発点になる．

系 2.3.7 $G : \mathscr{B} \to \mathscr{A}$ を関手とする．G が左随伴をもつことと，各 $A \in \mathscr{A}$ について圏 $(A \Rightarrow G)$ が始対象をもつことは同値である．

証明 補題 2.3.5 が，前者から後者を証明している．後者から前者を証明するために，各 $A \in \mathscr{A}$ について $(A \Rightarrow G)$ の始対象 $(F(A), \eta_A : A \to GF(A))$ を選択しよう．（ここで $F(A)$ と η_A は単に選択されたものを表す名前である．）$\mathscr{A}$ のそれぞれの射 $f : A \to A'$ について，$F(f) : F(A) \to F(A')$ を

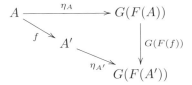

が可換になるようなただ一つの射とする（言い換えれば，$(A \Rightarrow G)$ のただ一つの射 $\eta_A \to \eta_{A'} \circ f$ のこと）．F が関手 $\mathscr{A} \to \mathscr{B}$ になっていることは簡単に確認できる．そして上の図式は η が自然変換 $1 \to GF$ であることをいっている．よって定理 2.3.6 より，F は G の左随伴である． □

---

[18]［訳註］$1_{F(A)}$ と $\varepsilon_{F(A)} \circ F(\eta_A)$ が $(A \Rightarrow G)$ 中 $(F(A), A \xrightarrow{\eta_A} GF(A))$ から自身への射になっているということ．

この系は本節の冒頭で述べた主張を正当化する：与えられた関手 F と G が随伴 $F \dashv G$ をもつことは，そこに述べた普遍性がある射たち $\eta_A : A \to GF(A)$ をもつことと同じである．

演習問題

2.3.8 群（一つの対象からなる圏とみなす）の間の随伴は何だといえるか？

2.3.9 系 2.3.7 の双対命題を述べよ．どのようにしてそれを証明するか？

2.3.10 $(F, G, \eta, \varepsilon)$ を定義 1.3.15 にある圏同値とする．F が G の左随伴であることを示せ（注意 2.2.8 の警告を参照すること）．

2.3.11 $\mathscr{A} \underset{F}{\overset{U}{\rightleftarrows}} \mathbf{Set}$ を随伴とする．少なくとも一つの $A \in \mathscr{A}$ について，集合 $U(A)$ は 2 点以上の元をもつと仮定する．任意の集合 S について，単位射 $\eta_S : S \to UF(S)$ は単射であることを示せ．**Grp** と **Set** の間の通常の随伴の場合，これは何を意味しているか？

2.3.12 A と B を集合とする．A から B への**部分関数** (partial function) とは部分集合 $S \subseteq A$ と関数 $S \to B$ の組 (S, f) のことである．（A から B への関数のようだが，A のいくつかの元では定義されないと思うこと．）**Par** で集合と部分関数の圏を表すことにする．

Par と $\mathbf{Set}_*$ は圏同値であることを示せ．ここで $\mathbf{Set}_*$ は基点つき集合と基点を保つ関数の圏である．また $\mathbf{Set}_*$ は余スライス圏として簡潔に記述できることを示せ．

第3章 休憩：集合論について

　集合と関数は数学においてありふれたものである．読者はそれらが数学の純粋な話題と最も緊密に結びついていると思い描くかも知れないが，それは錯覚だ．統計における確率密度関数，科学実験におけるデータの一式，天文学における惑星の運動，流体力学における流れなどを考えてみよう．

　圏論は，しばしば数学における共通の構成やパターンを浮き彫りにするために用いられてきた．同じことをさらに進んだ文脈で望むのならば，集合と関数の基本概念を確定させるところから始めなければならない．これが本章の第1節の目的である．

　圏の定義は，対象や射の「集まり」を話に持ち出してくる．第2節において，いくつかの集まりは大きすぎて集合になり得ないことを理解する．これは「小さな」集まりと「大きな」集まりの区別へといざなう．この区別は後に，最も顕著には随伴関手定理（第6章）において必要になる．

　最後の節では，集合論の歴史的な概観を行う．また本章における集合の取り扱いが，伝統的な扱いよりもほとんどの数学にとっては適切である理由も説明する．この節は，論理的にはほかと独立しているが，読者は有用な視点を得るだろう．

　どんな種類のものであれ，読者が公理的集合論をかじったことがあるとは仮定しなかった．もしあるならば，本章を読むさいにはいったんそれを忘れることをお勧める．というのも，本書における集合論の取り扱いは，最もなじみがあるであろう取り扱いとかなり違ったものであるからだ．伝統的な取り扱いと圏論的な取り扱いの簡単な比較は，本章の最後で読むことができる．

3.1 集合にまつわる諸構成

本書では,「集合」および「関数」については定義をしていない. しかしながら, 直観に従って, 集合と関数の世界に期待される性質を列挙することはできる. たとえば, 存在するべき集合や, 既知の集合から新しい集合を作る方法について描写できる.

直観的には, 集合とは点たちが入ったかばんのことである. (もちろん, 無限個入っていても構わない.)

これらの点, あるいは元たちは, いかなる意味においてもお互いに無関係である. そこに順序はなく, 代数構造も伴わず (たとえば, 二つの元を掛け合わせる明示された方法はない), 点の遠近を意味する概念もない. 個々の特別な例では, いくつかの付加構造を思い起こすだろう. たとえば, 実数の集合にはたいていの場合, 順序距離体の構造が導入されている. しかし $\mathbb{R}$ をただの**集合**とみなすということは, それらの構造を一切忘れるということである. すなわち, 無個性な点たちの群れ以上のものとはみなさないということだ.

直観的には, 関数 $f : A \to B$ とは, かばん A の各点をかばん B のどこかの点へ割り当てるものである.

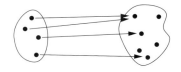

関数を別の関数の後に続けて考えることができる. たとえば, 次のように与えられた二つの関数について

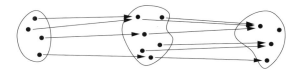

合成関数

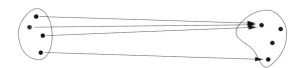

を得る．関数の合成は結合的で，$h \circ (g \circ f) = (h \circ g) \circ f$ が成り立つ．また各集合について，その上には恒等写像がある．したがって，

　　集合と関数は圏 **Set** をなす．

圏には多種多様なものがあり，そのほとんどは集合の圏とは似つかないものだから，この言明はあまり拘束力のないものだ．そこで集合の圏の顕著な特徴を列挙していこう．

空集合　元をもたない集合 $\emptyset$ が存在する．

集合 A と B の対が与えられたときに，A から B への関数を指定することを考えてみよう．この場合，するべきことは A の各元について，B の元を指定することだ．A が大きくなるほど，それには時間がかかり，逆もまたしかりである．とくに A が空であれば何もすることがないのだから，この作業にはまったく時間がかからない．だから $\emptyset$ から B へは，何もしないという関数が一つある．一方で，何もしないということに二通りのやり方はあり得ない．したがって，$\emptyset$ から B へはただ一つの関数が存在する．ゆえに，

　　$\emptyset$ は **Set** の始対象である．

もしもこの議論に納得しないのであれば，次のように考えてはどうだろう．いま集合 A が共通部分をもたない部分集合 A_1 と A_2 について $A = A_1 \cup A_2$ となっているとする．このとき，A から B への関数は，A_1 から B への関数と A_2 から B への関数の組と同じである．だから，いま登場している集合がすべて有限集合とすれば，

$$(A \text{ から } B \text{ への関数の総数}) = (A_1 \text{ から } B \text{ への関数の総数})$$
$$\times (A_2 \text{ から } B \text{ への関数の総数})$$

という法則が成り立つはずである．とくに $A_1 = A, A_2 = \emptyset$ とできて，この法則は $\emptyset$ から B への関数の総数が 1 であることを強いるだろう．したがって，この法則が成り立つことを望むならば（そして，まさにそうしている！），$\emptyset$ から B へはただ一つの関数が存在するというべきなのだ．

では，$\emptyset$ への関数についてはどうだろう？ $\emptyset$ から $\emptyset$ へは，ただ一つの関数，すなわち $\emptyset$ 上の恒等写像 $\emptyset \to \emptyset$ が存在する．これは $\emptyset$ が始対象であることの特別な場合である．一方，空でない集合 A について関数 $A \to \emptyset$ は，A の元の行き先はないのだから存在しない．

1 点集合 ただ一つの元をもつ集合 1 が存在する．

各集合 A について，A から 1 へただ一つの関数が存在する．A の各元は 1 のただ一つの元に写るしかないからである．すなわち，

　　1 は **Set** の終対象である．

1 から集合 B への関数は，単に B の元の選択と同じである．手短にいえば，関数 $1 \to B$ は B の元である．ゆえに，

　　元は関数の特別な場合である．

積 任意の二つの集合 A と B は，その直積集合 $A \times B$ をもつ．その元は順序対 (a, b) たちである（ここで $a \in A, b \in B$）．順序対は座標幾何学でなじみのあるものであろう．これらについては次のことだけが重要だ：$a, a' \in A$ と $b, b' \in B$ について

$$(a, b) = (a', b') \iff a = a' \text{ かつ } b = b'$$

より一般的に，任意の集合 I を取り，それで添数づけられた集合族 $(A_i)_{i \in I}$ は，直積集合 $\prod_{i \in I} A_i$ をもつ．その元は，任意の $i \in I$ について $a_i \in A_i$ となる族 $(a_i)_{i \in I}$ である．順序対と同様，

$$(a_i)_{i \in I} = (a'_i)_{i \in I} \iff \text{任意の } i \in I \text{ について，} a_i = a'_i.$$

和 任意の二つの集合 A と B は，その**直和集合** $A + B$ をもつ．

集合を点の入ったかばんと考えるならば，二つの集合の和は，それぞれのかばんのすべての点を一つの大きなかばんに放り込むことで得られる：

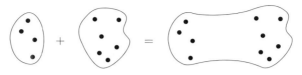

A, B がそれぞれ元の個数 m, n の有限集合のとき，$A+B$ の元の個数はつねに $m+n$ になる．ここで $A+B$ の元をどう記述するかは問題ではない．いつものように，同型を除いて $A+B$ が何であるかを問題にするのである．

二つの包含写像
$$A \xrightarrow{i} A+B \xleftarrow{j} B$$
であって，i の像と j の像の合併集合が $A+B$ で，二つの像の共通部分は空となるものが存在する．

和は**非交和**[1](disjoint union)（$\amalg$ と書かれる）とよばれることもある．これを通常の合併 $\cup$ と混同してはならない．手始めに，**任意の二つの集合** A, B についてその和は意味をもつ一方で，$A \cup B$ は A と B がともに何かより大きな一つの集合の部分集合になっている場合にのみ意味をもつ．（$A \cup B$ が何であるかをいうためには，A の元のどれが B の元でもあるかを知らなければならない．）次に，たとえ A と B がある大きな集合の部分集合であったとしても，$A+B$ と $A \cup B$ は異なり得る．たとえば，$\mathbb{N}$ の部分集合 $A = \{1, 2, 3\}$，$B = \{3, 4\}$ を考える．このとき $A \cup B$ は 4 個の元をもつが，$A+B$ は 5 個の元をもつ．

より一般的に，勝手な族 $(A_i)_{i \in I}$ は和 $\sum_{i \in I} A_i$ をもつ．I が有限集合で，各 A_i が元の個数 m_i の有限集合であれば，$\sum_{i \in I} A_i$ の元の個数は $\sum_{i \in I} m_i$ である．

関数の集合　勝手な二つの集合 A, B について，B から A への関数の集合 A^B を構成できる．

これは積の構成の特別な場合になっている．すなわち A^B とは，定集合族 $(A)_{b \in B}$ の積 $\prod_{b \in B} A$ である．実際，$\prod_{b \in B} A$ は，各 $b \in B$ について一つの元 $a_b \in A$ を割り当てることで定まる族 $(a_b)_{b \in B}$ からなる．言い換えれば，それは関数 $B \to A$ である．

---

[1]［訳註］排他的合併という古風な訳語もある．

算術に関する余談 これまで $A \times B$, $A + B$, A^B といった算術を思わせる記法を用いてきたが，それには理由がある．A, B がそれぞれ元の個数 m, n の有限集合ならば，$A \times B$, $A + B$, A^B の元の個数はそれぞれ $m \times n$, $m + n$, m^n だからだ．1 点集合を 1 と書いたり，空集合 $\emptyset$ を 0 と書くのも同様である．

すべての通常の算術の規則は，その集合版をもつ：

$$A \times (B + C) \cong (A \times B) + (A \times C),$$
$$A^{B+C} \cong A^B \times A^C,$$
$$(A^B)^C \cong A^{B \times C}$$

といった具合であり，ここで $\cong$ は集合の圏における同型である．（最後のものについては，例 2.1.6 を参照のこと．）これらの同型は，有限集合だけでなく，任意の集合について成り立つ．

2 点集合 2 を集合 $1 + 1$ （つまり，二つの元からなる集合！）とする．すぐに明らかになる諸理由により，2 の元を `true` と `false` と書こう．

A を集合とする．A の部分集合 S が与えられれば，関数 $\chi_S : A \to 2$ が次で定まる（$S \subseteq A$ の**特性関数** (characteristic function)）．

$$\chi_S(a) = \begin{cases} \mathtt{true} & (a \in S), \\ \mathtt{false} & (a \notin S). \end{cases}$$

逆に，与えられた関数 $f : A \to 2$ について，A の部分集合

$$f^{-1}\{\mathtt{true}\} = \{a \in A \mid f(a) = \mathtt{true}\}$$

を得る．以上の対応は，互いに逆対応になっている．すなわち，χ_S は $f^{-1}\{\mathtt{true}\} = S$ となるただ一つの関数 $f : A \to 2$ である．つまり，

A の部分集合は，関数 $A \to 2$ に 1 対 1 対応する．

すでに，A から 2 への関数全体が集合 2^A をなすことを知っている．2^A を A のすべての部分集合の集合と思うとき，これは A の**べき集合** (power set) とよばれ，$\mathscr{P}(A)$ と書かれる．

イコライザ 集合 A が与えられたとき，A の部分集合 S を，S の元が満たすべき性質を指定することで定義できると便利だろう．すなわち

$$S = \{a \in A \mid a \text{ はかくかくしかじかの性質を満たす }\}.$$

「性質」を一般に定義するのは難しい．しかし，二つの関数の方程式という特別な種類の性質は容易に扱うことができる．正確に述べると，与えられた二つの集合の間の二つの関数 $A \xrightarrow[g]{f} B$ について，集合

$$\{a \in A \mid f(a) = g(a)\}$$

が存在する．これは，二つの関数値が等しいような A の部分であるから，f と g の**イコライザ**[2] とよばれる．

商　読者はおそらく代数学における商群（剰余群）や商環（剰余環）になじみ深いであろう．商はまた，四角形のそれぞれの対辺を貼り合わせて円柱を作るときのように，位相幾何学でも至るところで現れる．しかし，商の最も基本的な文脈は集合の商の場合である．

A を集合とし，$\sim$ を A 上の同値関係とすると，A の $\sim$ による**商**とよばれる $\sim$ に関する同値類からなる集合 $A/\sim$ が存在する．たとえば，群 G とその正規部分群 N について，G 上の同値関係 $\sim$ を $g \sim h \iff gh^{-1} \in N$ とすると，$G/\sim = G/N$ である．

A の元をその同値類に送る標準的な射

$$p: A \to A/\sim$$

が存在する．これは全射であり，$p(a) = p(a') \iff a \sim a'$ なる性質をもつ．実は，これは普遍性をもつ：任意の関数 $f: A \to B$ で

$$\forall a, a' \in A, \quad a \sim a' \implies f(a) = f(a') \tag{3.1}$$

なるものは，以下のように p を経由して一意的に分解する．

ゆえに，任意の集合 B について，関数 $A/\sim \to B$ は (3.1) を満たす関数と 1

---
[2]［訳註］あえて日本語を割り当てるなら等化子となるだろう．

対 1 に対応する．これが，代数学において有名な準同型定理の核心である．

ここまで，集合と関数についての性質のうち，これから最も重要になるものを列挙してきた．以下，さらに二つあげよう．

自然数 $\mathbb{N}$ を定義域とする関数は，通常は**列** (sequence) とよばれる．$\mathbb{N}$ の決定的な性質の一つに，列を再帰的に定義できることがある．つまり，集合 X と，元 $a \in X$ と，関数 $r : X \to X$ について，X の元の列 $(x_n)_{n=0}^{\infty}$ で

$$x_0 = a, \quad \text{すべての } n \in \mathbb{N} \text{ について } x_{n+1} = r(x_n)$$

となるものがただ一つ存在する．この性質は $\mathbb{N}$ の構造を二つ参照している．元 0 および，$s(n) = n + 1$ で定義される関数 $s : \mathbb{N} \to \mathbb{N}$ である．$x_n = x(n)$ と書き，関数の言葉を用いて定式化し直せば，この性質は次のようになる：任意の集合 X と，元 $a \in X$ と，関数 $r : X \to X$ について，ただ一つの関数 $x : \mathbb{N} \to X$ であって，$x(0) = a$ かつ $x \circ s = r \circ x$ なるものがただ一つ存在する．演習問題 3.1.2 では，これが $\mathbb{N}, 0, s$ の**普遍**性であることを証明する．

選択 圏 $\mathscr{A}$ の射 $f : A \to B$ の**切片** (section)（あるいは**右逆** (right inverse)）とは，$\mathscr{A}$ の射 $i : B \to A$ であって $f \circ i = 1_B$ なるものである．

集合の圏において，切片をもつ任意の射は，確かに全射である．この逆の命題は**選択公理** (axiom of choice) とよばれる：

任意の全射は切片をもつ．

$f : A \to B$ の切片の特定することは，各元 $b \in B$ について空でない集合 $\{a \in A \mid f(a) = b\}$ の元を一つ選ぶことと同じなので，「選択」とよばれる．

以上の性質は定理ではない．というのも，集合と関数の厳密な定義を与えていないからである．では，これらの身分は何だろうか？

数学における定義は，通常は先行する定義によっている．線型空間は，スカラー乗法をもつ加群として定義される．加群は，適当な性質をもつ群として定義される．群は適当な構造をもつ集合として定義される．では，集合は……何として定義されるのだろう？

無限後退はできない．そんなことをすれば，本当に文字どおり何について話しているのかわからなくなってしまうだろう．どこからかは始める必要が

3.1. 集合にまつわる諸構成

ある．言い換えれば，ほかの何によっても定義されない基本的な概念がなければならない．集合という概念は普通，そのような基本的な概念として扱われる．これがおそらく，誰も「定義：**集合**とは……」から始まる文章を見たことがないであろう理由だ．本書では関数もまた基本的な概念として扱う．

しかしこれによって問題が生じたようだ．これらの基本概念がほかの何によっても定義されないのであれば，どのようにしてそれが本当は何であるかを知ることができるのだろう？ どのようにして，数学が依存するその基本概念の上で，水も漏らさない論理的方法で演繹するつもりだろう？ 読者の直観的な集合概念は筆者のものと微妙に違うかもしれないから，単純に直観を信頼することはできない．もしも集合がどう振る舞うかについて議論になった場合，誰が正しいか決定する方法を失ってしまう．

この問題は次のように解決される．集合とはこれこれ，関数とはほかのこれこれと**定義**する代わりに，それらがもつとわれわれが仮定する**性質**を列挙するのである．言い換えると，集合と関数が**何ものであるか**をいおうと試みるのではなく，それらで**何ができるか**をいうにとどめるのだ．

Timothy Gowers は，彼の優れた著作 *Mathematics: A Very Short Introduction* (2002) において「チェスにおけるキングとは何だろう？」という問いを立て，すみやかにこの問いが少し妙なものであることを指摘する．キングが，適切な形に彫刻され，しかるべき色で塗られた木の小さな断片であることは重要ではない．「キング」と書いた紙切れでも申し分なく同様に使うことができる．大切なのはキングが何を**する**かである．つまり，チェスのルールに則って，キングはほかの駒とは違う規則で動かすことができる．

同様に，集合や関数が何「である」かについて直接言及することはできないだろうが，列挙されたすべての性質を満たすということに同意はできる．だからそれらの性質は，ちょうどチェスのルールが駒をどのように使うかの協定になっているように，「集合」と「関数」という言葉をどのように用いるかについての協定の役割を果たしている．

ここで論じていることはしばしば**数学基礎論** (foundations) とよばれている．この比喩において，基礎論はほかの何にも依存しないが，列挙された性質を満たすと仮定される基本的概念（集合と関数）からなる．その基礎論の上に，いくつかの定義と定理が作られる．その上にさらに定義と定理が作ら

れ，……という具合にどんどん積みあがっていくのである．

先の性質は略式に述べられたものだったが，圏論の言葉を用いることで形式化できる．(Lawvere–Rosebruch (2003) あるいは Leinster (2014) を参照せよ．) 形式化版では，集合と関数が圏 **Set** をなすという言明から始まり，その圏の性質が列挙される．たとえば，この圏は始対象と終対象をもたねばならず，「積」と「イコライザ」の見出しのもとで非形式的に記述された性質は，**Set** は「極限をもつ」（この語句は第 5 章で定義される）と形式化される．

性質を列挙するさい，集合についての直観に先導されてきた．しかし一度でき上がってしまえば，もう直観は表向きには不要になる：集合の性質についてのどんな論争も，列挙された性質を調べることで解決されるのだから．

（ただし微妙なことが起きる．どんな性質の一式を書き下しても，解決できない問いが存在し得る．つまり，列挙された性質をすべて満たす同値でない圏が多様に存在し得るのだ．これは，Gödel の不完全性定理，連続体仮説といった，本書の範囲を超える上級の論理学の領域へとわれわれをいざなう．）

ここで再び空集合に関する項をみることにしよう．$\emptyset$ が始対象であるということを納得させようとしたさいの議論は危ういものだったと感じたかもしれない．重要なことは，別にこれを**正しい命題**として納得する必要はないということだ．**便利な仮定**と受け止めてくれればよい．数についての規則 $x^0 = 1$ と比べてみよう．x の 0 個の複製を掛け合わせれば 1 になるはずだともっともらしい議論もできるが，本当のところ，この規則の最良の正当化はその利便性にある．すなわち，それが $x^{m+n} = x^m \cdot x^n$ などの規則を例外なく成り立たせるということだ．実際，集合と関数についての前提を書き下さなければ，$\emptyset$ が始対象であることは「真」かという問いそのものが無意味である．書き下さなければ，「真」とは何を意味するのだろう？　われわれの住む物質からなる世界に，命題の真偽を実験できるような集合は存在しない．

集合に関して好きな仮定を課すことができるが，うまい仮定はそうでないものより面白い数学につながる．たとえば，$\emptyset$ からほかの集合には関数は存在しないと仮定したいとする．それは可能だが，その基礎の上に構築される数学はわれわれが慣れ親しんでいるものとは，おそらくよくない意味で異なったものに映るだろう．たとえば，「関数の総数」の規則（79 ページ）は成り立たず，より高く積み上げればさらなる嬉しくない驚きが生じるに違いない．

演習問題

3.1.1 集合 A について $\Delta(A) = (A, A)$ と定義される**対角関手** (diagonal functor) $\Delta : \mathbf{Set} \to \mathbf{Set} \times \mathbf{Set}$ の左随伴と右随伴を求めよ.

3.1.2 「自然数」の見出しがついた段落において,集合 $\mathbb{N}$ は元 $0 \in \mathbb{N}$ および関数 $s : \mathbb{N} \to \mathbb{N}$ とともに適当な性質をもつことを観察した.この性質は,三つ組 $(\mathbb{N}, 0, s)$ が,ある圏 $\mathscr{C}$ の始対象であると表現できる.$\mathscr{C}$ は何か?

3.2 小さな圏と大きな圏

いまや集合の性質について,いくつかの仮定を課すに至った.それらの仮定の一つの結論は,これまでにみてきた多くの圏において,すべての対象の集まりは大きすぎて集合にならないということである.実際,**同型類**の集まりですら,しばしば集合になるには大きすぎるのだ.本節では,以上の言明が意味するところを説明し,証明する.

本節はそれほど重要ではなく,本節以降では,集合と集合にはなり得ない大きな集まりの区別はできるだけ行わないつもりである.しかし,その区別は本書で扱う範囲の圏論でも必要になるし(随伴関手定理),本書を超える圏論ではもちろん知っておかねばならない.

集合 A と B が与えられたとき,単射 $A \to B$ が存在することを $|A| \leq |B|$(あるいは $|B| \geq |A|$)と書く.単独の「$|A|$」または「$|B|$」には意味を与えていないことに注意しよう.(おそらく $A \leq B$ と書くほうがより論理的だが,この記法は確立しているものである.)A と B が有限集合の場合は,A の元の個数が B の元の個数以下であることをいっているにすぎない.

恒等写像は単射だから,任意の集合 A について $|A| \leq |A|$ が成り立ち,単射の合成もまた単射だから

$$|A| \leq |B| \leq |C| \implies |A| \leq |C|.$$

また $A \cong B$ ならば $|A| \leq |B| \leq |A|$ となる.あまり明らかではないが,その逆も成り立つ.

定理 3.2.1（Cantor–Bernstein） A と B を集合とする．$|A| \leq |B| \leq |A|$ ならば，$A \cong B$ が成り立つ．

証明 演習問題 3.2.12 で扱う． □

以上の観察によって，$\leq$ はすべての集合の集まりの上の前順序であることがわかる（例 1.1.8 (e)）．$|A| \leq |B| \leq |A|$ は $A = B$ ではなく，$A \cong B$ を演繹するだけだから，これは半順序ではない．$A \cong B$（同値だが，$|A| \leq |B| \leq |A|$）のとき，A と B は**同じ濃度** (cardinality) をもつといい，$|A| = |B|$ と書く．

等号と同型を混同しない限りにおいて，記号 $\leq$ は想像どおりに振る舞う．たとえば，記法 $|A| < |B|$ を $|A| \leq |B|$ かつ $|A| \neq |B|$ の意味で用いよう．このとき，集合 A, B, C について，

$$|A| \leq |B| < |C| \implies |A| < |C|. \tag{3.2}$$

実際 $|A| \leq |C|$ は確立しており，定理 3.2.1 から真の不等号であることが従う．

次は集合論における，別の基本的結果である．

定理 3.2.2（Cantor） A を集合とすると，$|A| < |\mathscr{P}(A)|$ が成り立つ．

$\mathscr{P}(A)$ とは A のべき集合であった．A が n 個の元をもつとき $\mathscr{P}(A)$ は 2^n 個の元をもち，$n < 2^n$ だから，これは有限集合については容易である．

証明 演習問題 3.2.13 で扱う． □

系 3.2.3 任意の集合 A について，$|A| < |B|$ となる集合 B が存在する．

言い換えると，最大の集合は存在しない．

以上によって，本節の初めに述べた主張を正当化できる．つまり，多くの馴れ親しんでいる圏において，対象の同型類の集まりは大きすぎて集合にならない．まずは圏 **Set** でそのことを示すことから始めよう．

集合の同型類の集まりが大きすぎて集合にならない理由を知る手がかりとして，次の命題を考えてみよう：**有限集合の同型類の集まりは大きすぎて有限集合にならない**．これは，各自然数ごとに一つの有限集合の同型類が存在するが，自然数は無限に多く存在するからである．

命題 3.2.4 I を集合とし，$(A_i)_{i \in I}$ を集合族とする．このとき，どの A_i とも同型でない集合が存在する．

証明 A_i たちの和のべき集合

$$A = \mathscr{P}\left(\sum_{i \in I} A_i\right)$$

を考える．各 $j \in I$ ごとに包含 $A_j \to \sum_{i \in I} A_i$ があるから，定理 3.2.2 より

$$|A_j| \leq \left|\sum_{i \in I} A_i\right| < |A|.$$

したがって (3.2) より $|A_j| < |A|$ となり，とくに $A_j \not\cong A$ を得る． □

正確な意味は不問にして，数学的対象の集まりを表すのに**クラス** (class) という語を用いよう[3]．集合はすべてクラスだが，いくつかのクラス（たとえばすべての集合のなすクラス）は集合になるには巨大すぎるのだ．クラスはそれが集合になるとき**小さい** (small) といい，そうでないとき**大きい** (large) とよばれる．たとえば，命題 3.2.4 は集合の同型類のなすクラスは大きいことを述べている．決定的な点は：

個々の集合は小さいが，集合の**クラス**は大きい．

これは同型な集合を等しいとみなしたときでさえ正しい．

クラスの「定義」は正確でないが，このくらいで本書の目的には十分である．集まりの小さい，大きいについて素朴な区別をし，直観的にもっともらしい原理（たとえば，小さい集まりの部分はまた小さい）を暗黙に用いよう．

圏 $\mathscr{A}$ が**小さい** (small) または小圏であるとは，その射のクラス[4]（または集まり）が小さいことをいい，そうでないとき**大きい** (large) とよぶ．対象は恒等射と 1 対 1 対応するから，$\mathscr{A}$ が小さければ，その対象のクラスも小さい．

圏 $\mathscr{A}$ が**局所小** (locally small) とは，各 $A, B \in \mathscr{A}$ についてクラス $\mathscr{A}(A, B)$

---

[3] [訳註] 興味のある読者は，F. Borceux, *Handbook of Categorical Algebra, Volume 1* (Cambridge University Press, 1994) または M. Kashiwara, P. Schapira, *Categories and Sheaves* (Springer, 2006) を参照されたい．

[4] [訳註] $\sum_{A, A' \in \mathscr{A}} \mathscr{A}(A, A')$ とでも書かれる．$\mathscr{A}$ の射すべてのこと．

が小さいことをいう．(だから，圏が小さいことは，その圏が局所小であることを導く．) 多くの文献において，局所小であることは圏の定義に含まれている[5]．クラス $\mathscr{A}(A,B)$ は，しばしば A から B への**射集合** (hom-set) とよばれるが，厳密にいえば $\mathscr{A}$ が局所小のときに限ってそうよぶべきである．

例 3.2.5 二つの集合 A と B について A から B への関数全体は集合になるので，**Set** は局所小である．これは 3.1 節で述べた集合の性質の一つであった．

例 3.2.6 圏 $\mathbf{Vect}_k$, **Grp**, **Ab**, **Ring**, **Top** はすべて局所小である．たとえば，与えられた環 A, B について，A から B への環準同型は，A から B への関数でしかるべき性質をもつものである．A から B への関数の集まりは小さいので，A から B への環準同型の集まりは確かに小さいのだ．

圏が小さいことと，局所小で対象のなすクラスが小さいことは同値である．再び有限性に関する類似を考えることが役に立つ：圏 $\mathscr{A}$ が有限（$\mathscr{A}$ のすべての射のクラスが有限）であることと，局所有限（各クラス $\mathscr{A}(A,B)$ が有限）で対象のクラスが有限であることは同値である．

例 3.2.7 例 1.3.20 の最終段落で定義した圏 $\mathscr{B}$ を思い出そう．その対象は自然数と対応するので，対象の集まりは集合になる．つまり，$\mathscr{B}$ の対象のクラスは小さい．各射集合 $\mathscr{B}(\mathbf{m},\mathbf{n})$ は集合（実際は有限集合）なので，$\mathscr{B}$ は局所小である．ゆえに $\mathscr{B}$ は小圏である．

圏が**本質的に小さい** (essentially small) とは，それが小圏と圏同値になることをいう．たとえば有限集合の圏は，例 1.3.20 により，すぐ上で述べた小圏 $\mathscr{B}$ と圏同値になるので本質的に小さい．

二つの圏 $\mathscr{A}$ と $\mathscr{B}$ が圏同値になっている場合，$\mathscr{A}$ の対象の同型類のクラスと $\mathscr{B}$ の対象の同型類のクラスの間には全単射が存在する．小圏において，その対象のクラスは小さいので，対象の同型類のクラスも確かに小さい．ゆえに，本質的に小さい圏では，その対象の同型類のクラスは小さい．よって：

命題 3.2.8 **Set** は本質的に小さい圏ではない．

---

[5] ［訳註］ここまでの圏論を局所小を課さずに展開しているのは本書の特徴といってよいと思う．ただし本書では圏論の基礎となる集合論を明示していないことに注意しよう．また，「クラスに関する選択公理」は何度も用いている（たとえば命題 1.3.18 の証明）．

証明 命題 3.2.4 は集合の同型類のクラスが大きいことを述べている． □

この議論を援用すれば，これまでにみてきたいくつもの標準的な圏の例が本質的に小さい圏ではないことを証明できる．その方針は，示したい圏に少なくとも **Set** と同じだけの対象が存在することを示すというものだ．

例 3.2.9 任意の体 k について，k 線型空間の圏 $\mathbf{Vect}_k$ は本質的に小さい圏ではない．命題 3.2.8 の証明のように，線型空間の同型類のクラスが大きいことを示せば十分である．つまり，集合 I と，それで添数づけられた線型空間族 $(V_i)_{i \in I}$ について，どの V_i とも非同型な線型空間の存在を示すのだ．

これをいうために，自由関手と忘却関手 $\mathbf{Vect}_k \xrightleftharpoons[F]{U} \mathbf{Set}$ を考えよう．命題 3.2.4 の証明のように，集合

$$S = \mathscr{P}\left(\sum_{i \in I} U(V_i)\right)$$

は，任意の $i \in I$ について $|U(V_i)| < |S|$ となる．S から生成される自由線型空間 $F(S)$ は，S のコピーを基底として含む[6]ため $|S| \leq |UF(S)|$ である．したがって，任意の i について $|U(V_i)| < |UF(S)|$ が成り立つので，望みどおり任意の i について $F(S) \not\cong V_i$ がわかった[7]．

同様に，**Grp**, **Ab**, **Ring**, **Top** のどの圏も本質的に小さい圏ではない（演習問題 3.2.14）．

すべての圏とその間の関手のなす圏を **CAT** を書いたことを思い出そう．

定義 3.2.10 小さい圏とその間の関手のなす圏を **Cat** と記す．

例 3.2.11 定義により，モノイドは**集合**にしかるべき構造を入れたものであるから，対応する一つの対象からなる圏は小さい．いま $\mathscr{M}$ を一つの対象からなる圏がなす **Cat** の充満部分圏としよう．このとき圏同値 $\mathbf{Mon} \simeq \mathscr{M}$ が存在する．このことは，$\mathscr{M}$ の対象が一つの対象からなる小さい圏なので，その唯一の対象からそれ自身への射の集まりは実際は集合であることに注意すると，例 1.3.21 の議論によって証明される．

---

[6] ［訳註］これは例 1.2.4 (c) の構成法あるいは演習問題 2.3.11 のいずれからも導出できる．
[7] ［訳註］$F(S) \cong V_i$ ならば，演習問題 1.2.21 より $UF(S) \cong U(V_i)$ となるからである．

演習問題

3.2.12 (a) A を集合とし，$\theta : \mathscr{P}(A) \to \mathscr{P}(A)$ を集合の包含関係を保つ写像とする．θ の**固定点**あるいは**不動点** (fixed point) とは，$\theta(S) = S$ なる $S \in \mathscr{P}(A)$ のことである．集合

$$S = \bigcup_{R \in \mathscr{P}(A) : \theta(R) \supseteq R} R$$

を考えることにより，θ は少なくとも一つの固定点をもつことを示せ．

(b) 二つの集合と関数 $A \underset{g}{\overset{f}{\rightrightarrows}} B$ を取る．(a) を用いて，A の部分集合 S で，$g(B \setminus fS) = A \setminus S$ を満たすものが存在することを示せ．

(c) Cantor–Bernstein の定理（定理 3.2.1）を導出せよ．

3.2.13 (a) A を集合とし，$f : A \to \mathscr{P}(A)$ を関数とする．集合

$$\{a \in A \mid a \notin f(a)\}$$

を考えることにより，f は全射でないことを証明せよ．

(b) Cantor の定理（定理 3.2.2）を導出せよ．すなわち，任意の集合 A について $|A| < |\mathscr{P}(A)|$ が成り立つ．

3.2.14 (a) $\mathscr{A}$ を圏とする．左随伴をもつ関手 $U : \mathscr{A} \to \mathbf{Set}$ は，ある $A \in \mathscr{A}$ について集合 $U(A)$ が少なくとも二つの元をもつと仮定する．任意の集合 I と，$\mathscr{A}$ の対象族 $(A_i)_{i \in I}$ について，$\mathscr{A}$ の対象であってどの A_i とも非同型なものが存在することを示せ．（ヒント：演習問題 2.3.11 を用いる．）

(b) (a) の仮定を満たす圏 $\mathscr{A}$ は本質的に小さい圏ではないことを示せ．

(c) $\mathbf{Set}$, $\mathbf{Vect}_k$, $\mathbf{Grp}$, $\mathbf{Ab}$, $\mathbf{Ring}$, $\mathbf{Top}$ のどれもが本質的に小さい圏ではないことを示せ．

3.2.15 以下の圏のうち，小圏はどれか．また局所小圏はどれか．

(a) モノイドのなす圏 $\mathbf{Mon}$

(b) 整数のなす加法群を一つの対象からなる圏とみなした $\mathbb{Z}$

(c) 整数のなす順序集合 $\mathbb{Z}$

(d) 小圏の圏 **Cat**

(e) 濃度からなる乗法的モノイド

3.2.16 $O : \mathbf{Cat} \to \mathbf{Set}$ を，小圏をその対象のなす集合に送る関手とする．随伴の鎖 $C \dashv D \dashv O \dashv I$ を求めよ．

3.3 歴史についての注意

3.1 節から展開してきた集合論は，多くの数学者が集合論として想起するものとはかなり異なっている．本節で，社会的に多数派の集合論について説明し，その普及の度合いにもかかわらず広く疑念をもたれている理由を説明する．そして，本書であらすじを簡単に述べた集合論のほうが，数学者が実際に集合を運用する方法のより正確な反映になっている理由を述べる．

Cantor の集合論 集合論は，ドイツの数学者 Georg Cantor が 19 世紀後半に創始したとされている[8]．それまで，集合それ自体は研究に値する対象とはほとんどみなされていなかった．Cantor はもともと，Fourier 解析の問題に動機づけされて広範な理論を発展させた．そのほかの多くの事柄と一緒に，彼は無限には異なった大きさがあることを，たとえば $\mathbb{N}$ と $\mathbb{R}$ の間には全単射がないと証明することで示した．

Cantor の理論は，真に新しいアイデアに対して典型的に向けられる，あらゆる抵抗に遭遇することとなった．彼の仕事は，ばかげていて，無意味で，あまりにも抽象的と批判され，しまいには，大変結構だが数学の本当に大切なところにはまったく役に立たないものと批判された．当時の主流派の数学者であった Kronecker は，彼をぺてん師，あるいは若者を堕落させる者とよんだ．しかし今日では，Cantor の仕事の基礎はほとんどすべての学部相当の数学科のシラバスにみることができる．

時代は変わる．現代数学においてほとんどすべての定義は，それが十分に

---

[8] [訳註] Cantor の伝記や集合論については，竹内外史著『新装版 集合とはなにか』（講談社，2001 年）でまとまった解説を読むことができる．

解明されたとき，集合の概念によってなされる．しかし Cantor 以前では，そうではなかった．今日われわれが基本的と考えるこの概念に依存することなく，複素解析学や Galois 理論といった洗練された理論を首尾よく展開した，当時の数学者の数学観を理解しようとすることは興味深い．

歴史を続ける前に，もう一つの基本的概念について議論する必要がある．

型　「$\sqrt{2} = \pi$ ですか？」と尋ねられたとしよう．もちろん答えは「いいえ」だ．では，「$\sqrt{2} = \log$ ですか？」と尋ねられたら？　きっとまゆをひそめて，質問を正しく聞き取ったか思案するだろう．そして答えはやはり「いいえ」だ．しかし，これは最初とは違う種類の「いいえ」である．そもそも $\sqrt{2}$ は数であり，一方で $\log$ は関数であるから，その二つが等しくなり得るとは想像すらできない．もっとよい答えは「質問が意味をなしていない」だろう．

以上が**型** (type) のアイデアの例説である．2 の平方根は実数で，$\mathbb{Q}$ は体で，S_3 は群で，$\log$ は $(0,\infty)$ から $\mathbb{R}$ への関数で，$\frac{d}{dx}$ は引数として $\mathbb{R}$ から $\mathbb{R}$ への関数を受け取り，別の関数を返す操作である．$\sqrt{2}$ の型は「実数」で，$\mathbb{Q}$ の型は「体」で……といってもよいだろう．われわれには生得的に型の感覚が備わっており，型が異なる二つのものが等しいかどうかを聞かれることなど普通は起きないはずだ．

プログラマーならば，この考えを知っているかもしれない．多くのプログラミング言語では，変数を使う前に，その型を宣言することを要求される．たとえば，x は「実数」型の変数，n は「整数」型の変数，M は「ビット列のリストを成分とする 3×3 行列」型の変数といった具合である．

異なる型の区別は，いつでも本能的に理解されてきた．しかし，20 世紀初頭，事態は奇妙な変遷をたどることになる．

所属関係に基づく集合論　Cantor の後続者は，集合についての仮定の決定版を編纂しようと努めた．これが集合論の**公理化** (axiomatization) である．20 世紀の初めに確立したそのリストは，ZFC (Zermelo–Fraenkel with Choice) として知られている．これはすぐに標準となり，今日のほとんどの数学者が唯一知っている[9]種類の公理的集合論である．

---

[9] ［訳註］「その定義を書き下せる程度に知っている」というよりは，「そのようなものがあることを聞いたことがある」くらいの意味だと推察される．演習問題 3.3.1 も参照されたい．

3.3. 歴史についての注意

Zermelo らによる公理化は，本章の第 1 節で行った公理化にいくつかの点で類似している．しかし，少なくとも一つ決定的な相違がある：本書では集合と**関数**を基礎概念としたのに対し，彼らは集合と**所属関係** (membership) を基礎概念とした．

一見すると，この違いはたいしたものでないと感じられるかもしれない．しかし，所属関係に基づくアプローチが，その上に数学を構築する基礎として用いられた場合，いくつかの異様な特性が明らかになる：

- Zermelo のアプローチでは，すべてが集合である．たとえば，関数は適当な性質をもつ集合として定義される．集合とみなそうとはしなかったほかの多くのものも，数 $\sqrt{2}$ は集合，関数 log は集合，操作 $\frac{d}{dx}$ は集合といった具合に，集合として取り扱われる．

  読者は，こんなことがどうして可能なのかと思うかもしれない．コンピュータの記憶装置と比べてみるのが有用だろう．そこではあらゆる種類のファイル（テキストだったり，音声だったり，画像だったり）が究極的には 0 と 1 の列としてエンコードされている．例をあげると，ほとんどの本で紹介されている所属関係に基づく集合論では，数 4 は集合

$$\{\emptyset, \{\emptyset\}, \{\emptyset, \{\emptyset\}\}, \{\emptyset, \{\emptyset\}, \{\emptyset, \{\emptyset\}\}\}\}$$

  としてエンコードされている．

- このアプローチの美徳はその単純性にある：**あらゆるものが集合なのだ**！しかしその代償はとても高くつく．まさに，すべてが「集合」型にみなされるという理由により，型という基本的な概念を失ってしまうのだ
- Zermelo のアプローチにおいて，集合の元はいつでもまた集合である．これは通常の数学と対立する．たとえば，通常の数学では，$\mathbb{R}$ は確かに集合であるが，実数それ自身は集合とはみなされない．（だって，π の元とは何だろう？）
- このアプローチでは，所属関係は大域的である．つまり，**任意の二つの**集合 A と B について，$A \in B$ であるかどうかという問いが意味をなす．このアプローチはすべてを集合とみなすため，「$\mathbb{Q} \in \sqrt{2}$ だろうか？」といった明らかにばかげた問いが意味をもつのだ．

  さらに，ZFC の公理は，**任意の**集合 A と B についてその共通部分

$A \cap B$ を取れることを含意する.（その元は集合 C であって，$C \in A$ かつ $C \in B$ となるものである.）このことは，「位数 10 の巡回群と $\mathbb{Z}$ の共通部分は空だろうか？」といったさらにばかげた問いを可能にする.

このくだらない問いの答えは，（数，関数，群といった）数学的対象が集合としてどのようにエンコードされているかという詳細に依存する．このエンコーディングは，まさにワープロにおける文書がどのように 0 と 1 の列にエンコードされているかと同様に，規約の問題であるということには，所属関係に基づくアプローチの信奉者でさえ同意するだろう．だからこれらの問いの答えは無意味なのだ．

今日の集合論 さて，現代では多くの数学者が集合論について懐疑的になっている[10]理由が明らかになったことと思う．いくら「数学の基礎」だといわれても，その多くが自分の関心ごととは無関係だと感じているのである．

ある程度これは仕方のないことであるが，所属関係に基づく集合論の歴史的な優勢のしるしでもある．ほとんどの数学者はほかの種類の集合論の存在に気づいていないが，これは残念なことである．（集合と所属関係よりむしろ）集合と関数を基本概念として採用することで，Cantor らによるすべての有意義な結果を含む理論であって，その先の数学ともそれほど離れていなそうな理論体系へと導かれる．とくに，この関数に基づくアプローチは型という基本的概念を大切にする．

関数に基づくアプローチはもちろん圏論的であり，その利点は圏論のレンズを通じて数学がどのようにみえるかという，より一般的な事柄に関係している．対象は棲家となっている圏の中で，その立ち位置を通じて理解される．ほかの対象への射，あるいはほかの対象からの射により，対象の内部へと探りを入れられる．たとえば，集合 A の元とは射 $1 \to A$ であり，A の部分集合は射 $A \to 2$ である．この種の探索が，次章の主要なテーマである．

ZFC に慣れ親しんでいる人への補足 伝統的な公理的集合論で育った人は，圏論的な集合論に最初に出くわしたとき，たいてい次のように心配する．圏

---

[10]［訳註］純粋数学の研究者で，不満をもてるほど ZFC 集合論に関心がある人はほとんどいないように訳者には見受けられる．その意味では，「多くの数学者」というのは大袈裟かもしれない．

3.3. 歴史についての注意

の対象と射がある種の集まり，おそらくは集合をなすのであれば，圏という概念はそれに先立つ集合論的な概念によっているようにみえる．そうであるならば，集合は圏論的にどのようにして公理化されるのだろう？ それは循環論法ではないだろうか[11]？

そうではない．というのも，圏には一度も言及せずに集合を圏論的に公理化できるからである．その方法をみるために，まずは ZFC 公理系の輪郭を思い起こそう．略式だが，それは次のような感じである：

- 集合とよばれるものがあり，
- 集合の上に所属関係 ($\in$) とよばれる二項関係があり，
- いくつかの公理が成り立つ．

集合の圏論的公理化は，略式には次のような感じである：

- 集合とよばれるものがあり，
- 各集合 A, B について，A から B への関数とよばれるものがあり，
- A から B への関数 f および B から C への関数 g について割り当てられた，A から C への関数 $g \circ f$ があり，
- いくつかの公理が成り立つ．

「〜とよばれるものがあり」の言い回しを正確なものにするためには，論理学の授業を受けたことがあれば慣れ親しんでいるような精緻な議論を必要とする．しかし集合の圏論的公理化の困難さは，ZFC のような所属関係に基づく公理化より悪くはならない．

---

[11] [訳註] 圏論と数学の基礎については，
  (a) 圏論の基礎のためにどの数学基礎論の体系を使うべきか
  (b) 圏論（の考え方）はどのような数学基礎論の体系を与えることができるか

という問題があり，これらは好循環をなしている．ここで (b) は，(a) の逆すなわち圏論そのものを基礎にして集合論を構築するのではなく，あくまで圏論的な精神に触発された集合論を作るだけであり，論理的に循環論法は起きていない．原著者は本文でもそう説明しているし，Leinster (2014) の序文の「Three misconceptions」の小節にもそのような説明がある．そして本書の「圏論的な集合論」は，(b) の一例であると同時に (a) としても使うことができる，というのが原著者の主張である．なお，(b) のような体系としては，集合論以外にも型理論の体系もある．Saunders Mac Lane, Ieke Moerdijk, *Sheaves in Geometry and Logic: A First Introduction to Topos Theory* (Springer, 1994) や The HoTT Book, https://homotopytypetheory.org/book/ を文献としてあげておこう．(a) のためのよくまとまった文献としては，Michael Shulman, *Set theory for category theory*, https://arxiv.org/abs/0810.1279 がある．

第3章 休憩：集合論について

集合論の圏論的な公理のうち評判のよいものを一つ選ぶと，形式ばらない要約は次のようになる．

1. 関数の合成は結合的で恒等射をもつ
2. 終対象が存在する
3. 元のない集合が存在する
4. 関数は元への効果で決定される
5. 集合 A と B について，積 $A \times B$ が構成できる
6. 集合 A と B について，A から B への関数の集合が構成できる
7. $f: A \to B$ と $b \in B$ について，逆像 $f^{-1}\{b\}$ を構成できる
8. A の部分集合は，A から $\{0, 1\}$ への関数と対応する
9. 自然数たちが集合をなす
10. すべての全射は切片をもつ

この非形式的な要約は，「元」や「逆像」といった用語を用いているが，それは集合，関数，合成という基本概念を使って定義できるものだ．たとえば，集合 A の元は終集合からの射として定義される．

これらの公理は確実に都合よく，圏論の言葉で表現できる．たとえば，最初の公理は集合と関数が圏をなすといっており，10 個すべてを合わせたものは，圏論通の専門用語で「集合と関数は自然数対象と選択をもつ well-pointed トポスになる」と表現される．しかし公理を述べるためには，いかなる圏論の概念にも訴える必要はなく，集合と関数の言葉で直接表現できる．詳細は，Lawvere–Rosebruch (2003) あるいは Leinster (2014) を参照されたい[12]．

---

[12] [訳註] ZFC 集合論にせよ，本書で言及されている「集合の圏論的公理化」にせよ，どちらでもその上で圏論が展開される．圏論の基礎となる集合論はある程度自由に選んでよく（もちろんこの二つ以外にもありうる），それはもう少し明確に述べられてもよいと思う．たとえば Shinichi Mochizuki, *Inter-universal Teichmuller theory IV, Log-volume computations and set-theoretic foundations*, preprint (2012) では Solomon Feferman, *Set-theoretical foundations of category theory*, Reports of the Midwest Category Seminar III, Lecture Notes in Mathematics 106, Springer-Verlag (1969), pp.201–247 のアプローチ (ZFC with smallness) が使われて（言及されて）いる．

演習問題

3.3.1 まわりの数学者に，何でもよいから集合の公理化を（参照なしで）正確に書き下せるか尋ねてみること．できないのならば，毎日の研究のなかで集合を扱うときどのような作業原理を用いているのか聞いてみよう．

第4章　表現可能関手

　圏は対象たちからなる世界であり，それらは互いにほかを見ている．それぞれは異なる視点から世界を見ているのだ．

　たとえば，位相空間の圏において，1 点空間である 1 から眺めるとどう見えるか考えてみよう．1 から空間 X への射は本質的に X の点と同じことだ．だから 1 は「点を見る」といってよいだろう．同様に，$\mathbb{R}$ から空間 X への射は X 内の曲線とよばれてよいものであり，この意味で $\mathbb{R}$ は曲線を見ている．

　さて，群の圏を考えてみよう．無限巡回群 $\mathbb{Z}$ から群 G への射は，G の元と同じである．（各 $g \in G$ について，群準同型 $\phi : \mathbb{Z} \to G$ で $\phi(1) = g$ となるものがただ一つ存在する．）だから $\mathbb{Z}$ は元を見ている．同様に p が素数ならば，巡回群 $\mathbb{Z}/p\mathbb{Z}$ は位数が 1 または p の元を見ている．

　体の間の環準同型写像は単射である．したがって体の圏では，射 $K \to L$ は L を K の拡大として実現する方法である．ゆえに各体 K はそれ自身の拡大を見ている．K と L の標数が異なるなら，それらの間に準同型は存在しない．よって体の圏は，それぞれ標数 $0, 2, 3, 5, \ldots$ の体からなる共通部分をもたない圏 $\mathbf{Field}_0, \mathbf{Field}_2, \mathbf{Field}_3, \mathbf{Field}_5, \ldots$ の合併である．各体は異なる標数の体については見えていない．

　順序集合 $(\mathbb{R}, \leq)$ において，対象 0 は数が非負かどうかを見ている．つまり，x が非負ならば射 $0 \to x$ が一つ存在するし，そうでなければ存在しない．

　以上には双対の問いもあり得る：圏の対象を固定したとき，そこへの射は何であろうか？　たとえば S を 2 点集合としよう．勝手な集合 X について，X から S への射は X の部分集合に対応する（これについては 3.1 節で理解

した).いま,S にどちらか一つの 1 点部分集合が開集合で,もう一方はそうでないという位相を与える.任意の位相空間 X について,X から S への連続写像は,X の**開**部分集合に対応する.

本章では各対象が,それが住む圏をどう見ているか,また住む圏からどう見られているかを調べる.われわれは自然と表現可能関手の概念に導かれ,これは普遍性という考え方に(随伴に続く)二つめのアプローチを与える.

4.1 定義と例

圏 $\mathscr{A}$ の対象 A を固定しよう.A からの射すべてを考える.各 $B \in \mathscr{A}$ について,A から B への射の集合(あるいはクラス)$\mathscr{A}(A,B)$ が割り当てられる.以下の定義の内容は,この割り当てが B について関手的であるということだ:各射 $B \to B'$ は,関数 $\mathscr{A}(A,B) \to \mathscr{A}(A,B')$ を誘導する.

定義 4.1.1 $\mathscr{A}$ を局所小圏とする.$A \in \mathscr{A}$ について,関手

$$H^A = \mathscr{A}(A,-) : \mathscr{A} \to \mathbf{Set}$$

を以下のように定義する.

- 各対象 $B \in \mathscr{A}$ について,$H^A(B) = \mathscr{A}(A,B)$
- $\mathscr{A}$ の射 $B \xrightarrow{g} B'$ について

$$\begin{array}{rcl} H^A(g) = \mathscr{A}(A,g) : \mathscr{A}(A,B) & \to & \mathscr{A}(A,B') \\ p & \mapsto & g \circ p. \end{array}$$

注意 4.1.2 (a)「局所小」とは,各クラス $\mathscr{A}(A,B)$ が実際には集合であるという意味だった.この仮定は,定義が意味をもつために明らかに必要である.

(b) $H^A(g)$ は $g \circ -$ または g_* と書かれることがある.これら三つの形式は,$\mathscr{A}(A,g)$ と同じように,よく用いられる.

定義 4.1.3 $\mathscr{A}$ を局所小圏とする.関手 $X : \mathscr{A} \to \mathbf{Set}$ が **表現可能** (representable) とは,ある $A \in \mathscr{A}$ について $X \cong H^A$ となることをいう.X の **表現** (representation) とは,対象 $A \in \mathscr{A}$ と同型 $H^A \cong X$ の選択である.

表現可能関手は単に「表現可能」とよばれることがある．集合に値を取る関手（すなわち値域が **Set** の関手）だけが表現可能であり得る．

例 4.1.4 1 を 1 点集合として，$H^1 : \mathbf{Set} \to \mathbf{Set}$ を考えよう．1 から集合 B への射は B の元と同じだから，各 $B \in \mathbf{Set}$ について

$$H^1(B) \cong B$$

となる．この同型が B について自然であることは容易に確かめられるので，H^1 は恒等関手 $1_{\mathbf{Set}}$ に同型である．よって $1_{\mathbf{Set}}$ は表現可能である．

例 4.1.5 本章の導入部で登場した「見る」関手はすべて表現可能である．忘却関手 $\mathbf{Top} \to \mathbf{Set}$ は $H^1 = \mathbf{Top}(1, -)$ と同型であり，忘却関手 $\mathbf{Grp} \to \mathbf{Set}$ は $\mathbf{Grp}(\mathbb{Z}, -)$ と同型である．各素数 p について

$$U_p(G) = \{\,位数が 1 または p である G の元\,\}$$

と定義される関手 $U_p : \mathbf{Grp} \to \mathbf{Set}$ があるが，先に述べたとおり $U_p \cong \mathbf{Grp}(\mathbb{Z}/p\mathbb{Z}, -)$ となる（演習問題 4.1.28）．ゆえに U_p は表現可能である．

例 4.1.6 小圏をその対象の集合に送る関手 $\mathrm{ob} : \mathbf{Cat} \to \mathbf{Set}$ が存在する．（圏 **Cat** は定義 3.2.10 で導入された．）これは表現可能である．実際，終対象の圏 $\mathbf{1}$（これは対象が一つで射はその上の恒等射のみからなる圏である）を考えよう．$\mathbf{1}$ から圏 $\mathscr{B}$ への関手は，単に $\mathscr{B}$ の対象を選び出すだけだから

$$H^{\mathbf{1}}(\mathscr{B}) \cong \mathrm{ob}\,\mathscr{B}$$

である．この場合もまた，この同型が $\mathscr{B}$ について自然であることを確認するのはやさしい．ゆえに $\mathrm{ob} \cong \mathbf{Cat}(\mathbf{1}, -)$ である．同様に小圏をその射の集合に送る関手 $\mathbf{Cat} \to \mathbf{Set}$ が表現可能であることが示される（演習問題 4.1.31）．

例 4.1.7 M をモノイドとし，一つの対象からなる圏とみなす．例 1.2.8 を思い出そう．集合に値を取る M 上の関手とは，単に M 集合であった．M は対象をただ一つだけもつのだから，その上の表現可能関手も（同型を除いて）ただ一つである．この一意的な表現可能関手は，M 集合としては，M のいわゆる**左正則表現** (left regular representation) である．すなわち，その台集合は M で，M が左からの乗法によって作用する．

例 4.1.8 $\mathbf{Toph}_*$ を対象が基点つき位相空間で，射が基点を保つ連続写像のホモトピー類であるような圏とする．$S^1 \in \mathbf{Toph}_*$ を円周としよう[1]．すると，各対象 $X \in \mathbf{Toph}_*$ について，$\mathbf{Toph}_*$ の射 $S^1 \to X$ は基本群 $\pi_1(X)$ の元である．形式的には，これは合成関手

$$\mathbf{Toph}_* \xrightarrow{\pi_1} \mathbf{Grp} \xrightarrow{U} \mathbf{Set}$$

が $\mathbf{Toph}_*(S^1, -)$ と同型であることをいっていて，とくに表現可能である．

例 4.1.9 体 k を固定し，線型空間 U, V を考える．関手

$$\mathbf{Bilin}(U, V; -) : \mathbf{Vect}_k \to \mathbf{Set}$$

で，$W \in \mathbf{Vect}_k$ における値が，双線型写像 $U \times V \to W$ の集合であるようなものが存在する．これは表現可能であることが示せる．言い換えると

$$\mathbf{Bilin}(U, V; W) \cong \mathbf{Vect}_k(T, W)$$

が W について自然に成り立つような線型空間 T が存在する．この T は，ちょうど補題 0.7 の証明の直後に現れたテンソル積 $U \otimes V$ である．

随伴は以下のように表現可能関手を引き起こす．

補題 4.1.10 局所小圏の間の随伴 $\mathscr{A} \underset{G}{\overset{F}{\rightleftarrows}} \mathscr{B}$ と，$A \in \mathscr{A}$ について，関手

$$\mathscr{A}(A, G(-)) : \mathscr{B} \to \mathbf{Set}$$

(すなわち合成 $\mathscr{B} \xrightarrow{G} \mathscr{A} \xrightarrow{H^A} \mathbf{Set}$) は表現可能である．

証明 各 $B \in \mathscr{B}$ について

$$\mathscr{A}(A, G(B)) \cong \mathscr{B}(F(A), B)$$

が成り立つ．もしこの同型が B について自然であることが証明できるなら，$\mathscr{A}(A, G(-))$ が $H^{F(A)}$ と同型なことが証明されたことになり，したがって表現可能である．そこで $\mathscr{B}$ の射 $B \xrightarrow{q} B'$ を考えよう．以下の四角形図式

---

[1] [訳註] 正確には基点つきの円周である．

4.1. 定義と例 **105**

$$
\begin{CD}
\mathscr{A}(A, G(B)) @>>> \mathscr{B}(F(A), B) \\
@VG(q)\circ -VV @VVq\circ -V \\
\mathscr{A}(A, G(B')) @>>> \mathscr{B}(F(A), B')
\end{CD}
$$

が可換であることを示さなければならない．ここで水平の矢印は，随伴によって与えられる全単射である．$f : A \to G(B)$ について

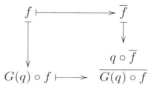

となっているので，$q \circ \overline{f} = \overline{G(q) \circ f}$ を示す必要がある．これは随伴の定義の自然性条件 (2.2)（ただし $g = \overline{f}$ とせよ）からただちに従う． □

勝手な **Set** への関手が表現可能とは期待しないだろう．ある意味で，ほとんどの関手が表現可能ではない．しかし忘却関手は表現可能になることが多い．

命題 4.1.11 左随伴をもつ集合値関手は表現可能である．

証明 左随伴 F をもつ関手 $G : \mathscr{A} \to \mathbf{Set}$ を考える．1 点集合を 1 で表すと，

$$G(A) \cong \mathbf{Set}(1, G(A))$$

が A について自然に成り立つ（例 4.1.4）．すなわち $G \cong \mathbf{Set}(1, G(-))$ である．よって補題 4.1.10 より G は表現可能で，実際 $G \cong H^{F(1)}$ である． □

例 4.1.12 これまでに言及した表現可能関手の例のいくつかは命題 4.1.11 のように生じる．たとえば $U : \mathbf{Top} \to \mathbf{Set}$ は左随伴 D をもち（例 2.1.5），$D(1) \cong 1$ だから，$U \cong H^1$ という結果を再現できた．同様に，演習問題 3.2.16 では対象関手 $\mathrm{ob} : \mathbf{Cat} \to \mathbf{Set}$ の左随伴 D を構成することが問われた．この関手 D は $D(1) \cong \mathbf{1}$ を満たすので，$\mathrm{ob} \cong H^{\mathbf{1}}$ が再び証明された．

例 4.1.13 忘却関手 $U : \mathbf{Vect}_k \to \mathbf{Set}$ は，左随伴をもつので表現可能である．実際 F を左随伴とすると，$F(1)$ は 1 次元線型空間 k であり，よって

$U \cong H^k$ となる.このことを直接理解するのもやさしい:k から線型空間 V への射は 1 の行き先で一意的に定まり,その行き先は V のどの元でもあり得る.ゆえに V について自然に $\mathbf{Vect}_k(k, V) \cong U(V)$ が成り立つ[2].

例 4.1.14 例 2.1.3 は,代数構造の圏の間の忘却関手は通常は左随伴をもつという宣言から始まっている.可換環の圏 **CRing** と忘却関手 $U : \mathbf{CRing} \to \mathbf{Set}$ を考えよう.この一般的な原理によって U は左随伴をもつことが示唆され,そしてもつならば命題 4.1.11 より U は表現可能である.

これが明示的にはどのようなことかみていこう.与えられた集合 S について,$\mathbb{Z}[S]$ を可換変数 x_s ($s \in S$) に関する $\mathbb{Z}$ 上の多項式環とする.(これは例 1.2.4 (b) で $F(S)$ とよばれたものである.) すると対応 $S \mapsto \mathbb{Z}[S]$ は関手 $\mathbf{Set} \to \mathbf{CRing}$ を定義し,これが U の左随伴である.ゆえに $U \cong H^{\mathbb{Z}[x]}$ である.これは再び直接検証可能だ:任意の環 R について,射 $\mathbb{Z}[x] \to R$ は R の元と 1 対 1 に対応する(演習問題 0.13 と演習問題 4.1.29).

圏 $\mathscr{A}$ の対象 A について,関手 $H^A \in [\mathscr{A}, \mathbf{Set}]$ を定義した.これは A が世界をどのように見るかを記述する.A が変化するにつれて,眺めも変わる.一方で見られている世界はいつでも同じなのだから,異なる対象からの異なる眺めには何かしらの関係がある.(飛行機から撮影した航空写真にたとえてみよう.それらは重なりの部分では十分よく一致していて,貼り合わせて一枚の大きな写真を作ることができる.) よって「眺め」の族 $(H^A)_{A \in \mathscr{A}}$ は適当な一貫性をもっている.これが意味するところは,A と A' の間に射があれば,H^A と $H^{A'}$ の間にも射があるということである.

正確にいうと,射 $A' \xrightarrow{f} A$ は $B \in \mathscr{A}$ における成分が関数

$$H^A(B) = \mathscr{A}(A, B) \quad \to \quad H^{A'}(B) = \mathscr{A}(A', B)$$
$$p \quad \mapsto \quad p \circ f$$

であるような自然変換

---
[2] [訳註] この前の文章からわかるのは,V について少なくとも全単射 $\mathbf{Vect}_k(k, V) \cong U(V)$ が存在するということだけである.V についての自然性は,(たとえば補題 4.1.10 の証明のようなやり方で) 別途確認する必要がある.

を誘導する．H^f もまた $\mathscr{A}(f,-)$, f^*, $-\circ f$ などの，いろいろな別名をもつ．

方向の逆転に注意すること！　各関手 H^A は共変だが，以下で定義するように，それが集まると**反変関手**をなす．

定義 4.1.15　$\mathscr{A}$ を局所小圏とする．関手
$$H^{\bullet}: \mathscr{A}^{\mathrm{op}} \to [\mathscr{A}, \mathbf{Set}]$$
が，対象 A については $H^{\bullet}(A) = H^A$ で，射 f については $H^{\bullet}(f) = H^f$ で定義される．

記号 $\bullet$ は，$-$ のような空欄の別種である．

この章でこれまでに示したすべての定義は双対化され得る．形式的なレベルではこのことは自明であり，すべての矢印を逆転させれば $\mathscr{A}$ は $\mathscr{A}^{\mathrm{op}}$ になるし，逆もまた同様である．しかしいつもの例では趣が異なる．もう対象が何を**見る**のかではなく，どのように**見える**のかを問うことになるのだ[3]．

まず定義 4.1.1 を双対化してみよう．

定義 4.1.16　$\mathscr{A}$ を局所小圏とする．$A \in \mathscr{A}$ について，関手
$$H_A = \mathscr{A}(-, A) : \mathscr{A}^{\mathrm{op}} \to \mathbf{Set}$$
が以下のように定義される．

- 対象 $B \in \mathscr{A}$ について，$H_A(B) = \mathscr{A}(B, A)$．
- $\mathscr{A}$ の射 $B' \xrightarrow{g} B$ について
$$\begin{array}{rcl} H_A(g) = \mathscr{A}(g, A) = g^* = -\circ g : \mathscr{A}(B, A) & \to & \mathscr{A}(B', A) \\ p & \mapsto & p \circ g. \end{array}$$

双対線型空間を知っていれば，この構成になじみがあるだろう．とくに射 $B' \to B$ が逆向きの射 $H_A(B) \to H_A(B')$ を誘導することに驚かないはずだ．

これから集合値反変関手について表現可能性を定義する．$\mathscr{A}$ 上の反変関手は $\mathscr{A}^{\mathrm{op}}$ 上の共変関手で，集合値共変関手が表現可能であることの意味は既知だから，厳密には不必要であるが，直接的な定義をしておくと役に立つ．

---

[3] ［訳註］われわれが先験的に興味をもつ具体的な多くの圏では，共変表現可能関手と反変表現可能関手がそれぞれこのように思えるということ．「われわれが先験的に興味をもつ具体的な圏」とは，例 4.1.18 から例 4.1.20 では **Set**, **Top**, **Ring** であり，$\mathbf{Set}^{\mathrm{op}}$, $\mathbf{Top}^{\mathrm{op}}$, $\mathbf{Ring}^{\mathrm{op}}$ ではない．なお $\mathscr{A} = \mathbf{Set}, \mathbf{Top}, \mathbf{Ring}$ について $\mathscr{A} \not\simeq \mathscr{A}^{\mathrm{op}}$ を示すのはよい演習問題だ．

定義 4.1.17 $\mathscr{A}$ を局所小圏とする．関手 $X : \mathscr{A}^{\mathrm{op}} \to \mathbf{Set}$ が**表現可能**とは，ある $A \in \mathscr{A}$ について $X \cong H_A$ となることである．X の**表現**とは，対象 $A \in \mathscr{A}$ と同型 $H_A \cong X$ の選択である．

例 4.1.18 集合 B にそのべき集合 $\mathscr{P}(B)$ を対応させ，射 $g : B' \to B$ には $(\mathscr{P}(g))(U) = g^{-1}U$ となる射を対応させる関手

$$\mathscr{P} : \mathbf{Set}^{\mathrm{op}} \to \mathbf{Set}$$

がある．(ここで $g^{-1}U$ は g での U の逆像あるいは原像を表し，$g^{-1}U = \{x' \in B' \mid g(x') \in U\}$ と定義される．) 3.1 節で理解したとおり，部分集合は 2 点集合 2 への関数と同じであった．正確に述べると $\mathscr{P} \cong H_2$ ということになる．

例 4.1.19 同様に，対象 B にその開部分集合の集合 $\mathscr{O}(B)$ を対応させる関手

$$\mathscr{O} : \mathbf{Top}^{\mathrm{op}} \to \mathbf{Set}$$

がある．S を 2 点からなる位相空間で，二つある 1 点部分集合のうちのちょうど一つが開集合であるものとすると，位相空間 B から S への連続関数は自然に B の開部分集合に対応する（演習問題 4.1.30）．ゆえに $\mathscr{O} \cong H_S$ であり，$\mathscr{O}$ は表現可能である．

例 4.1.20 例 1.2.11 において，各位相空間に，その上の実数値連続関数環を対応させる関手 $C : \mathbf{Top}^{\mathrm{op}} \to \mathbf{Ring}$ を定義した．定義より，合成関手

$$\mathbf{Top}^{\mathrm{op}} \xrightarrow{C} \mathbf{Ring} \xrightarrow{U} \mathbf{Set}$$

は，位相空間 X について $U(C(X)) = \mathbf{Top}(X, \mathbb{R})$ なので表現可能である．

前に，共変な表現可能関手たち $(H^A)_{A \in \mathscr{A}}$ を一つの大きな関手 $H^\bullet$ に組み立てた．これから同じことを反変な表現可能関手たち $(H_A)_{A \in \mathscr{A}}$ について行う．$\mathscr{A}$ の任意の射 $A \xrightarrow{f} A'$ は，対象 $B \in \mathscr{A}$ における成分が

$$H_A(B) = \mathscr{A}(B, A) \quad \to \quad H_{A'}(B) = \mathscr{A}(B, A')$$
$$p \quad \mapsto \quad f \circ p$$

であるような自然変換

$$\mathscr{A}^{\mathrm{op}} \underset{H_{A'}}{\overset{H_A}{\rightrightarrows}} \Downarrow H_f \ \mathbf{Set}$$

4.1. 定義と例 **109**

を誘導する．（これは $\mathscr{A}(-,f)$, f_*, $f\circ -$ ともよばれる．）

定義 4.1.21 $\mathscr{A}$ を局所小圏とする．$\mathscr{A}$ の米田埋め込み (Yoneda embedding)

$$H_\bullet : \mathscr{A} \to [\mathscr{A}^{\mathrm{op}}, \mathbf{Set}]$$

とは，対象 A については $H_\bullet(A) = H_A$ と，射 f については $H_\bullet(f) = H_f$ と定義される関手である．

これまでの定義を要約しておこう．

各 $A \in \mathscr{A}$ について	関手 $\mathscr{A} \xrightarrow{H^A} \mathbf{Set}$
それらの総体を考えると	関手 $\mathscr{A}^{\mathrm{op}} \xrightarrow{H^\bullet} [\mathscr{A}, \mathbf{Set}]$
各 $A \in \mathscr{A}$ について	関手 $\mathscr{A}^{\mathrm{op}} \xrightarrow{H_A} \mathbf{Set}$
それらの総体を考えると	関手 $\mathscr{A} \xrightarrow{H_\bullet} [\mathscr{A}^{\mathrm{op}}, \mathbf{Set}]$

二番めの関手の組は，最初の関手の組の双対である．どちらにも反変が登場するが，それは避けられない．

表現可能関手の理論において，一番めあるいは二番めの関手対のどちらを相手にしてもあまり違いはない．片方について証明される定理はどれも，双対化すればもう一方の定理を与える．本書では二番めの組，すなわち H_A たちと $H_\bullet$ を採用する．これから説明される意味で，$H_\bullet$ は $\mathscr{A}$ を $[\mathscr{A}^{\mathrm{op}}, \mathbf{Set}]$ に「埋め込む」．圏 $[\mathscr{A}^{\mathrm{op}}, \mathbf{Set}]$ は，$\mathscr{A}$ にはないかもしれないよい性質をもっているので，この埋め込みは有用になり得る．

演習問題 4.1.27 は，対象の同型類について $H_\bullet$ が単射であることを証明する問題だ．そこには本章の残りの部分の鍵になる考え方が要約されているので，先を読み進める前に取り組むことを強く推奨する．

ここでさらにもう一つ定義しておくべき関手がある．これは上述の一番めと二番めの関手対を統合するものである．

定義 4.1.22 $\mathscr{A}$ を局所小圏とする．

$$\begin{array}{ccc} (A,B) & \mapsto & \mathscr{A}(A,B) \\ f\uparrow\;\downarrow g & \mapsto & \downarrow g\circ - \circ f \\ (A',B') & \mapsto & \mathscr{A}(A',B') \end{array}$$

によって関手
$$\mathrm{Hom}_{\mathscr{A}} : \mathscr{A}^{\mathrm{op}} \times \mathscr{A} \to \mathbf{Set}$$
が定義される．言い換えると，$\mathrm{Hom}_{\mathscr{A}}(A,B) = \mathscr{A}(A,B)$ であり，$A' \xrightarrow{f} A \xrightarrow{p} B \xrightarrow{g} B'$ のとき $(\mathrm{Hom}_{\mathscr{A}}(f,g))(p) = g \circ p \circ f$ である．

注意 4.1.23 (a) 関手 $\mathrm{Hom}_{\mathscr{A}}$ の存在は，距離空間 (X,d) において距離 $d : X \times X \to \mathbb{R}$ 自身が連続関数であるという事実に似ている[4]．（2 点を取ってそれぞれ少しだけ動かしても，それらの間の距離はわずかにしか変わらない[5]．）

(b) 演習問題 1.2.25 の言葉でいうと，$\mathrm{Hom}_{\mathscr{A}}$ は関手族 $(H^A)_{A \in \mathscr{A}}$ と $(H_B)_{B \in \mathscr{A}}$ に対応する関手 $\mathscr{A}^{\mathrm{op}} \times \mathscr{A} \to \mathbf{Set}$ である．

(c) 例 2.1.6 において，任意の集合 B について，随伴 $(- \times B) \dashv (-)^B$ の存在を理解した（これらは関手 $\mathbf{Set} \to \mathbf{Set}$ である）．同様に，任意の圏 $\mathscr{B}$ について，随伴 $(- \times \mathscr{B}) \dashv [\mathscr{B}, -]$ が存在する（これらは関手 $\mathbf{CAT} \to \mathbf{CAT}$ である）．言い換えれば，$\mathscr{A}, \mathscr{B}, \mathscr{C} \in \mathbf{CAT}$ について標準的な全単射
$$\mathbf{CAT}(\mathscr{A} \times \mathscr{B}, \mathscr{C}) \cong \mathbf{CAT}(\mathscr{A}, [\mathscr{B}, \mathscr{C}])$$
が存在する．この全単射のもと，二つの関手
$$\mathrm{Hom}_{\mathscr{A}} : \mathscr{A}^{\mathrm{op}} \times \mathscr{A} \to \mathbf{Set}, \quad H^{\bullet} : \mathscr{A}^{\mathrm{op}} \to [\mathscr{A}, \mathbf{Set}]$$
は互いに対応している．したがって，$\mathrm{Hom}_{\mathscr{A}}$ は $H^{\bullet}$（あるいは $H_{\bullet}$）と同じ情報をもっているが，表し方が少し違っている．

注意 4.1.24 ここに至って随伴の定義における自然性を説明することができる（定義 2.1.1）．圏と関手 $\mathscr{A} \underset{G}{\overset{F}{\rightleftarrows}} \mathscr{B}$ を考えよう．これらは関手

$$\begin{array}{ccc} \mathscr{A}^{\mathrm{op}} \times \mathscr{B} & \xrightarrow{1 \times G} & \mathscr{A}^{\mathrm{op}} \times \mathscr{A} \\ {\scriptstyle F^{\mathrm{op}} \times 1} \downarrow & & \downarrow {\scriptstyle \mathrm{Hom}_{\mathscr{A}}} \\ \mathscr{B}^{\mathrm{op}} \times \mathscr{B} & \xrightarrow[\mathrm{Hom}_{\mathscr{B}}]{} & \mathbf{Set} \end{array}$$

---

[4] ［訳註］距離空間の 2 点の距離が，圏の二つの対象の間の射の集合に対応している．

[5] ［訳註］ここでの比喩は豊穣圏 (enriched category) を知っていると踏み込んで理解できる．その文脈では，連続関数ではなく，距離を増やさない写像 (non-expanded map) のほうが適切である．原著者はこれを簡易的にでも説明するために括弧内の文面を挿入したと考えられる．

を引き起こす．合成関手 $\downarrow_\to$ は (A,B) を $\mathscr{B}(F(A),B)$ に送るので，$\mathscr{B}(F(-),-)$ のように書かれる．一方，合成 $\to\downarrow$ は (A,B) を $\mathscr{A}(A,G(B))$ に送る．演習問題 4.1.32 で，二つの関手

$$\mathscr{B}(F(-),-),\ \mathscr{A}(-,G(-)) : \mathscr{A}^{\mathrm{op}} \times \mathscr{B} \to \mathbf{Set}$$

が自然同型であることと，F と G が随伴であることの同値性を示す．これで注意 2.1.2 (a) での主張が正当化される：随伴の定義における自然性条件 (2.2) と (2.3) は，単に二つの特定の関手が自然同型であるという主張なのだ．

一般の圏の対象はいかなるわかりきった意味においても元をもたない．しかし**集合**は確かに元をもち，集合 A の元は関数 $1 \to A$ と同じであることを観察した．次の定義はこれに触発されたものである．

定義 4.1.25 A を圏の対象とする．A の**一般元** (generalized element) とは，A を値域とする射である．射 $S \to A$ は S 型 (shape) 一般元とよばれる．

「一般元」は「射」の同義語以上のものではないが，ときには射を一般元と考えることが有用になる．

たとえば A が集合のとき，A の 1 型一般元は通常の意味での A の元であり，A の $\mathbb{N}$ 型一般元は A の列である．位相空間の圏において，A の 1（1 点からなる位相空間）型一般元は点であり，A の S^1（円周）型一般元は，定義より閉曲線である．このことが示唆するように，幾何学的対象の圏においては，「S 型図形」といってよいかもしれない．

代数学においては，$x^2+y^2=1$ といった方程式の解がしばしば興味の対象となる．とりわけ，$\mathbb{Q}$ における解に興味をもつところから始まるだろう．しかし有理数解の研究のためには，まずは別の環における解の研究が有益であることを悟るのである．（これはたいていは実りの多い戦略である．）与えられた環 A について，$a^2+b^2=1$ を満たす組 $(a,b) \in A \times A$ は，環準同型

$$\mathbb{Z}[x,y]/(x^2+y^2-1) \to A$$

と同じである[6]．ゆえに，この方程式の任意の環における解は $\mathbb{Z}[x,y]/(x^2+$

---

[6] [訳註] 環準同型 $f: \mathbb{Z}[x,y]/(x^2+y^2-1) \to A$ には，$a^2+b^2=1$ を満たす組 $(a,b) = (f([x]), f([y])) \in A \times A$ が対応する．

$y^2 - 1)$ 型一般元とみなすことができる.

圏 $\mathscr{A}$ の対象 S について,関手
$$H^S : \mathscr{A} \to \mathbf{Set}$$
は,対象をその S 型一般元の集合に送る.関手性は, $\mathscr{A}$ の射 $A \to B$ が, A の S 型元を B の S 型元に変換するということだ.たとえば $\mathscr{A} = \mathbf{Top}, S = S^1$ とすると,連続写像 $A \to B$ は, A の閉曲線を B の閉曲線に変換する.

演習問題

4.1.26 いままでに述べられていない表現可能関手の例を三つあげよ.

4.1.27 $\mathscr{A}$ を局所小圏とする. $A, A' \in \mathscr{A}$ について, $H_A \cong H_{A'}$ ならば $A \cong A'$ であることを直接証明せよ.

4.1.28 p を素数とする.例 4.1.5 で定義した関手 $U_p : \mathbf{Grp} \to \mathbf{Set}$ が $\mathbf{Grp}(\mathbb{Z}/p\mathbb{Z}, -)$ に同型であることを証明せよ.(関手の同型,つまり**自然同型**の存在を確かめるには,まず射についても U_p を定義する必要がある.その理にかなったやり方は一通りしかない.)

4.1.29 演習問題 0.13 (a) の結果を用いて,例 4.1.14 で述べたように忘却関手 $\mathbf{CRing} \to \mathbf{Set}$ が $\mathbf{CRing}(\mathbb{Z}[x], -)$ と同型であることを示せ.

4.1.30 **Sierpiński 空間** (Sierpiński space) とは,2 点位相空間 S であって,1 点部分集合のうちの一つが開で,もう一方はそうでないもののことである.任意の位相空間 X について, X の開部分集合と連続写像 $X \to S$ の間には標準的な全単射が存在することを証明せよ.このことを用いて,例 4.1.19 の関手 $\mathscr{O} : \mathbf{Top}^{\mathrm{op}} \to \mathbf{Set}$ が S によって表現可能であることを示せ.

4.1.31 小圏 $\mathscr{A}$ をその射の集合に送る関手 $M : \mathbf{Cat} \to \mathbf{Set}$ は表現可能であることを示せ.

4.1.32 局所小圏 $\mathscr{A}, \mathscr{B}$ と関手 $\mathscr{A} \underset{G}{\overset{F}{\rightleftarrows}} \mathscr{B}$ を考える. F が G の左随伴であることと,注意 4.1.24 の二つの関手

$$\mathscr{B}(F(-),-),\ \mathscr{A}(-,G(-)) : \mathscr{A}^{\mathrm{op}} \times \mathscr{B} \to \mathbf{Set}$$

が自然同型であることの同値性を証明せよ．（ヒント：演習問題 1.3.29 あるいは演習問題 2.1.14 を用いるとやさしくなる．）

4.2 米田の補題

表現可能関手は何を見ているのか？

定義 1.2.15 を思い出そう．関手 $\mathscr{A}^{\mathrm{op}} \to \mathbf{Set}$ はときに $\mathscr{A}$ 上の「前層」とよばれるのであった．各 $A \in \mathscr{A}$ について表現可能前層 H_A があるのだから，H_A の視点から前層圏 $[\mathscr{A}^{\mathrm{op}}, \mathbf{Set}]$ の残りがどう見えるのか調べてみよう．言い換えると，X を前層とするとき，射 $H_A \to X$ は何だろうか？

通例，圏論の初心者は本節の内容が初めて行き詰まるところだと感じる．概して困難の核心は問いを理解することの中にある．もう一度問うてみよう．

局所小圏 $\mathscr{A}$ を固定するところから出発したのだった．そして対象 $A \in \mathscr{A}$ と関手 $X : \mathscr{A}^{\mathrm{op}} \to \mathbf{Set}$ を考えた．対象 A は別の関手 $H_A = \mathscr{A}(-, A) : \mathscr{A}^{\mathrm{op}} \to \mathbf{Set}$ を引き起こす．問題は，射 $H_A \to X$ は何かということである．H_A と X はともに前層圏 $[\mathscr{A}^{\mathrm{op}}, \mathbf{Set}]$ の対象だから，考えるべき「射」は $[\mathscr{A}^{\mathrm{op}}, \mathbf{Set}]$ の射である．だから，どのような自然変換

$$\mathscr{A}^{\mathrm{op}} \underset{X}{\overset{H_A}{\rightrightarrows}} \mathbf{Set} \tag{4.1}$$

があるのかを問うているわけである．このような自然変換の集合[7]は

$$[\mathscr{A}^{\mathrm{op}}, \mathbf{Set}](H_A, X)$$

と書かれる．（これは圏 $\mathscr{B}$ の射 $B \to B'$ の集合に対する記法 $\mathscr{B}(B, B')$ の $\mathscr{B} = [\mathscr{A}^{\mathrm{op}}, \mathbf{Set}]$, $B = H_A$, $B' = X$ という特殊な場合である．）この集合が何であるか知りたいのだ．

答えにあたりをつけるための一般的な圏論の非公式な原理がある．圏，関手そして自然変換の定義についての注意 1.1.2 (b), 1.2.2 (a), 1.3.2 (a) を振

---

[7] ［訳註］この段階では実際に集合になることはわからないので「集まり」というべきだろう．

り返ろう．各注意は「一種類の入力から，ちょうど一つの別種の出力を構成できる」という形式になっている．たとえば注意 1.1.2 (b) では，入力は射の列 $A_0 \xrightarrow{f_1} \cdots \xrightarrow{f_n} A_n$ で，出力は射 $A_0 \to A_n$ で，その主張は入力 $f_1, \ldots, f_n$ をどう扱っても，構成できる射 $A_0 \to A_n$ はただ一つだけあるというものだ．

この原理をいまの問いに適用しよう．入力として対象 $A \in \mathscr{A}$ と $\mathscr{A}$ 上の前層 X が与えられたとき，集合 $[\mathscr{A}^{\mathrm{op}}, \mathbf{Set}](H_A, X)$ をどのようにして構成できるかは，まさにみたばかりである．同じ入力 (A, X) から集合を構成する別の方法はあるだろうか？ 答えはまさにあるのであって，単に集合 $X(A)$ を考えてみよう！ 非公式原理は，これら二つの集合が同じであることを示唆する：すなわち $A \in \mathscr{A}$ と $X \in [\mathscr{A}^{\mathrm{op}}, \mathbf{Set}]$ について，

$$[\mathscr{A}^{\mathrm{op}}, \mathbf{Set}](H_A, X) \cong X(A). \tag{4.2}$$

これは結果として真であることがわかる．これが米田の補題である．

略式には，米田の補題とは，任意の $A \in \mathscr{A}$ と $\mathscr{A}$ 上の前層 X について，

自然変換 $H_A \to X$ は $X(A)$ の元である

という主張だ．次が形式的な命題であり，すぐに証明が続く．

定理 4.2.1（米田） $\mathscr{A}$ を局所小圏とすると，

$$[\mathscr{A}^{\mathrm{op}}, \mathbf{Set}](H_A, X) \cong X(A) \tag{4.3}$$

が，$A \in \mathscr{A}$ と $X \in [\mathscr{A}^{\mathrm{op}}, \mathbf{Set}]$ について自然に成り立つ．

これは語「自然に」が現れているほかは，まさに (4.2) で述べられていることそのものである．定義 1.3.12 を思い出そう．関手 $F, G : \mathscr{C} \to \mathscr{D}$ について，「$F(C) \cong G(C)$ が C について自然に成り立つ」という言い回しは，自然同型 $F \cong G$ の存在を意味するのだった．よって米田の補題におけるこの言い回しは，(4.3) の両辺が A と X の両方についてともに関手的であることをいっている．このことは，たとえば射 $X \to X'$ が射

$$[\mathscr{A}^{\mathrm{op}}, \mathbf{Set}](H_A, X) \to [\mathscr{A}^{\mathrm{op}}, \mathbf{Set}](H_A, X')$$

を誘導しなければならないことや，同型 (4.3) がすべての A と X について成

り立つだけでなく，これらの誘導される射について整合する方法で同型を選択し得ることを意味している．正確にいうと，米田の補題は合成関手

$$\mathscr{A}^{\mathrm{op}} \times [\mathscr{A}^{\mathrm{op}}, \mathbf{Set}] \xrightarrow{H_\bullet^{\mathrm{op}} \times 1} [\mathscr{A}^{\mathrm{op}}, \mathbf{Set}]^{\mathrm{op}} \times [\mathscr{A}^{\mathrm{op}}, \mathbf{Set}] \xrightarrow{\mathrm{Hom}_{[\mathscr{A}^{\mathrm{op}}, \mathbf{Set}]}} \mathbf{Set}$$
$$(A, X) \longmapsto (H_A, X) \longmapsto [\mathscr{A}^{\mathrm{op}}, \mathbf{Set}](H_A, X)$$

が，評価関手

$$\mathscr{A}^{\mathrm{op}} \times [\mathscr{A}^{\mathrm{op}}, \mathbf{Set}] \to \mathbf{Set}$$
$$(A, X) \mapsto X(A)$$

に自然同型であるという命題である．

もしも米田の補題が真でなければ，圏論[8]はもっとずっと複雑だっただろう．というのも，前層 $X : \mathscr{A}^{\mathrm{op}} \to \mathbf{Set}$ について，新しい前層

$$X' = [\mathscr{A}^{\mathrm{op}}, \mathbf{Set}](H_\bullet, X) : \mathscr{A}^{\mathrm{op}} \to \mathbf{Set}$$

が，各 $A \in \mathscr{A}$ について $X'(A) = [\mathscr{A}^{\mathrm{op}}, \mathbf{Set}](H_A, X)$ とすることで定義されるが，米田の補題は A について自然に $X(A) \cong X'(A)$ が成り立つことをいっている．もしも米田の補題が真でなければ，一つの前層 X から始めて，無限の新しい前層の列 $X, X', X'', \ldots$ ですべてが異なり得るものを作れたかもしれない．しかし現実はとても単純で，これらはすべて同じなのだ．

米田の補題の証明は，これまでで最も長いものだ．それにもかかわらず，各段階で次に進む方法は本質的にただ一つしかない．もし読者が自身を，米田の補題が最初の重大な挑戦として立ちはだかるような圏論への初心者かもしれないと思うなら，証明を読む前にやり遂げることはよい訓練になる．創意は必要としない．ただ命題中に現れるすべての用語の理解が必要だ．

米田の補題の証明　各 A と X について，集合 $[\mathscr{A}^{\mathrm{op}}, \mathbf{Set}](H_A, X)$ と $X(A)$ の間の全単射を定義する必要がある．さらにその全単射は A と X について自然であることを証明しなければならない．

最初に $A \in \mathscr{A}$ と $X \in [\mathscr{A}^{\mathrm{op}}, \mathbf{Set}]$ を固定しよう．関数

$$[\mathscr{A}^{\mathrm{op}}, \mathbf{Set}](H_A, X) \underset{(\tilde{\ })}{\overset{(\hat{\ })}{\rightleftarrows}} X(A) \tag{4.4}$$

---

[8] ［訳註］原著では the world.

を定義し，それらが互いに逆であることを示す．つまり，するべきことが四つある：関数 $(\hat{\ })$ を定義すること，関数 $(\tilde{\ })$ を定義すること，$(\hat{\tilde{\ }})$ が恒等写像であると示すこと，$(\tilde{\hat{\ }})$ が恒等写像であると示すことである．

- $\alpha : H_A \to X$ について，$\hat{\alpha} \in X(A)$ を $\hat{\alpha} = \alpha_A(1_A)$ と定義する．(このほかにいったいどのように定義できるだろう？)
- $x \in X(A)$ について，自然変換 $\tilde{x} : H_A \to X$ を定義しなければならない．すなわち，各 $B \in \mathscr{A}$ について関数

$$\tilde{x}_B : H_A(B) = \mathscr{A}(B, A) \to X(B)$$

を定義し，族 $\tilde{x} = (\tilde{x}_B)_{B \in \mathscr{A}}$ が自然性を満たすことを示す必要がある．
 $B \in \mathscr{A}$ と $f \in \mathscr{A}(B, A)$ について，

$$\tilde{x}_B(f) = (X(f))(x) \in X(B)$$

と定義する．(このほかにいったいどのように定義できるだろう？) $X(f)$ は射 $X(A) \to X(B)$ なので，これは意味をもつ．自然性を証明するためには，$\mathscr{A}$ の任意の射 $B' \xrightarrow{g} B$ について，四角形図式

$$\begin{array}{ccc} \mathscr{A}(B, A) & \xrightarrow{H_A(g) = - \circ g} & \mathscr{A}(B', A) \\ \tilde{x}_B \downarrow & & \downarrow \tilde{x}_{B'} \\ X(B) & \xrightarrow{X(g)} & X(B') \end{array}$$

が可換になることを示せばよい．煩雑さを減らすために，$X(g)$ を Xg と書くことにし，ほかも同様としよう．いま任意の $f \in \mathscr{A}(B, A)$ について

$$\begin{array}{ccc} f & \mapsto & f \circ g \\ \downarrow & & \downarrow \\ & & (X(f \circ g))(x) \\ (Xf)(x) & \mapsto & (Xg)((Xf)(x)) \end{array}$$

だが，関手性から $X(f \circ g) = (Xg) \circ (Xf)$ が成り立つ．よって四角形図式は可換である．

- $x \in X(A)$ について，$\hat{\tilde{x}} = x$ を示さねばならない．実際，

$$\hat{\tilde{x}} = \tilde{x}_A(1_A) = (X1_A)(x) = 1_{X(A)}(x) = x.$$

- $\alpha : H_A \to X$ について，$\tilde{\hat{\alpha}} = \alpha$ を示さねばならない．二つの自然変換が等しいとは，それらの各成分が等しいということなので，各 $B \in \mathscr{A}$ について $(\tilde{\hat{\alpha}})_B = \alpha_B$ を示さねばならない．この等式の各辺は $H_A(B) = \mathscr{A}(B, A)$ から $X(B)$ への関数であり，二つの関数が等しいとは定義域の各元で同じ値を取るということだから，各 $B \in \mathscr{A}$ と $\mathscr{A}$ の $f : B \to A$ について

$$(\tilde{\hat{\alpha}})_B(f) = \alpha_B(f)$$

を示せばよい．左辺は定義より

$$(\tilde{\hat{\alpha}})_B(f) = (Xf)(\hat{\alpha}) = (Xf)(\alpha_A(1_A))$$

なので，あとは

$$(Xf)(\alpha_A(1_A)) = \alpha_B(f) \tag{4.5}$$

を示すことが残る．α の自然性（所与の唯一の手段）より，四角形図式

$$\begin{array}{ccc} \mathscr{A}(A,A) & \xrightarrow{H_A(f)=-\circ f} & \mathscr{A}(B,A) \\ {\scriptstyle \alpha_A}\downarrow & & \downarrow {\scriptstyle \alpha_B} \\ X(A) & \xrightarrow{Xf} & X(B) \end{array}$$

は可換であり，$1_A \in \mathscr{A}(A, A)$ を考えると (4.5) が得られる．

（証明はまだ終わっていないが，$\tilde{\hat{\alpha}} = \alpha$ の意義は立ち止まって考察するに値する．$\hat{\alpha}$ は 1_A における α の値だから，このことは

自然変換 $H_A \to X$ は 1_A における値で決まる

といっており，どのように決まるかは等式 (4.5) で記述されるとおりである．）

これより (4.4) は任意の $A \in \mathscr{A}$ と $X \in [\mathscr{A}^{\mathrm{op}}, \mathbf{Set}]$ について全単射である．これからこの全単射が A と X について自然であることを示そう．

労力を少しだけ節約する仕掛けを二つ援用する．まず，原理的には $(\hat{\ })$ と $(\tilde{\ })$ の自然性を示さねばならないが，補題 1.3.11 よりどちらか一つの自然性を示せば十分である．そこで $(\hat{\ })$ の自然性を示すことにする．次に，演習問

題 1.3.29 より，$(\hat{\ })$ が組 (A,X) について自然であることは，固定した X ごとに A について自然，かつ固定した A ごとに X について自然であることと同値である．よってこれら二種の自然性を示せばよい．

A についての自然性は，各 $X \in [\mathscr{A}^{\mathrm{op}}, \mathbf{Set}]$ と $\mathscr{A}$ の $B \xrightarrow{f} A$ について

$$
\begin{CD}
[\mathscr{A}^{\mathrm{op}}, \mathbf{Set}](H_A, X) @>{-\circ H_f}>> [\mathscr{A}^{\mathrm{op}}, \mathbf{Set}](H_B, X) \\
@V{(\hat{\ })}VV @VV{(\hat{\ })}V \\
X(A) @>>{Xf}> X(B)
\end{CD}
$$

なる四角形図式が可換であるという命題である．$\alpha : H_A \to X$ について，

$$
\begin{CD}
\alpha @>>> \alpha \circ H_f \\
@VVV @VVV \\
@. (\alpha \circ H_f)_B(1_B) \\
\alpha_A(1_A) @>>> (Xf)(\alpha_A(1_A))
\end{CD}
$$

となるので，$(\alpha \circ H_f)_B(1_B) = (Xf)(\alpha_A(1_A))$ を示さなければならない．実際

$$
\begin{aligned}
(\alpha \circ H_f)_B(1_B) &= \alpha_B((H_f)_B(1_B)) \\
&= \alpha_B(f \circ 1_B) = \alpha_B(f) \\
&= (Xf)(\alpha_A(1_A))
\end{aligned}
$$

である．第 1 段めの等式は $[\mathscr{A}^{\mathrm{op}}, \mathbf{Set}]$ での合成の定義から，第 2 段めは H_f の定義から，そして最下段は等式 (4.5) による．

X についての自然性は，各 $A \in \mathscr{A}$ と $[\mathscr{A}^{\mathrm{op}}, \mathbf{Set}]$ の射

$$
\mathscr{A}^{\mathrm{op}} \underset{X'}{\overset{X}{\rightrightarrows}} \Downarrow\theta\ \mathbf{Set}
$$

について，四角形図式

$$
\begin{CD}
[\mathscr{A}^{\mathrm{op}}, \mathbf{Set}](H_A, X) @>{\theta \circ -}>> [\mathscr{A}^{\mathrm{op}}, \mathbf{Set}](H_A, X') \\
@V{(\hat{\ })}VV @VV{(\hat{\ })}V \\
X(A) @>>{\theta_A}> X'(A)
\end{CD}
$$

が可換であるという命題である．$\alpha : H_A \to X$ について，

となるが，$[\mathscr{A}^{\mathrm{op}}, \mathbf{Set}]$ での合成の定義より $(\theta \circ \alpha)_A = \theta_A \circ \alpha_A$ となるから，この四角形図式は可換である．以上で証明が完了した． □

演習問題

4.2.2 米田の補題の双対命題を述べよ[9]．

4.2.3 米田の補題を理解するために，特殊な場合を吟味してみるという方法がある．ここでは一つの対象からなる圏を考える．

M をモノイドとする．M の台集合には，右 M 作用が乗法によって与えられる．すなわち $x, m \in M$ について $x \cdot m = xm$．この M 集合は M の**右正則表現**とよばれている．これを $\underline{M}$ と書こう．

(a) M を一つの対象からなる圏とみなすとき，関手 $M^{\mathrm{op}} \to \mathbf{Set}$ は右 M 集合に対応する（例 1.2.14）．ただ一つの表現可能関手 $M^{\mathrm{op}} \to \mathbf{Set}$ に対応する M 集合は右正則表現であることを示せ．

(b) X を右 M 集合とする．各 $x \in X$ について，$\alpha(1) = x$ なる右 M 集合の射 $\alpha : \underline{M} \to X$ がただ一つ存在することを示せ．{ 右 M 集合の射 $\underline{M} \to X$ } と X の間に全単射が存在することを導け．

(c) 一つの対象からなる圏についての米田の補題を導け．

4.3 米田の補題の帰結

圏論において米田の補題は基本的である．三つの重要な帰結をみていこう．

---

[9] ［訳註］しばしば余米田の補題 (coYoneda lemma) とよばれる命題があるが，ここではそれのことではない．余米田については 184 ページの脚注 10 を参照．

記法 **4.3.1** $A \xrightarrow{\sim} B$ のように $\sim$ で装飾された矢印は同型を表す．

表現は普遍元

系 4.3.2 $\mathscr{A}$ を局所小圏とする．$X : \mathscr{A}^{\mathrm{op}} \to \mathbf{Set}$ の表現は，対象 $A \in \mathscr{A}$ と元 $u \in X(A)$ で

$$各 B \in \mathscr{A} \text{ と } x \in X(B) \text{ について，} (X\overline{x})(u) = x \text{ となる} \\ 射 \overline{x} : B \to A \text{ がただ一つ存在する} \tag{4.6}$$

なる性質を満たすものからなる．

命題を明確にするため，まず X の表現とは定義より，対象 $A \in \mathscr{A}$ と自然同型 $\alpha : H_A \xrightarrow{\sim} X$ の組であったことを思い出そう．系 4.3.2 はこのような組 (A, α) が条件 (4.6) を満たす組 (A, u) と自然に 1 対 1 対応すると主張する．

$B \in \mathscr{A}$ と $x \in X(B)$ なる組 (B, x) は，前層 X の**元** (element) とよばれることがある．(実際，米田の補題から x が X の H_B 型一般元と同じことがわかる．) 条件 (4.6) を満たす元 u は[10]X の**普遍** (universal) 元とよばれる．よって系 4.3.2 は，前層 X の表現は X の普遍元と同じであるといっている．

証明 米田の補題より，$A \in \mathscr{A}$ と $u \in X(A)$ について，自然変換 $\tilde{u} : H_A \to X$ が同型であることと (4.6) が同値であること示せばよい．(ここで米田の補題の証明における記法を用いた．) $\tilde{u}$ が同型であることと，各 $B \in \mathscr{A}$ について

$$\tilde{u}_B : H_A(B) = \mathscr{A}(B, A) \to X(B)$$

が全単射であることは同値だが[11]，これはさらに任意の $B \in \mathscr{A}$ と $x \in X(B)$ について $\tilde{u}_B(\overline{x}) = x$ なる $\overline{x} \in \mathscr{A}(B, A)$ がただ一つ存在することと同値である．いま $\tilde{u}_B(\overline{x}) = (X\overline{x})(u)$ だが，これは条件 (4.6) そのものである． □

これからの例では集合値共変関手に双対化された形式を用いる．

系 4.3.3 $\mathscr{A}$ を局所小圏とし，$X : \mathscr{A} \to \mathbf{Set}$ を考える．このとき X の表現は，対象 $A \in \mathscr{A}$ と元 $u \in X(A)$ で

---

[10] [訳註] 正確には「(A, u) は」である．
[11] [訳註] 補題 1.3.11 による．

各 $B \in \mathscr{A}$ と $x \in X(B)$ について，$(X\bar{x})(u) = x$ となる
射 $\bar{x}: A \to B$ がただ一つ存在する   (4.7)

なる性質を満たすものからなる．

証明 双対性からただちに従う． □

例 4.3.4 集合 S を固定し，関手

$$X = \mathbf{Set}(S, U(-)): \begin{array}{ccc} \mathbf{Vect}_k & \to & \mathbf{Set} \\ V & \mapsto & \mathbf{Set}(S, U(V)) \end{array}$$

を考える．以下はなじみのある（真でもある！）X についての二つの命題だ．

(a) 線型空間 $F(S)$ が存在して，$V \in \mathbf{Vect}_k$ について自然な同型

$$\mathbf{Vect}_k(F(S), V) \cong \mathbf{Set}(S, U(V)) \tag{4.8}$$

が成り立つ（例 2.1.3 (a)）

(b) 線型空間 $F(S)$ と関数 $u: S \to U(F(S))$ であって，

任意の線型空間 V と関数 $f: S \to U(V)$ について，

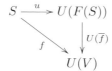

が可換になるような線型写像 $\bar{f}: F(S) \to V$ がただ一つ存在する

なるものが存在する（2.3 節の導入部のとおり，u は通常 η_S と書かれる）．

これら二つの命題は，どちらも X が表現可能であることをいっている．命題 (a) は V について自然な同型 $X(V) \cong \mathbf{Vect}_k(F(S), V)$ の存在，すなわち同型 $X \cong H^{F(S)}$ の存在をいっているから，表現可能関手の定義により X は表現可能である．命題 (b) は $u \in X(F(S))$ が条件 (4.7) を満たすことをいっているから，系 4.3.3 より X は表現可能である．

X が表現可能であることの言い回しのうち，最初のほうが，二番めのよりずっと短いことにお気づきだろう．実際，(b) の状況が成り立つならば，

$g \mapsto U(g) \circ u$ と定義される V について自然な同型

$$\mathbf{Vect}_k(F(S), V) \xrightarrow{\sim} \mathbf{Set}(S, U(V))$$

が存在することは明らかである．(b) は二つの関手が単に自然同型であるのみならず，いくぶん特別な方法で自然同型であることを述べているので，初見では (a) よりずいぶん強い条件に思えてしまうが，系 4.3.3 はこれが思い違いであることを教えてくれる：すべての自然同型 (4.8) はこのようにして現れるのだ．この明示的な詳細は (a) では「自然に」の語で隠されている．

例 4.3.5 同じことが任意の随伴 $\mathscr{A} \underset{G}{\overset{F}{\rightleftarrows}} \mathscr{B}$ にいえる．$A \in \mathscr{A}$ について，

$$X = \mathscr{A}(A, G(-)) : \mathscr{B} \to \mathbf{Set}$$

とおくと，X は表現可能である．これは以下のいずれによっても言い表せる．

(a) B について自然に $\mathscr{A}(A, G(B)) \cong \mathscr{B}(F(A), B)$ が成り立つ．言い換えると $X \cong H^{F(A)}$ である（補題 4.1.10 のように）．

(b) 単位射 $\eta_A : A \to G(F(A))$ はコンマ圏 $(A \Rightarrow G)$ における始対象である．すなわち $\eta_A \in X(F(A))$ は条件 (4.7) を満たす．

この観察は，始対象による随伴の再定式化である定理 2.3.6 の別証明に発展させることができる．

例 4.3.6 群 G と元 $x \in G$ について，$\phi(1) = x$ となる群準同型 $\phi : \mathbb{Z} \to G$ がただ一つ存在する．このことは $1 \in U(\mathbb{Z})$ が忘却関手 $U : \mathbf{Grp} \to \mathbf{Set}$ の普遍元であることを意味している．言い換えると，$\mathscr{A} = \mathbf{Grp}$, $X = U$, $A = \mathbb{Z}$, $u = 1$ のとき条件 (4.7) が成り立つということだ．よって $1 \in U(\mathbb{Z})$ は U の表現 $H^{\mathbb{Z}} \xrightarrow{\sim} U$ を与える．

他方で，1 を -1 に変えても同じことが成り立つ．系 4.3.3 は **1 対 1** 対応を与えているから，1 と -1 のそれぞれに対応する同型 $H^{\mathbb{Z}} \xrightarrow{\sim} U$ は異なる．

米田埋め込み

次は米田の補題の二番めの系である．

系 4.3.7 任意の局所小圏 $\mathscr{A}$ について, 米田埋め込み

$$H_\bullet : \mathscr{A} \to [\mathscr{A}^{\mathrm{op}}, \mathbf{Set}]$$

は充満忠実である.

くだけていうと $A, A' \in \mathscr{A}$ について, 前層の射 $H_A \to H_{A'}$ は $\mathscr{A}$ の射 $A \to A'$ と同じということだ.

証明 各 $A, A' \in \mathscr{A}$ について, 関数

$$\begin{array}{rcl} \mathscr{A}(A, A') & \to & [\mathscr{A}^{\mathrm{op}}, \mathbf{Set}](H_A, H_{A'}) \\ f & \mapsto & H_f \end{array} \qquad (4.9)$$

が全単射であることを示す必要がある. 米田の補題より, 関数

$$(\tilde{}) : H_{A'}(A) \to [\mathscr{A}^{\mathrm{op}}, \mathbf{Set}](H_A, H_{A'}) \qquad (4.10)$$

は全単射である (「X」に $H_{A'}$ を代入した). よって関数 (4.9) と関数 (4.10) が同じであることをを示せば十分である. つまり $f : A \to A'$ について $\tilde{f} = H_f$, あるいはこれと同値な $\hat{H}_f = f$ を示さねばならないが, 望みどおり

$$\hat{H}_f = (H_f)_A(1_A) = f \circ 1_A = f$$

となっている. $\square$

数学全般において「埋め込み」という用語は, 射 $A \to B$ でその像が A と同型となるものの意味で (ときには非公式に) 用いられる. たとえば, 集合の単射 $i : A \to B$ は B の部分集合 iA と A の全単射を与えるから, 埋め込みとよばれてよい. 同様に位相空間の連続写像 $i : A \to B$ は, $A \cong iA$ のようにその像に同相であれば埋め込みとよばれ得る[12]. 系 1.3.19 は, 圏論において, 充満忠実関手 $\mathscr{A} \to \mathscr{B}$ が埋め込みとよんでよいと示している. というのも, それは $\mathscr{A}$ と $\mathscr{B}$ の充満部分圏との同値を与えているからである.

いまの場合でいうと, 米田埋め込み $H_\bullet : \mathscr{A} \to [\mathscr{A}^{\mathrm{op}}, \mathbf{Set}]$ は, $\mathscr{A}$ をその前層圏に埋め込む (図 4.1). よって $\mathscr{A}$ は, 表現可能関手が対象であるような $[\mathscr{A}^{\mathrm{op}}, \mathbf{Set}]$ の充満部分圏と同値である.

---

[12] [訳註] 演習問題 5.2.25 (c) も参照.

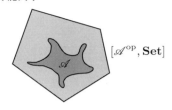

図 4.1　前層圏へ埋め込まれた圏 $\mathscr{A}$.

一般に，充満部分圏は最も扱いやすい部分圏である．たとえば充満部分圏の対象 A, A' について，A から A' への「射」を曖昧さなしに語ることができる．つまり部分圏での射とみても，全体の圏での射とみても何ら違いがない．同様に，部分圏の対象の同型についても，以下の補題のように曖昧さなしに語ることができる．

補題 4.3.8 $J : \mathscr{A} \to \mathscr{B}$ を充満忠実関手とし，$A, A' \in \mathscr{A}$ を取る．このとき

(a) $\mathscr{A}$ の射 f が同型であることと，$\mathscr{B}$ の射 $J(f)$ が同型であることは同値である．

(b) $\mathscr{B}$ の任意の同型 $g : J(A) \to J(A')$ について，$\mathscr{A}$ の同型 $f : A \to A'$ であって $J(f) = g$ となるものがただ一つ存在する．

(c) $\mathscr{A}$ の対象 A と A' が同型であることと，$\mathscr{B}$ の対象 $J(A)$ と $J(A')$ が同型であることは同値である．

証明 演習問題 4.3.15 を参照すること． □

例 4.3.9 例 4.3.6 において，忘却関手 $U : \mathbf{Grp} \to \mathbf{Set}$ の表現を考え，二つの異なる同型 $H^{\mathbb{Z}} \xrightarrow{\sim} U$ を見つけた．これがすべてだろうか？

$H^{\mathbb{Z}} \cong U$ だから，同型 $H^{\mathbb{Z}} \xrightarrow{\sim} U$ と同型 $H^{\mathbb{Z}} \xrightarrow{\sim} H^{\mathbb{Z}}$ は同じだけ存在し，系 4.3.7 と補題 4.3.8 (b) より，群同型 $\mathbb{Z} \xrightarrow{\sim} \mathbb{Z}$ と同じだけ存在することになる．そのような群同型は（$\mathbb{Z}$ の生成元 ± 1 に対応して）ちょうど二つ存在するので，確かにすべての同型 $H^{\mathbb{Z}} \xrightarrow{\sim} U$ を見つけたことになる．違った言い方をするなら，$U(\mathbb{Z})$ の普遍元はちょうど二つ存在する．

6.2 節では，すべての正の整数が素数からできているのと非常に雑な意味

で同じように，任意の前層は表現可能関手からできていることを理解する．

表現可能関手の同型

演習問題 4.1.27 では，$H_A \cong H_{A'}$ ならば $A \cong A'$ であることの直接証明が問われた．その証明は米田の補題の証明の主要な考え方をすべて含むものだ．この結果そのものも，次のように米田の補題から導くことができる．

系 4.3.10 $\mathscr{A}$ を局所小圏とする．$A, A' \in \mathscr{A}$ について，
$$H_A \cong H_{A'} \iff A \cong A' \iff H^A \cong H^{A'}.$$

証明 左の同値は系 4.3.7 と補題 4.3.8 (c) から従う．右は左の双対である． □

関手は同型を保つ（演習問題 1.2.21）から，命題の効力は
$$H_A \cong H_{A'} \implies A \cong A'$$
にある．言い換えると，各 B について自然に $\mathscr{A}(B, A) \cong \mathscr{A}(B, A')$ が成り立つならば $A \cong A'$ が従うということだ．$\mathscr{A}(B, A)$ を「B から見た A」と考えると，この系では二つの対象はあらゆる視点から見て同じだったら同じということをいっている（図 4.2）．（あひるの格好をしていて，あひるのように歩き，あひるのように鳴くならば，それはおそらくあひるだろう[†]．）

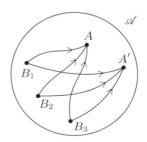

図 4.2 各 B について自然に $\mathscr{A}(B, A) \cong \mathscr{A}(B, A')$ ならば $A \cong A'$．

[†] ［第 3 刷の訳註］英国でダック・テスト (duck test) として知られている比喩．プログラミング言語におけるダック・タイピング (duck typing) もこれに由来する．

例 4.3.11 系 4.3.10 を $\mathscr{A} = \mathbf{Grp}$ の場合に考えてみよう．二つの群 A と A' が，任意の群 B について A も A' も「B からは同じに見える」（すなわち $H_A(B) \cong H_{A'}(B)$）と教えられたとしよう．たとえば，

- 自明な群 1 について $H_A(1) \cong H_{A'}(1)$．ただし A（や A'）が何であるかにかかわらず $H_A(1) = \mathbf{Grp}(1, A)$ は（$H_{A'}(1)$ も同様に）1 点集合であるため，何の情報も得られない．
- $H_A(\mathbb{Z}) \cong H_{A'}(\mathbb{Z})$．$H_A(\mathbb{Z})$ は A の台集合であり，A' についても同様だから，A と A' の台集合の間には全単射がある．しかし，これだけでは群構造はまったく異なっているかもしれない．
- 任意の素数 p について $H_A(\mathbb{Z}/p\mathbb{Z}) \cong H_{A'}(\mathbb{Z}/p\mathbb{Z})$．例 4.1.5 より，$A$ と A' は同数の素数位数の元をもつことがわかる．

これらの同型はいずれも，A と A' の類似性に関して部分的な情報を与えるにすぎない．しかしすべての群 B について $H_A(B) \cong H_{A'}(B)$ であり，かつこれが B について**自然**であれば，$A \cong A'$ である．

例 4.3.12 集合の圏は，この点において非常に珍しい性質をもっている．任意の集合 A について，

$$A \cong \mathbf{Set}(1, A) = H_A(1)$$

なので，$H_A(1) \cong H_{A'}(1)$ ならば $A \cong A'$ である．言い換えると，1 点集合からの眺めが同じであれば $\mathbf{Set}$ の二つの対象は同じである．これは集合でなじみのある特徴だ：集合について問題になるのはその元だけなのだ！

系 4.3.10 は，一般の圏について，二つの対象のすべての型の一般元たちが同じであれば，それらの対象が同じであることを示している．しかし集合の圏は特別な性質をもっている：対象を選んで，その 1 型一般元を特定するだけで，もとの対象が何であるか正確に演繹できる．

例 4.3.13 $G : \mathscr{B} \to \mathscr{A}$ を関手とし，F, F' をともに G の左随伴とする．すると各 $A \in \mathscr{A}$ について，

$$\mathscr{B}(F(A), B) \cong \mathscr{A}(A, G(B)) \cong \mathscr{B}(F'(A), B)$$

が $B \in \mathscr{B}$ について自然に成り立つ．よって $H^{F(A)} \cong H^{F'(A)}$ で，系 4.3.10 より $F(A) \cong F'(A)$ である．そして，この同型は A について自然だから $F \cong F'$ となる[13]．このことは，注意 2.1.2 (d) で主張したように，左随伴が一意的であることを示している．双対的に，右随伴も一意的である．演習問題 4.3.18 も参照のこと．

例 4.3.14 系 4.3.10 より，集合値関手が H^A と $H^{A'}$ の両方に同型ならば，$A \cong A'$ となる．よって関手は表現可能なら，それの表現対象[14]を**決定する**．たとえば，例 4.1.9 の関手

$$\mathbf{Bilin}(U, V; -) : \mathbf{Vect}_k \to \mathbf{Set}$$

を考えてみよう．系 4.3.10 より，W について自然に

$$\mathbf{Bilin}(U, V; W) \cong \mathbf{Vect}_k(T, W)$$

が成り立つ線型空間 T が同型を除いて**高々一つ**存在する[15]．このような線型空間 T は実際に存在することを示せる．このような線型空間 T はすべて同型だから，どれか一つを U と V のテンソル積[16]とよぶのは理にかなっている．

演習問題

4.3.15 補題 4.3.8 を証明せよ．

4.3.16 $\mathscr{A}$ を局所小圏とする．以下の各命題を（米田の補題を使わずに）直接証明せよ．

(a) $H_{\bullet} : \mathscr{A} \to [\mathscr{A}^{\mathrm{op}}, \mathbf{Set}]$ は忠実

(b) $H_{\bullet}$ は充満

---

[13] [訳註] A についての自然性の確認は，ここまでの理解を確かめるよい演習問題だ．

[14] [訳註] 表現 $X \cong H^A$（あるいは $X \cong H_A$）のときの A のこと．

[15] [訳註] 二つの表現 $H^T \cong \mathbf{Bilin}(U, V; -) \cong H^{T'}$ があるとき，この合成同型が $H^f : H^{T'} \xrightarrow{\sim} H^T$ と一致するような同型 $f : T \xrightarrow{\sim} T'$ がただ一つ存在する（系 4.3.7 の双対と補題 4.3.8 (b)）．これ (unique up to unique isomorphism) が補題 0.7 である．

[16] [訳註] 原著では *the* tensor product．

(c) $A \in \mathscr{A}$ と $\mathscr{A}$ 上の前層 X について，$X(A)$ が系 4.3.2 の意味で普遍的な元 u をもつならば，$X \cong H_A$ である．

4.3.17 第 4 章の理論を圏 $\mathscr{A}$ が離散圏の場合に解釈せよ．たとえば，前層とはどのようなものか，そのうちどれが表現可能か？ 米田の補題は何か？ その証明は短くなるだろうか？ 米田の補題の系についてはどうだろう？

4.3.18 $\mathscr{B}$ を圏とし，$J: \mathscr{C} \to \mathscr{D}$ を関手とする．ここで J との合成で定義される，誘導された関手

$$J \circ - : [\mathscr{B}, \mathscr{C}] \to [\mathscr{B}, \mathscr{D}]$$

を考えよう．

(a) J が充満忠実ならば，$J \circ -$ もそうであることを示せ．

(b) J が充満忠実で，$G, G': \mathscr{B} \to \mathscr{C}$ について $J \circ G \cong J \circ G'$ ならば $G \cong G'$ であることを示せ．

(c) 右随伴の一意性を証明せよ．すなわち，$F: \mathscr{A} \to \mathscr{B}$ と $G, G': \mathscr{B} \to \mathscr{A}$ が $F \dashv G$ かつ $F \dashv G'$ ならば $G \cong G'$ であることを示せ．(ヒント：米田埋め込みは充満忠実である．)

第5章 極 限

極限とその双対概念の余極限は，普遍性への三番めのアプローチを与える．

随伴性は圏の**間**の関係に関するもので，表現可能性は**集合値**関手の性質である．極限は圏の**内部**で起こることに関するものである．

極限の概念は数学における慣れ親しんだ多くの構成法を統一する．圏の対象と射から新しい対象を構成する方法に出くわしたなら，それは極限または余極限である可能性が高い．たとえば群論において，群の間の群準同型から，新しい群としてその核を構成できる．この構成は群の圏における極限の一例である．あるいは二つの自然数には最小公倍数があるが，これは可除性によって順序づけられた自然数の順序集合における余極限の例になっている．

5.1 極限：定義と例

極限の定義は非常に一般的である．まず，積，イコライザ，引き戻しといった，とりわけ有用な種類の極限を調べることにより定義を完成させる．

積

集合 X と Y のおなじみの直積 $X \times Y$ は，その元が X の元と Y の元の組[1]であるという性質によって特徴づけられている．元とは 1 からの関数だっ

---

[1] ［訳註］原著では together with となっている語句を「組」と訳した．これが文字どおり (a,b) のように組 (pair) になっているかどうかは重要でない．

130 第5章 極　限

たから，関数 $1 \to X \times Y$ は関数 $1 \to X$ と $1 \to Y$ の組ということだ．

ちょっと考えれば，1 を残らず任意の集合 A に変えても同じことが成り立つとわかる．（言い換えると，$X \times Y$ の A 型一般元は，X の A 型一般元と Y の A 型一般元の組と同じである．）

$$\text{射 } A \to X \times Y$$

と

$$\text{射の組 } (A \to X, A \to Y)$$

の間の全単射は，射影関数

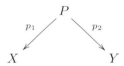

を合成することで得られる．これは次の定義を示唆する．

定義 5.1.1 $\mathscr{A}$ を圏とし，$X, Y \in \mathscr{A}$ を取る．X と Y の**積** (product) とは，対象 P と射

$$\begin{array}{ccc} & P & \\ {}^{p_1}\swarrow & & \searrow^{p_2} \\ X & & Y \end{array}$$

であって，$\mathscr{A}$ の任意の対象と射

$$\begin{array}{ccc} & A & \\ {}^{f_1}\swarrow & & \searrow^{f_2} \\ X & & Y \end{array} \tag{5.1}$$

について，

$$\begin{array}{c} A \\ {\scriptstyle\bar{f}}\Big\downarrow \\ {}^{f_1}\swarrow \; P \; \searrow^{f_2} \\ \swarrow_{p_1} \; \searrow^{p_2} \\ X \hspace{2em} Y \end{array} \tag{5.2}$$

が可換になるような射 $\bar{f}: A \to P$ がただ一つ存在するという性質をもつもの

のことである．射 p_1, p_2 は**射影** (projection) とよばれる．

注意 5.1.2 (a) 積はつねに存在するとは限らない．たとえば，$\mathscr{A}$ を二つの対象からなる離散圏

$$X\bullet \qquad \bullet Y$$

としよう．すると X と Y は積をもたない．しかし圏の対象 X と Y が積をもつとしたら，それは同型を除いて一意的である．（このことは補題 2.1.8 とほとんど同じように直接証明できるし，系 6.1.2 からも従う．）このことから X と Y の積[2]という言い回しが正当化される．

(b) 厳密にいうと，積は対象 P と射影 p_1, p_2 のことである．ただ略式に，たいてい P が単独で X と Y の積として言及され，P は $X \times Y$ と書かれる．

例 5.1.3 任意の二つの集合 X と Y は **Set** に積をもつ．これは通常の直積 $X \times Y$ に通常の射影関数 p_1, p_2 を付与したものである．

これが本当に定義 5.1.1 の意味で積になっていることを確認しよう．図式 (5.1) のような集合と関数を取り，$\bar{f} : A \to X \times Y$ を $\bar{f}(a) = (f_1(a), f_2(a))$ と定義する．すると $i = 1, 2$ について $p_i \circ \bar{f} = f_i$ だから，$P = X \times Y$ とした図式 (5.2) は可換になっている．さらにこれは図式 (5.2) を可換にする**唯一**の射である．これをみるために，$\bar{f}$ の代わりに $\hat{f} : A \to X \times Y$ もまた (5.2) を可換にしたと仮定する．$a \in A$ について，$\hat{f}(a) = (x, y)$ と書く．すると

$$f_1(a) = p_1(\hat{f}(a)) = p_1(x, y) = x$$

となり，同様に $f_2(a) = y$ となる．ゆえに $\hat{f}(a) = (f_1(a), f_2(a)) = \bar{f}(a)$ が任意の $a \in A$ について成り立つので，望みどおり $\hat{f} = \bar{f}$ が得られた．

一般に，どんな圏でも図式 (5.2) の射 $\bar{f}$ は，通常は (f_1, f_2) と書かれる．

例 5.1.4 位相空間の圏において，任意の二つの対象 X と Y は積をもつ．これは積位相と標準的な射影を備えた集合 $X \times Y$ である．積位相は，関数

$$\begin{array}{rcl} A & \to & X \times Y \\ t & \mapsto & (x(t), y(t)) \end{array}$$

---

[2] [訳註] 原著では *the* product.

が連続になることと，各座標について連続（つまり両方の関数
$$t \mapsto x(t), \quad t \mapsto y(t)$$
が連続）であることが同値になるように意図的に設計されたものである．これは任意の位相空間 A について成り立つことだが，その考え方はおそらく $A = \mathbb{R}$ で t を時刻のパラメータとみたときに最も直観に訴えるだろう．

密接に関連した命題に，積位相は二つの射影が連続になる $X \times Y$ 上の最弱の位相というものがある．ここで「最弱の」とは，p_1, p_2 が連続になるような $X \times Y$ 上の位相 $\mathcal{T}$ を考えると，積位相における $X \times Y$ の開部分集合は $\mathcal{T}$ でもまた開であるということだ．ゆえに，積位相を定義するには，射影が連続になるのに十分なだけの部分集合を開と宣言すればよい．

例 5.1.5 X と Y を線型空間とすると，直和 $X \oplus Y$ を構成でき，その元は趣向に応じて (x, y) や $x + y$ と書かれる $(x \in X, y \in Y)$．線型の射影

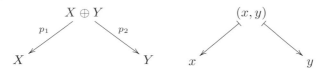

が存在するが，$X \oplus Y$ に p_1, p_2 を合わせたものは，線型空間の圏において X と Y の積であることを示すことができる（演習問題 5.1.33）．

例 5.1.6（順序集合の元） (a) $x, y \in \mathbb{R}$ について，最小値 $\min\{x, y\}$ は
$$\min\{x, y\} \leq x, \quad \min\{x, y\} \leq y$$
を満たし，さらに $a \in \mathbb{R}$ が
$$a \leq x, \quad a \leq y$$
ならば，$a \leq \min\{x, y\}$ となる．このことは順序集合 $(\mathbb{R}, \leq)$ を圏とみなしたとき，$x, y \in \mathbb{R}$ の積は $\min\{x, y\}$ であるということを正確に意味している．順序集合に対応する圏では，すべての図式は可換だから積の定義は単純になる．

(b) 集合 S を固定し，$X, Y \in \mathscr{P}(S)$ を取る．すると $X \cap Y$ は
$$X \cap Y \subseteq X, \quad X \cap Y \subseteq Y$$

を満たし，さらに $A \in \mathscr{P}(S)$ が

$$A \subseteq X, \quad A \subseteq Y$$

を満たすとき, $A \subseteq X \cap Y$ となる性質をもつ．このことは, 順序集合 $(\mathscr{P}(S), \subseteq)$ を圏と思ったとき, X と Y の積が $X \cap Y$ であるということを意味している.

(c) $x, y \in \mathbb{N}$ について，その最大公約数 $\gcd(x, y)$ は

$$\gcd(x,y) \mid x, \quad \gcd(x,y) \mid y$$

を満たし（公約数とはそういうものだ！），さらに $a \in \mathbb{N}$ が

$$a \mid x, \quad a \mid y$$

を満たすとき, $a \mid \gcd(x, y)$ となる性質をもつ．このことは，順序集合 $(\mathbb{N}, \mid)$ を圏と思ったとき, x と y の積が $\gcd(x, y)$ であることを意味している．

一般に $(A, \leq)$ を順序集合とし, $x, y \in A$ を取る. x と y の**下界** (lower bound) とは $a \leq x$ かつ $a \leq y$ なる元 $a \in A$ のことである. x と y の**最大下界** (greatest lower bound)[3] あるいは**交わり** (meet) とは, x と y の下界 z であって，さらに x と y の任意の下界 a について $a \leq z$ となる性質をもつもののことである．

順序集合を圏とみなしたとき，交わりはまさしく積である．これはつねに存在するとは限らないが，存在するなら一意的である[4]．x と y の交わりは普通は $x \times y$ よりは $x \wedge y$ と書かれる．ゆえに，上の三つの例において

$$x \wedge y = \min\{x, y\}, \quad X \wedge Y = X \cap Y, \quad x \wedge y = \gcd(x, y)$$

だが，二番めの例がこの記法の起源である．

これまで二つの対象の積 $X \times Y$ を論じてきた．いわゆる**二項積** (binary product) である．しかし 2 という数字にこだわる理由はない．$X \times Y \times Z$ について論じることも，無限個の対象の積を論じることも同様にうまくいく．定義は最も自明な方法で変更すれば得られる．

---

[3] ［訳註］「下限 (infimum)」ともいう．例 5.1.8 も参照されたい．
[4] ［訳註］順序集合では，同型ならば等号（同一）だからである（反対称律）．

定義 5.1.7 $\mathscr{A}$ を圏とし，I を集合とする．$\mathscr{A}$ の対象の族 $(X_i)_{i \in I}$ の**積**は，対象 P と射の族

$$\left(P \xrightarrow{p_i} X_i \right)_{i \in I}$$

であって，$\mathscr{A}$ の任意の対象 A と射の族

$$\left(A \xrightarrow{f_i} X_i \right)_{i \in I} \tag{5.3}$$

について，$p_i \circ \bar{f} = f_i$ がすべての $i \in I$ で成り立つような射 $\bar{f} : A \to P$ がただ一つ存在するという性質をもつものからなる．

注意 5.1.2 はこの定義にも当てはまる．積 P が存在するとき，P を $\prod_{i \in I} X_i$ と，射 $\bar{f}$ を $(f_i)_{i \in I}$ と書く．射 f_i は射 $(f_i)_{i \in I}$ の**成分** (component) とよばれる．I に 2 点集合を取れば，特別な場合として二項積の定義が復元される．

例 5.1.8 順序集合において，二項から一般の積への拡張は自明な方法でうまくいく．つまり，順序集合 $(A, \leq)$ が与えられると，族 $(x_i)_{i \in I}$ の**下界**とは，任意の $i \in I$ について $a \leq x_i$ となる元 $a \in A$ のことである．そしてこの族の**最大下界**あるいは**交わり**とは，ほかのどの下界よりも大きな下界のことで，$\bigwedge_{i \in I} x_i$ と書かれる．これは $(A, \leq)$ での積である．

たとえば，$\mathbb{R}$ に通常の順序を入れた場合，族 $(x_i)_{i \in I}$ の交わりは $\inf \{ x_i \mid i \in I \}$ である[5]（よって交わりの存在は，inf の存在と同値である）．

例 5.1.9 添数集合 I が空のとき，積の定義には何が起こるだろう？ $\mathscr{A}$ を圏とする．一般に I で添数づけられた $\mathscr{A}$ の対象の族 $(X_i)_{i \in I}$ は関数 $I \to \mathrm{ob}(\mathscr{A})$ のことである．I が空のとき，そのような関数はちょうど一つ存在する．つまり，**空族** (empty family) というちょうど一つの族 $(X_i)_{i \in \emptyset}$ が存在する．同様に，I が空のとき，各 $A \in \mathscr{A}$ についてちょうど一つの族 (5.3) が存在する．

ゆえに空族の積とは，$\mathscr{A}$ の対象 P で $\mathscr{A}$ の各対象 A についてただ一つの射 $\bar{f} : A \to P$ が存在するものからなる．(条件「任意の $i \in I$ について $p_i \circ \bar{f} = f_i$」は自明に成り立つ.) 言い換えると，空族の積とはまさに終対象のことである．

これまで 1 で終対象を表してきた．これは **Set**, **Top**, **Ring**, **Grp** といっ

---

[5] [訳註] $\inf \{ x_i \mid i \in I \} = -\infty$ となり得る inf の定義を採用している場合，これを「$\{ x_i \mid i \in I \}$ には inf が存在しない」と読み替える必要がある．

た圏において，終対象が一つの元しかもたないことによって正当化されるからだ．いま，終対象が空の積であることをみたが，これは初等的な算術の文脈では 1 に相当する．これが記法に関係する二番めの理由である．

例 5.1.10 圏 $\mathscr{A}$ の対象 X と，集合 I を考える．定族 $(X)_{i \in I}$ の積 $\prod_{i \in I} X$ は存在するなら X^I と書かれ，X の**べき** (power) とよばれる．

Set におけるべきは 3.1 節に現れた．X が集合のとき，X^I は I から X への関数の集合で，$\mathbf{Set}(I, X)$ とも書かれる．

イコライザ

二番めの種類の極限を定義するには，準備としての一片の用語が必要になる．圏における**フォーク** (fork) とは，対象と射

$$A \xrightarrow{f} X \underset{t}{\overset{s}{\rightrightarrows}} Y \tag{5.4}$$

であって，$sf = tf$ となるものからなる．

定義 5.1.11 $\mathscr{A}$ を圏とし，$X \underset{t}{\overset{s}{\rightrightarrows}} Y$ を $\mathscr{A}$ の対象と射とする．s と t の**イコライザ** (equalizer) とは，対象 E と射 $E \xrightarrow{i} X$ であって，

$$E \xrightarrow{i} X \underset{t}{\overset{s}{\rightrightarrows}} Y$$

がフォークになり，任意のフォーク (5.4) について

$$\begin{array}{c} A \\ \bar{f} \downarrow \searrow^{f} \\ E \xrightarrow{i} X \end{array} \tag{5.5}$$

が可換になる射 $\bar{f}: A \to E$ がただ一つ存在するという性質をもつものである．

積についての注意 5.1.2 はイコライザにも当てはまる．

例 5.1.12 **Set** におけるイコライザは既知だが (3.1 節)，これはまさに定義 5.1.11 の意味でのイコライザである．実際，集合と関数 $X \underset{t}{\overset{s}{\rightrightarrows}} Y$ を取り，

$$E = \{x \in X \mid s(x) = t(x)\}$$

として，包含写像を $i : E \to X$ と書く．すると $si = ti$ となっていて，フォークを得る．そして s, t 上のフォーク中で普遍的なことが確認できる．

イコライザは一つの方程式の解集合を記述するが，イコライザと積を組み合わせると，任意の連立方程式の解集合が記述できる．集合 Λ と

$$\left(X \underset{t_\lambda}{\overset{s_\lambda}{\rightrightarrows}} Y_\lambda \right)_{\lambda \in \Lambda}$$

なる **Set** における射の組の族について，解集合

$$\{x \in X \mid \text{すべての } \lambda \in \Lambda \text{ について } s_\lambda(x) = t_\lambda(x)\}$$

は二つの関数

$$X \underset{(t_\lambda)_{\lambda \in \Lambda}}{\overset{(s_\lambda)_{\lambda \in \Lambda}}{\rightrightarrows}} \prod_{\lambda \in \Lambda} Y_\lambda$$

のイコライザである（定義 5.1.7 の後に導入された記法を用いた）．これは

$$(s_\lambda)_{\lambda \in \Lambda}(x) = (t_\lambda)_{\lambda \in \Lambda}(x) \iff (s_\lambda(x))_{\lambda \in \Lambda} = (t_\lambda(x))_{\lambda \in \Lambda}$$
$$\iff \text{すべての } \lambda \in \Lambda \text{ について } s_\lambda(x) = t_\lambda(x)$$

が $x \in X$ について成り立つという観察からわかる．

例 5.1.13 位相空間の間の連続写像 $X \underset{t}{\overset{s}{\rightrightarrows}} Y$ を考えると，集合の圏の中でイコライザと包含写像 $i : E \to X$ を構成できる．E は位相空間 X の部分集合なので，E に X からの部分位相を導入できる．すると i は連続写像である．位相空間 E は i とともに s と t のイコライザである．

これを示すには，**Top** のフォーク (5.4) について誘導される射 $\bar{f}$ が連続なことを示せばよい．このことは，包含写像が連続になるような最小の位相という部分位相の定義から従う[6]．例 5.1.4 の積についての注意と比べてみよう．

例 5.1.14 例 0.8 のとおり，群準同型 $\theta : G \to H$ はフォーク

$$\ker \theta \overset{\iota}{\hookrightarrow} G \underset{\varepsilon}{\overset{\theta}{\rightrightarrows}} H$$

---

[6] ［訳註］E の開集合 V は，X の開集合 $U \subseteq X$ を用いて $V = U \cap E$ という形をしている．**Top** のフォーク (5.4) について，$\bar{f}^{-1}(V) = \bar{f}^{-1}(U \cap E) = \bar{f}^{-1}(i^{-1}U) = f^{-1}U$ は A の開集合だから，$\bar{f}$ は連続である．

を引き起こす．ここで ι は包含写像で，ε は自明な群準同型写像である．これは **Grp** におけるイコライザである．これを示すには，これまで $\bar{f}$ とよばれてきた写像が群準同型であることを示せばよいが，それは読者に任せる．

ゆえに，核はイコライザの特殊な場合なのだ．

例 5.1.15 $V \overset{s}{\underset{t}{\rightrightarrows}} W$ を線型空間の間の線型写像としよう．線型写像 $t - s : V \to W$ があり，線型空間の圏における s と t のイコライザは線型空間 $\ker(t - s)$ と包含 $\ker(t - s) \hookrightarrow V$ である．

引き戻し

一般的な定義の定式化の前にもう一種の極限を調べよう．

定義 5.1.16 $\mathscr{A}$ を圏とする．$\mathscr{A}$ の対象と射

$$\begin{array}{c} & Y \\ & \downarrow t \\ X \xrightarrow{s} & Z \end{array} \tag{5.6}$$

について，**引き戻し** (pullback) とは

$$\begin{array}{ccc} P & \xrightarrow{p_2} & Y \\ p_1 \downarrow & & \downarrow t \\ X & \xrightarrow{s} & Z \end{array} \tag{5.7}$$

が可換になる対象 $P \in \mathscr{A}$ と射 $p_1 : P \to X, p_2 : P \to Y$ であって，$\mathscr{A}$ の任意の可換四角図式

$$\begin{array}{ccc} A & \xrightarrow{f_2} & Y \\ f_1 \downarrow & & \downarrow t \\ X & \xrightarrow{s} & Z \end{array} \tag{5.8}$$

について

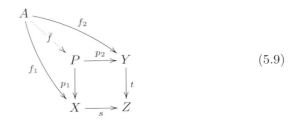

(5.9)

が可換になるような射 $\bar{f} : A \to P$ がただ一つ存在するという性質をもつものである．(四角形図式の可換性はすでに与えられているので，(5.9) が可換とは，単に $p_1 \bar{f} = f_1, p_2 \bar{f} = f_2$ を意味する．)

注意 5.1.2 が再び適用される．

(5.7) を**引き戻し四角形** (pullback square) とよぶ．引き戻しの別名に**ファイバー積** (fibred product) もある．この名前は，Z が終対象（そして s, t は可能な唯一の射たち）のとき，図式 (5.6) の引き戻しは単に X と Y の積であるという事実からも部分的に説明される．

例 5.1.17（**Set** における引き戻し）　**Set** における図式 (5.6) の引き戻しは，

$$P = \{(x, y) \in X \times Y \mid s(x) = t(y)\}$$

に $p_1(x, y) = x, p_2(x, y) = y$ で射影 p_1, p_2 を付与したものである．

Set における一般の引き戻しにはなじみがないかもしれないが，これまでに出合ったことがあるだろう実例が少なくとも二つある．

(a) 集合と関数における基本的な構成に逆像の構成がある．これは引き戻しの実例である．実際，関数 $f : X \to Y$ と部分集合 $Y' \subseteq Y$ について，新しい集合としてその逆像

$$f^{-1}Y' = \{x \in X \mid f(x) \in Y'\} \subseteq X$$

と新しい関数

$$\begin{array}{rcl} f' : & f^{-1}Y' & \to & Y' \\ & x & \mapsto & f(x) \end{array}$$

が得られる．また包含写像 $j : Y' \hookrightarrow Y$ と $i : f^{-1}Y' \hookrightarrow X$ もある．これらをすべて合わせて可換四角形図式

5.1. 極限：定義と例

$$\begin{CD} f^{-1}Y' @>{f'}>> Y' \\ @V{i}VV @VV{j}V \\ X @>>{f}> Y \end{CD} \tag{5.10}$$

が得られる．この四角形の右下の (X, Y, Y', f, j) というデータから出発して，四角形の残りの部分 $(f^{-1}Y', f', i)$ を構成したのだ．

四角形 (5.10) は引き戻しである．このことを詳しく確認しよう．勝手に

$$\begin{CD} A @>{h}>> Y' \\ @V{g}VV @VV{j}V \\ X @>>{f}> Y \end{CD}$$

という可換四角形図式を取ったとき

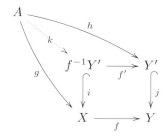

が可換になるような射 $k : A \to f^{-1}Y'$ が一意的に存在することを示す必要がある．一意性を示すために，k を図式を可換にする射とする．すると任意の $a \in A$ について $i(k(a)) = g(a)$ なので $k(a) = g(a)$ となり，k は一意的に決まる．存在を示すために，まず任意の $a \in A$ について $f(g(a)) = j(h(a)) \in Y'$ なので $g(a) \in f^{-1}Y'$ に注意しよう．したがって，任意の $a \in A$ について $k : A \to f^{-1}Y'$ を $k(a) = g(a)$ によって定義できる．このとき任意の $a \in A$ について，$i(k(a)) = k(a) = g(a)$ かつ

$$f'(k(a)) = f(k(a)) = f(g(a)) = j(h(a)) = h(a)$$

なので，望みどおり $i \circ k = g$, $f' \circ k = h$ である．

(b) 部分集合の共通部分も引き戻しの別の例を与える．実際 X, Y を集合 Z

の部分集合とする．すると

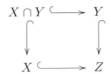

は引き戻し四角形である．ここですべての矢印は部分集合からの包含である．

実際，$X \cap Y$ は包含写像 $X \hookrightarrow Z$ による $Y \subseteq Z$ の逆像なので，これは (a) の特別な場合である．

射 $f : X \to Y$ と Y の部分集合 Y' があるという例 5.1.17 (a) の状況で，$f^{-1}Y'$ は f に沿って「Y' を引き戻して」得られるといわれることがある．これが引き戻しの名前の由来である．

極限の定義

これまでに積，イコライザ，引き戻しという三つの構成方法をみてきた．これらには明らかに共通性がある．どれもいくつかの対象と（イコライザと引き戻しの場合は）それらの間のいくつかの射から出発し，目的は新しい対象とそこからのもとの対象への射を，普遍性をもつように構成することだ．

このことをもっと綿密に分析してみよう．各構成方法の出発点となるデータは何だろう？ （二項）積では，それは対象の組

$$X \qquad Y \tag{5.11}$$

であった．イコライザでは，図式

$$X \xrightarrow[t]{s} Y \tag{5.12}$$

で，引き戻しでは，図式

$$\begin{array}{c} Y \\ \downarrow t \\ X \xrightarrow{s} Z \end{array} \tag{5.13}$$

である．

5.1. 極限：定義と例　**141**

　定義 4.1.25 において，一般元の概念を知り，幾何学的対象の中で「図」とはしばしばそこへの射で記述できることを理解した．たとえば，位相空間 A の中の曲線は射 $\mathbb{R} \to A$ と思える．同様に，圏 $\mathscr{A}$ の対象は関手 $D: \mathbf{1} \to \mathscr{A}$ と同じである．$\mathbf{1} = \boxed{\bullet}$ をラベルのついていない対象で，D を $\mathscr{A}$ の対象の名前を用いた $\mathbf{1}$ の無名対象のラベルづけと考えてみよう．同じように，$\mathbf{2} = \boxed{\bullet \to \bullet}$ とすると圏 $\mathscr{A}$ の射は関手 $\mathbf{2} \to \mathscr{A}$ である．（ここで $\mathbf{2}$ は二つの対象（たとえば $0, 1$ と名づけよう）からなる圏で，射 $0 \to 1$ が一つあり，恒等射を除いてそのほかの射はないような圏である．）最後に，$\mathbf{I}$ を

$$\mathbf{T} = \boxed{\bullet \quad \bullet}, \quad \mathbf{E} = \boxed{\bullet \rightrightarrows \bullet}, \quad \mathbf{P} = \boxed{\begin{array}{c} \quad \bullet \\ \downarrow \\ \bullet \to \bullet \end{array}} \tag{5.14}$$

のどれかの圏としよう．すると関手 $\mathbf{I} \to \mathscr{A}$ はそれぞれ $\mathscr{A}$ のデータ (5.11), (5.12), (5.13) と同じになる．

　いままさに小圏を記す書体 ($\mathbf{A}, \mathbf{B}, \mathbf{C}, \ldots$) を使い始めた．別の書体 ($\mathscr{A}, \mathscr{B}, \mathscr{C}, \ldots$) は一般の圏を表す．厳密には不必要だが，極限の理論において小圏と一般の圏はたいてい異なった役割を果たすから，この慣習は有益である．

定義 5.1.18　$\mathscr{A}$ を圏とし，$\mathbf{I}$ を小圏とする．関手 $\mathbf{I} \to \mathscr{A}$ は $\mathscr{A}$ における $\mathbf{I}$ 型図式 (diagram of shape $\mathbf{I}$) とよばれる．

　よって (5.11), (5.12), (5.13) は，それぞれ $\mathbf{T}, \mathbf{E}, \mathbf{P}$ 型図式である．

　$\mathbf{T}$ 型図式の積，$\mathbf{E}$ 型図式のイコライザ，$\mathbf{P}$ 型図式の引き戻しの定義はすでに知っている．これらを極限の定義によって統一しよう（図 5.1）．

定義 5.1.19　$\mathscr{A}$ を圏，$\mathbf{I}$ を小圏，$D: \mathbf{I} \to \mathscr{A}$ を $\mathscr{A}$ の図式とする．

(a) D 上の**錐** (cone) とは，対象 $A \in \mathscr{A}$ （錐の**頂点** (vertex)）と $\mathscr{A}$ の射の族

$$\left(A \xrightarrow{f_I} D(I) \right)_{I \in \mathbf{I}} \tag{5.15}$$

であって，$\mathbf{I}$ のすべての射 $I \xrightarrow{u} J$ について，三角形図式

$$\begin{array}{ccc} & & D(I) \\ & \nearrow^{f_I} & \\ A & & \downarrow {Du} \\ & \searrow_{f_J} & \\ & & D(J) \end{array}$$

第 5 章 極 限

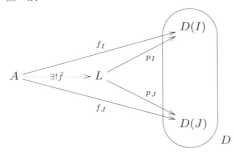

図 **5.1** 極限の定義.

が可換になるもののことである.(いまから $D(u)$ は Du と略記する.)

(b) D の**極限** (limit) とは,錐 $\left(L \xrightarrow{p_I} D(I)\right)_{I \in \mathbf{I}}$ であって,任意の D 上の錐 (5.15) について,すべての $I \in \mathbf{I}$ について $p_I \circ \bar{f} = f_I$ となるような射 $\bar{f} : A \to L$ がただ一つ存在するという性質をもつもののことである.射 p_I は極限の**射影**とよばれる.

注意 5.1.20 (a) 大ざっぱだが普遍性は,任意の $A \in \mathscr{A}$ について,射 $A \to L$ は頂点が A である D 上の錐と 1 対 1 に対応するといっている.(射 $g : A \to L$ は錐 $\left(A \xrightarrow{p_I g} D(I)\right)_{I \in \mathbf{I}}$ を引き起こし,極限の定義はこの工程が各 A について全単射ということだ.) 6.1 節において,この考え方を用いて,極限の定義の表現可能性による言い換えを行う.これより極限は,存在するならば,標準的な同型を除いて一意的であることが従う(系 6.1.2).あるいは一意性は,補題 2.1.8 のように通常の直接的な議論によっても証明できる.

(b) $\left(L \xrightarrow{p_I} D(I)\right)_{I \in \mathbf{I}}$ を D の極限とする.語を少し濫用して(錐の全体ではなく)L を指して D の極限とよび,強調のために,$\left(L \xrightarrow{p_I} D(I)\right)_{I \in \mathbf{I}}$ を**極限錐** (limit cone) とよぶこともある.本書では $L = \varprojlim_{\mathbf{I}} D$ と書く.注意 (a) は以下のように命題化できる:

$\varprojlim_{\mathbf{I}} D$ への射は D 上の錐である.

(c) 初めから型の圏 $\mathbf{I}$ を小圏と仮定することで,正式には小さい**極限** (small limit) に制限して考えている.本書では他種の極限にはほとんど興味がない.

例 **5.1.21**（極限の型[7]） $\mathscr{A}$ を圏とする．(5.14) の圏 **T**, **E**, **P** を思い出そう．

(a) $\mathscr{A}$ の **T** 型図式 D は，$\mathscr{A}$ の対象の組 (X, Y) である．D 上の錐は対象 A と射 $f_1 : A \to X$, $f_2 : A \to Y$（定義 5.1.1 のとおり）で，D の極限は X と Y の積である．

より一般的に，集合 I について I を離散圏と思ったものを **I** と表そう．関手 $D : \mathbf{I} \to \mathscr{A}$ は，I で添数づけられた $\mathscr{A}$ の対象の族 $(X_i)_{i \in I}$ で，D の極限は正確に族 $(X_i)_{i \in I}$ の積である．

とくに，空圏 $\emptyset$ からの一意的な関手 $\emptyset \to \mathscr{A}$ の極限は $\mathscr{A}$ の終対象である．

(b) $\mathscr{A}$ の **E** 型図式 D は，$\mathscr{A}$ の平行な射の組 $X \underset{t}{\overset{s}{\rightrightarrows}} Y$ である．D 上の錐は対象と射たち

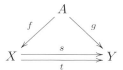

で $s \circ f = g$ かつ $t \circ f = g$ であるものからなる．しかし g は f から決まってしまうので，D 上の錐は対象 A と射 $f : A \to X$ で

$$A \xrightarrow{f} X \underset{t}{\overset{s}{\rightrightarrows}} Y$$

がフォークであるものという同値な言い換えができる．D の極限は s と t についての普遍的なフォークであるから，すなわち s と t のイコライザである．

(c) $\mathscr{A}$ の **P** 型図式 D は，$\mathscr{A}$ の対象と射

---

[7]［訳註］本書では，小圏 **I** からの関手 $D : \mathbf{I} \to \mathscr{A}$ について，極限を定義した．**I** を有向グラフとし，「割り当て」$D : \mathbf{I} \to \mathscr{A}$ について，極限を定義する流儀もある．圏 **T**, **E**, **P** には非自明な射の結合がないので，二つの流儀の議論はまったく同じ見た目になる．有向グラフから圏を（ある左随伴として）自由生成することができ，それによって有向グラフの図式の極限の概念は圏の図式の極限の概念に包摂される．F. Borceux, *Handbook of Categorical Algebra, Volume 1* (Cambridge University Press, 1994) の 5.1 節を参照されたい．

からなる．(b) と同様の単純化を行うと，D 上の錐は可換四角形図式 (5.8) であることがわかる．D の極限は引き戻しである．

(d) $\mathbf{I} = (\mathbb{N}, \leq)^{\mathrm{op}}$ とする．図式 $D : \mathbf{I} \to \mathscr{A}$ は対象と射

$$\cdots \xrightarrow{s_3} X_2 \xrightarrow{s_2} X_1 \xrightarrow{s_1} X_0$$

からなる[8]．たとえば，集合 X_0 とその部分集合の鎖

$$\cdots \subseteq X_2 \subseteq X_1 \subseteq X_0$$

を考える．包含写像によって **Set** の中に前述の図式が得られ，その極限は $\bigcap_{i \in \mathbb{N}} X_i$ である．多くの圏論研究者は古風な用語法とみなしているが，これや似たような文脈で極限は**逆極限** (inverse limit) といわれることがある．

一般に図式 D の極限は D 上の錐の圏[9]における終対象であるから，D 上の錐の極端な例ということになる．「極限」という語は，解析学にみられる類いの極限操作を指し示すというよりは，「境界にぎりぎり接して」の意味だと理解できる．しかしながらこの二つの考え方は，例 5.1.21 (d) で接点をもった．

注意 5.1.2 (a) でつねに極限が存在するわけではないと述べたことを除き，どのような極限が存在するかについてはこれまでほとんど言及しなかった．これからなじみのあるたくさんの圏で，すべての極限が存在することを示そう．実際，明示的にそれらを構成できるのだ．

例 5.1.22 $D : \mathbf{I} \to \mathbf{Set}$ について，$\varprojlim_{\mathbf{I}} D$ が存在するなら何であるべきか思考実験してみよう．(存在するかどうかはまだわからない．) もし存在するなら

$$\varprojlim_{\mathbf{I}} D \cong \mathbf{Set}\left(1, \varprojlim_{\mathbf{I}} D\right)$$

$$\cong \{\,\text{頂点が 1 である } D \text{ 上の錐}\,\}$$

$$\cong \{(x_I)_{I \in \mathbf{I}} \mid I \in \mathbf{I} \text{ について } x_I \in D(I) \text{ で,}$$

$$\mathbf{I} \text{ のすべての } I \xrightarrow{u} J \text{ について } (Du)(x_I) = x_J\} \quad (5.16)$$

となる．ここで二番めの同型は注意 5.1.20 (a) により，三番めの同型は錐の

---

[8]［訳註］(b) と同様の単純化を行っている．
[9]［訳註］正確な意味は 6.1 節で扱われる．

定義による．実際 (5.16) は**本当に Set における D の極限**であり，その射影 $p_J : \varprojlim_{\mathbf{I}} D \to D(J)$ は $p_J((x_I)_{I \in \mathbf{I}}) = x_J$ で与えられる（演習問題 5.1.37）．よって **Set** において，すべての極限は存在する．

例 5.1.23 同じ公式が **Grp**, **Ring**, **Vect**$_k$, ... といった代数の圏における極限を与える．もちろん集合 (5.16) 上の群なり，環なりの構造が何かをいう必要があるが，それは考えられる限り最も直接的な方法で機能する．たとえば **Vect**$_k$ では，$(x_I)_{I \in \mathbf{I}}, (y_I)_{I \in \mathbf{I}} \in \varprojlim_{\mathbf{I}} D$ について

$$(x_I)_{I \in \mathbf{I}} + (y_I)_{I \in \mathbf{I}} = (x_I + y_I)_{I \in \mathbf{I}}$$

とする．

例 5.1.24 同じ公式が **Top** における極限も与える．集合 (5.16) 上の位相は，すべての射影が連続になる最弱のものである．

定義 5.1.25 (a) $\mathbf{I}$ を小圏とする．圏 $\mathscr{A}$ が **$\mathbf{I}$ 型の極限をもつ**とは，$\mathscr{A}$ 中の任意の $\mathbf{I}$ 型の図式 D について D の極限が存在することをいう．

(b) 圏が**すべての極限をもつ**（または正確には**小さい極限をもつ**）とは，任意の小圏 $\mathbf{I}$ について $\mathbf{I}$ 型の極限をもつことをいう．

ゆえに，**Set**, **Top**, **Grp**, **Ring**, **Vect**$_k$, ... はどれもすべての極限をもつ．同様の用語法が，特殊な極限について適用される（たとえば「引き戻しをもつ」など）．有限の極限はとくに重要である．定義より，圏が**有限** (finite) とは有限個だけの射をもつことである（この場合は対象もまた有限個しかない）．**有限極限** (finite limit) とは有限圏 $\mathbf{I}$ についての $\mathbf{I}$ 型極限のことである．たとえば，二項積，終対象，イコライザ，引き戻しはすべて有限極限である．

次の結果より，すべての極限は，少数の基本的な極限から構成できる．

命題 5.1.26 $\mathscr{A}$ を圏とする．

(a) $\mathscr{A}$ が任意の積とイコライザをもつならば，$\mathscr{A}$ はすべての極限をもつ．

(b) $\mathscr{A}$ が二項積と終対象とイコライザをもつならば，$\mathscr{A}$ は有限極限をもつ．

考え方を理解するため，**Set** における極限の公式 (5.16) を考えよう．そこ

では図式 D の極限は，積 $\prod_{I\in\mathbf{I}}D(I)$ の適当な方程式を満たす元からなる部分集合として記述された．例 5.1.12 では任意の連立方程式の解集合が，積とイコライザで記述できることを理解した．ゆえに **Set** における任意の極限は積とイコライザで記述できる．そして実際，同じ記述が任意の圏で有効だ．

いまこの考え方を，証明（演習問題 5.1.38）の準備としてより綿密に吟味してみよう．初めて読む読者は，次の二つの段落を飛ばして例 5.1.27 から再開するとよいかもしれない．

式 (5.16) は **Set** における図式 $D:\mathbf{I}\to\mathbf{Set}$ の極限は，$D(K)$ における等式

$$(Du)(x_J)=x_K$$

が，$\mathbf{I}$ の各射 $J\xrightarrow{u}K$ について成り立つような元 $(x_I)_{I\in\mathbf{I}}\in\prod_{I\in\mathbf{I}}D(I)$ からなると主張している．このような各射 u について，射

$$\prod_{I\in\mathbf{I}}D(I)\underset{t_u}{\overset{s_u}{\rightrightarrows}}D(K)$$

を

$$s_u((x_I)_{I\in\mathbf{I}})=(Du)(x_J),\quad t_u((x_I)_{I\in\mathbf{I}})=x_K$$

によって定義する．すると $\varprojlim_{\mathbf{I}} D$ は，$\mathbf{I}$ の各射 u について方程式 $s_u(x)=t_u(x)$ を満たす族 $x=(x_I)_{I\in\mathbf{I}}$ の集合である．例 5.1.12 より $\varprojlim_{\mathbf{I}} D$ は，

$$\prod_{I\in\mathbf{I}}D(I)\underset{t}{\overset{s}{\rightrightarrows}}\prod_{\mathbf{I}\text{ の }J\xrightarrow{u}K}D(K)$$

のイコライザである．ここで s,t はそれぞれ成分が s_u,t_u となる射である．

これまで **Set** における任意の極限を，積とイコライザを用いて記述した．この議論はもっぱら **Set** で行ったものだが，一般の圏でどうするべきかを示唆する．このことを念頭におけば命題 5.1.26 の証明は決まりきったものになるので，演習問題 5.1.38 として残しておこう．

例 5.1.27 コンパクト Hausdorff 空間と連続写像の圏を **CptHff** と書く．一般位相の古典的な演習問題にあるとおり，位相空間 X から Hausdorff 位相空間 Y への連続写像 s,t について，X の部分集合 $\{x\in X\mid s(x)=t(x)\}$ は閉

集合[10]で，これより **CptHff** はイコライザをもつ[11]．さらに Tychonoff の定理より（**Top** において）コンパクト空間の任意の積はコンパクトである．また，（**Top** において）Hausdorff 位相空間の任意の積が Hausdorff になることを示すのはやさしい．以上から **CptHff** は任意の極限をもつ．

例 5.1.28 例 5.1.15 を思い出そう．**Vect**$_k$ においては，核はイコライザを与える．命題 5.1.26 (b) より，**Vect**$_k$ における有限極限はつねに $\oplus$（二項直和），$\{0\}$ と核によって表される．同じことが **Ab** でも正しい[12]．

モノ

集合の間の関数について，単射性は重要な概念である．一般の圏では，単射性は意味をなさないが，類似の役割を果たす概念がある．

定義 5.1.29 $\mathscr{A}$ を圏とする．$\mathscr{A}$ の射 $X \xrightarrow{f} Y$ がモノ (monic)（あるいはモノ射 (monomorphism)）とは，任意の対象 A と射 $A \underset{x'}{\overset{x}{\rightrightarrows}} X$ について

$$f \circ x = f \circ x' \implies x = x'$$

が成り立つことである．

これは一般元の観点からの示唆的な言い換えができる：f がモノとは X の（同じ型の）すべての一般元 x, x' について $fx = fx' \implies x = x'$ となることである．ゆえにモノとは，単射性の一般元類似である．

例 5.1.30 **Set** においてモノと単射は同値である．実際 f が単射ならば確かに f はモノであり，逆をみるには $A = 1$ とすればよい．

例 5.1.31 **Grp**, **Vect**$_k$, **Ring** といった代数の圏でもまた，モノ射がまさしく単射である．この場合もやはり単射がモノであることを示すのはやさし

---

[10] [訳註] 一般に位相空間 Z が Hausdorff であることは，対角写像 $\Delta_Z : Z \to Z \times Z, z \mapsto (z,z)$ の像 $\mathrm{im}\,\Delta_Z$ が $Z \times Z$ の閉集合であることと同値である．したがって $\{x \in X \mid s(x) = t(x)\} = ((s \times t) \circ \Delta_X)^{-1}\,\mathrm{im}\,\Delta_Y$ は，Y が Hausdorff のとき X の閉集合である．ここで $s \times t : X \times X \to Y \times Y$ は $(x, x') \mapsto (s(x), t(x'))$ なる連続写像．

[11] [訳註] コンパクト空間 X の閉集合はコンパクトで，Hausdorff 空間の部分空間は Hausdorff だから，X からの誘導位相で $\{x \in X \mid s(x) = t(x)\}$ はコンパクト Hausdorff になる．

[12] [訳註] なお定義 5.1.25 の直後にあるとおり，**Vect**$_k$ も **Ab** もすべての極限をもつ．

い．逆をみるには F を自由関手（例 2.1.3）として $A = F(1)$ とすればよい．

なぜモノの定義が極限に関する章に出てくるのか？ その理由は：

補題 5.1.32 射 $X \xrightarrow{f} Y$ がモノであることと，四角形図式

$$\begin{array}{ccc} X & \xrightarrow{1} & X \\ {}_1\downarrow & & \downarrow{}^f \\ X & \xrightarrow{f} & Y \end{array}$$

が引き戻しであることは同値である．

証明 演習問題 5.1.41 で扱われる． □

この補題の意義は，極限についての結果を証明するたびに，モノについての結果が従うということだ．たとえば，これからすぐに **Grp**, **Vect**$_k$ などから **Set** への忘却関手が（これから定義される意味で）極限を保存することを示すが，このことから忘却関手がモノも保つことが従う．これは今度は，これらの圏においてモノが単射であることの別証明を与える．

演習問題

5.1.33 線型空間の圏において，二つの線型空間の積は直和であることを確認せよ（例 5.1.5）．

5.1.34 圏の対象と射 $E \xrightarrow{i} X \begin{smallmatrix} f \\ \longrightarrow \\ \longrightarrow \\ g \end{smallmatrix} Y$ を取る．これがイコライザならば

$$\begin{array}{ccc} E & \xrightarrow{i} & X \\ {}_i\downarrow & & \downarrow{}^g \\ X & \xrightarrow{f} & Y \end{array}$$

は必ず引き戻しになるか？ 逆はどうだろう？ 証明または反例を与えよ．

5.1.35 圏における可換図式

5.1. 極限：定義と例

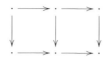

を考え，右の四角形は引き戻しと仮定する．左の四角形が引き戻しであることと，全体（外側）の四角形が引き戻しであることが同値なことを示せ．

5.1.36 $D: \mathbf{I} \to \mathscr{A}$ を図式とし，$\left(L \xrightarrow{p_I} D(I) \right)_{I \in \mathbf{I}}$ を D 上の極限錐とする．

(a) 射 $A \underset{h'}{\overset{h}{\rightrightarrows}} L$ がすべての $I \in \mathbf{I}$ について $p_I \circ h = p_I \circ h'$ を満たすならば $h = h'$ であることを示せ．

(b) $\mathbf{I}$ が二つの対象からなる離散圏で $\mathscr{A} = \mathbf{Set}$，$A = 1$ のときには (a) は何を意味しているか？ 圏論の用語は一切使わずに答えること．

5.1.37 例 5.1.22 における集合 (5.16) が本当に D の極限であることを示せ．

5.1.38 命題 5.1.26 をそれに続けて述べた方針に従って証明しよう．

(a) $\mathscr{A}$ を任意の積とイコライザをもつ圏とし，$D: \mathbf{I} \to \mathscr{A}$ を $\mathscr{A}$ における図式とする．射
$$\prod_{I \in \mathbf{I}} D(I) \underset{t}{\overset{s}{\rightrightarrows}} \prod_{\mathbf{I} \text{ 中の } J \xrightarrow{u} K} D(K)$$
を次のように定義する：$\mathbf{I}$ の $J \xrightarrow{u} K$ について，s の u 成分は合成
$$\prod_{I \in \mathbf{I}} D(I) \xrightarrow{\mathrm{pr}_J} D(J) \xrightarrow{Du} D(K)$$
で与えられ（ここで pr は積の射影を表す），t の u 成分は pr_K である．$L \xrightarrow{p} \prod_{I \in \mathbf{I}} D(I)$ を s と t のイコライザとし，p_I で p の I 成分を表すことにする．$\left(L \xrightarrow{p_I} D(I) \right)_{I \in \mathbf{I}}$ が D 上の極限錐であることを示せ（これで命題 5.1.26 (a) が示される）．

(b) 以上の議論を作り替え命題 5.1.26 (b) を証明せよ．

5.1.39 引き戻しと終対象をもつ圏は，すべての有限極限をもつことを示せ．

5.1.40 $\mathscr{A}$ を圏とし，$A \in \mathscr{A}$ とする．A の**部分対象** (subobject) とは，A へのモノの同型類のことである．より正確にいうと，モノを対象とする $\mathscr{A}/A$ の充満部分圏を $\mathbf{Monic}(A)$ としたとき，A の部分対象とは $\mathbf{Monic}(A)$ の対象の同型類である．

(a) $X \xrightarrow{m} A$ と $X' \xrightarrow{m'} A$ を **Set** におけるモノとする．m, m' が $\mathbf{Monic}(A)$ において同型であることと m, m' の像が同じであることが同値なことを示せ．A の部分対象は標準的に A の部分集合と 1 対 1 対応することを導け．

(b) (a) は **Set** において部分対象が部分集合であることをいっている．**Grp**, **Ring**, $\mathbf{Vect}_k$ における部分対象は何か？

(c) **Top** における部分対象は何か？（注意せよ！）

5.1.41 補題 5.1.32 を証明せよ．

5.1.42 圏における引き戻し四角形

を考えよう．m がモノなら m' もモノであることを示せ．（例 5.1.17 (a) より，このことは集合の圏では既知である．）

5.2 余極限：定義と例

極限の例が数学の至るところに現れることをみてきた．よって双対概念である余極限について吟味し，同じように遍在するか調べるのは意味がある．

双対化によりただちに余極限の定義を書き下すことができる．それから，和，余イコライザ，押し出しへと特殊化していくことにする．これらは積，イコライザ，引き戻しの双対である．

双対概念への命名法には一般的な慣習が二つある．一つは（極限，余極限やリミット，コリミットのように）接頭語「余」または「コ」を追加あるい

5.2. 余極限：定義と例

は削除することで，もう一つは（随伴のときのように）「左」，「右」を用いることだ．終対象，始対象や引き戻し，押し出しのように変則的な名前もある．

定義 5.2.1 $\mathscr{A}$ を圏，$\mathbf{I}$ を小圏とする．$\mathscr{A}$ の図式 $D : \mathbf{I} \to \mathscr{A}$ について，D^{op} で対応する関手 $\mathbf{I}^{\mathrm{op}} \to \mathscr{A}^{\mathrm{op}}$ を表す．D 上の**余錐** (cocone) とは D^{op} 上の錐であり，D の**余極限** (colimit) とは D^{op} の極限である．

明示的には，D 上の余錐とは対象 $A \in \mathscr{A}$（余錐の**頂点**）と $\mathscr{A}$ の射の族

$$\left(D(I) \xrightarrow{f_I} A\right)_{I \in \mathbf{I}} \tag{5.17}$$

で，$\mathbf{I}$ の任意の $I \xrightarrow{u} J$ について図式

$$\begin{array}{ccc} D(I) & \xrightarrow{f_I} & \\ {\scriptstyle Du}\downarrow & \searrow & A \\ D(J) & \xrightarrow{f_J} & \end{array}$$

が可換になるもののことである．D の余極限とは余錐

$$\left(D(I) \xrightarrow{p_I} C\right)_{I \in \mathbf{I}}$$

であって，D 上の任意の余錐 (5.17) について，任意の $I \in \mathbf{I}$ について $\bar{f} \circ p_I = f_I$ となるような射 $\bar{f} : C \to A$ がただ一つ存在するという性質をもつもののことである．付随する図は図 5.1 の鏡像[13]になる．

もちろん注意 5.1.20 はここにも同じように当てはまる．余極限（の頂点）を $\varinjlim_{\mathbf{I}} D$ と書いて，射 p_I を**余射影** (coprojection) とよぶ．

和

定義 5.2.2 **和** (sum) あるいは**余積** (coproduct) とは，離散圏上の余極限である．(すなわち離散圏 $\mathbf{I}$ についての $\mathbf{I}$ 型余極限のことである．)

$(X_i)_{i \in I}$ を圏の対象の族とする．この和は（もしも存在するならば）$\sum_{i \in I} X_i$ または $\coprod_{i \in I} X_i$ と書かれる．I が有限集合 $\{1, 2, \ldots, n\}$ のとき，$\sum_{i \in I} X_i$ を $X_1 + \cdots + X_n$ と書き，$n = 0$ なら 0 と書く．

---
[13]［訳註］図 5.1 の図式の矢印の向きを反転させたもののこと．

例 5.2.3 例 5.1.9 の双対により,空族の和はまさしく始対象である.

例 5.2.4 **Set** における和は 3.1 節で記述した.二項和の場合に,普遍性を詳しくみていこう.二つの集合 X_1, X_2 の和 $X_1 + X_2$ を構成し,包含写像

$$X_1 \xrightarrow{p_1} X_1 + X_2 \xleftarrow{p_2} X_2$$

を考える.これが余極限余錐であることを証明するには,以下の普遍性を証明すればよい:集合と関数の任意の図式

$$X_1 \xrightarrow{f_1} A \xleftarrow{f_2} X_2$$

について,

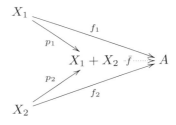

を可換にする射 $\bar{f} : X_1 + X_2 \to A$ がただ一つ存在する.さて,3.1 節では p_1, p_2 は単射でそれらの像は $X_1 + X_2$ を分割することを注意した.これは $X_1 + X_2$ の元 x は,ある $x_1 \in X_1$ について $p_1(x_1)$ と等しいか(この x_1 は一意的),あるいはある $x_2 \in X_2$ について $p_2(x_2)$ と等しいか(この x_2 は一意的)のどちらかが排他的に成り立っているということだ.そこで $\bar{f}(x)$ を前者の場合には $f_1(x_1)$,後者であれば $f_2(x_2)$ と定義できる.これによって図式を可換にする $\bar{f}$ が定義でき,明らかにこれがそのような唯一の関数である.

例 5.2.5 X_1 と X_2 を線型空間とする.$i_1(x_1) = (x_1, 0)$ と $i_2(x_2) = (0, x_2)$ で定義される線型写像

$$X_1 \xrightarrow{i_1} X_1 \oplus X_2 \xleftarrow{i_2} X_2 \qquad (5.18)$$

があり,これは **Vect**$_k$ における余極限余錐になっていることが確かめられる.ゆえに二項直和は圏論的な意味での和になっている.例 5.1.5 で $X_1 \oplus X_2$ は X_1 と X_2 の積でもある[14]ことを理解したのだから,このことは注目に値す

---

[14][訳註] このようなものは双積 (biproduct) とよばれている.厳密な定義は,三好博之,高木

る！　和と積がまったく違ったものである集合の圏（あるいはほかのほとんどの圏）と比べてみよう．

例 5.2.6　$(A, \leq)$ を順序集合とする．A における**上界** (upper bound) と**最小上界** (least upper bound)（あるいは**結び** (join)）が例 5.1.6 の定義を双対化することで定義され，双対性よりこれらは対応する圏においては和である．族 $(x_i)_{i \in I}$ の結びは $\bigvee_{i \in I} x_i$ と書かれる．二項（I が 2 点集合）の場合，x_1 と x_2 の結びは $x_1 \vee x_2$ と書かれる．空族（$I = \emptyset$）の結びは例 5.2.3 のとおり圏 A の始対象である．同じことだが，これは A の**最小元** (least element) である．つまり，任意の $a \in A$ について $0 \leq a$ が成り立つ $0 \in A$ である．

　たとえば $(\mathbb{R}, \leq)$ では，結びは上限で，最小元は存在しない．べき集合 $(\mathscr{P}(S), \subseteq)$ では結びは合併で，最小元は $\emptyset$ である．$(\mathbb{N}, |)$ では，結びは最小公倍数で，最小元は 1 である（1 は任意の数を割り切るから）．よって自然数におけるこの順序では 1 が最小だが，任意の数は 0 を割り切るので 0 が最大だ！

余イコライザ

　続けて **E** で圏 $\boxed{\bullet \rightrightarrows \bullet}$ を表すことにする．

定義 5.2.7　**余イコライザ** (coequalizer) とは，**E** 型余極限のことである．

　つまり，与えられた図式 $X \underset{t}{\overset{s}{\rightrightarrows}} Y$ について，s と t の余イコライザは射 $Y \xrightarrow{p} C$ で $p \circ s = p \circ t$ を満たし，さらにこれについて普遍性をもつものだ．

　余イコライザは商に似たものであることをみていく．しかし，まずは同値関係についての準備が必要になる．

注意 5.2.8　集合 A 上の二項関係 R は部分集合 $R \subseteq A \times A$ とみなせる．$(a, a') \in R$ を「a と a' は関係している」という意味に考えよう．A 上の関係 S で，別の関係 R を「含む」ものについて語ることができる．これは $R \subseteq S$ ということだ：a と a' が R 関係であれば，それらは S 関係でもある．

　集合 A 上の任意の二項関係 R について，R を含む最小の同値関係 $\sim$ が存

理訳『圏論の基礎』（丸善出版，2012 年）の第 VIII 章 2 節を参照されたい．

在するという事実を使う必要が生じる．これは R で**生成される**同値関係とよばれる．「最小の」とは，R を含む任意の同値関係が $\sim$ を含むということだ．

同値関係の族の共通部分は再び同値関係になるので，$\sim$ は R を含む A 上の同値関係すべての共通部分として構成できる[15]．しかし明示的な構成方法もある．大ざっぱな考え方は以下のとおりである：$(x,y) \in R$ を表すのに $x \to y$ と書くことにする．$a \sim a'$ であることと

$$a \to b \leftarrow c \leftarrow d \to e \leftarrow a'$$

のようなジグザグが a と a' の間に存在することは同値になるはずだ．これを正確にするために，まず A 上の関係 S を

$$S = \{(a,a') \in A \times A \mid (a,a') \in R \text{ または } (a',a) \in R\}$$

によって定義する（R を対称的関係に拡張したもの）．そして $\sim$ を次のように定義する：$a \sim a'$ であることと，ある $n \geq 0$ と $a_0, \ldots, a_n \in A$ が存在して

$$a = a_0,\ (a_0,a_1) \in S,\ (a_1,a_2) \in S,\ \ldots,\ (a_{n-1},a_n) \in S,\ a_n = a'$$

となることは同値．(これは対称律を保ちながら，反射律と推移律を強制する．)

次に 3.1 節から同値関係についていくつかの事実を思い出そう．A 上の同値関係 $\sim$ について，その同値類の集合 $A/\sim$ と商写像 $p : A \to A/\sim$ を構成できる．この商写像 p は全射で，任意の $a, a' \in A$ について $p(a) = p(a') \iff a \sim a'$ という性質をもっている．さらに任意の集合 B について，射 $A/\sim \to B$ が

$$\forall a, a' \in A, \quad a \sim a' \implies f(a) = f(a') \tag{5.19}$$

なる射 $f : A \to B$ と（p との合成によって）1 対 1 対応することも理解した．

最後に，$\sim$ が関係 R から生成されるときの普遍性について考えておこう．このとき条件 (5.19) は

$$\forall a, a' \in A, \quad (a,a') \in R \implies f(a) = f(a') \tag{5.20}$$

と同値である．(証明：A 上の同値関係 $\approx$ を $a \approx a' \iff f(a) = f(a')$ によって定義する．条件 (5.19) は $\sim \subseteq \approx$ と同値で，条件 (5.20) は $R \subseteq \approx$ と同値だ

---

[15] [訳註] 自明な二項関係 $R = A \times A$ は同値関係であることにも注意しよう．

が，〜は R を含む最小の同値関係だったので，これらの条件は同値である.）要するに，任意の集合 B について，射 $A/\sim \to B$ は条件 (5.20) を満たす関数 $f : A \to B$ と 1 対 1 に対応する．

例 5.2.9 集合と関数 $X \underset{t}{\overset{s}{\rightrightarrows}} Y$ を考える．s と t の余イコライザを見出すには，何らかの標準的な方法で集合 C と，すべての $x \in X$ について $p(s(x)) = p(t(x))$ となる関数 $p : Y \to C$ を構成しなければならない．よって，〜をすべての $x \in X$ について $s(x) \sim t(x)$ で生成される Y 上の同値関係とする.（言い換えると，〜は Y 上の関係

$$R = \{(s(x), t(x)) \mid x \in X\}$$

で生成される.）商写像 $p : Y \to Y/\sim$ を考えよう．注意 5.2.8 で述べた対応によって，これは確かに s と t の余イコライザになっている．

例 5.2.10 **Ab** の任意の射の組 $A \underset{t}{\overset{s}{\rightrightarrows}} B$ について，$t - s : A \to B$ は B の部分アーベル群 $\mathrm{im}(t-s)$ を生じる．s と t の余イコライザは，標準的な準同型 $B \to B/\mathrm{im}(t-s)$ である.（例 5.1.15 と比べてみよう.）

押し出し

定義 5.2.11 押し出し (pushout) とは

$$\mathbf{P}^{\mathrm{op}} = \begin{array}{|c|} \hline \bullet \longrightarrow \bullet \\ \downarrow \\ \bullet \\ \hline \end{array}$$

型の余極限である．

言い換えると，図式

$$\begin{array}{ccc} X & \xrightarrow{s} & Y \\ {\scriptstyle t}\downarrow & & \\ Z & & \end{array} \tag{5.21}$$

の押し出しとは,（存在するなら）可換図式

$$
\begin{CD}
X @>s>> Y \\
@VtVV @VVV \\
Z @>>> \cdot
\end{CD}
$$

であって，このようなものとして普遍的なものだ．さらに言い換えれば，圏 $\mathscr{A}$ の押し出しは，$\mathscr{A}^{\mathrm{op}}$ の引き戻しである．

例 5.2.12 **Set** において図式 (5.21) を考えてみよう．その押し出し P は $(Y+Z)/\sim$ である．ここで $\sim$ は，すべての $x \in X$ について $s(x) \sim t(x)$ で生成される $Y+Z$ 上の同値関係である．余射影 $Y \to P$ は $y \in Y$ をその P での同値類へと送る．余射影 $Z \to P$ についても同様である．

たとえば Y と Z を集合 A の部分集合としよう．すると

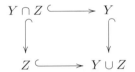

は **Set** における押し出し四角形である．（これは引き戻し四角形[16]でもある！ この一致は集合の圏の特別な性質の一つである．）このことは普遍性を証明するか，述べたばかりの公式から確認できる．いまの場合，公式は二つの集合 Y, Z を取り，二つを並べて置き $(Y+Z)$，そして Y の部分集合 $Y \cap Z$ を Z の部分集合 $Y \cap Z$ に貼り合わせる（結果 $(Y+Z)/\sim = Y \cup Z$ となる）．

例 5.2.13 $\mathscr{A}$ を始対象 0 をもつ圏とする．$Y, Z \in \mathscr{A}$ について，図式

が一意的に定まる．この押し出しは，ちょうど Y と Z の和である．

例 5.2.14 van Kampen の定理（例 0.9）は，**Top** における押し出しがさらなるいくつかの仮定を満たせば，基本群を取ることにより得られる **Grp** の図式も押し出しになることをいっている．

---

[16] [訳註] このような図式は双カルテシアン四角形 (bicartesian square) ともよばれる．

例 5.1.21 (d) の双対となっているもう一つの型の余極限がある．

例 5.2.15 図式 $D: (\mathbb{N}, \leq) \to \mathscr{A}$ は，$\mathscr{A}$ の対象と射

$$X_0 \xrightarrow{s_1} X_1 \xrightarrow{s_2} X_2 \xrightarrow{s_3} \cdots$$

からなる．このような図式の余極限は伝統的に**順極限** (direct limit) とよばれている．古い用語「逆極限」（例 5.1.21 (d)）と「順極限」はそれぞれ一般的な圏論用語「極限」と「余極限」によって不要になったが，知っておこう．

これらの例を念頭におき，**Set** における余極限の一般的な公式を書き下そう．

例 5.2.16 図式 $D: \mathbf{I} \to \mathbf{Set}$ の余極限は

$$\varinjlim_{\mathbf{I}} D = \left(\sum_{I \in \mathbf{I}} D(I) \right) \Big/ \sim$$

で与えられる．ここで $\sim$ は，$\mathbf{I}$ の $I \xrightarrow{u} J$ と $x \in D(I)$ について

$$x \sim (Du)(x)$$

で[17]生成される $\sum D(I)$ 上の同値関係である．このことを理解するために，任意の集合 A について，射

$$\left(\sum D(I) \right) \Big/ \sim \to A$$

は，すべての u と x について

$$f(x) = f((Du)(x))$$

が成り立つ射 $f: \sum D(I) \to A$ と 1 対 1 対応することに注意しよう（注意 5.2.8 による）．これは今度はすべての u と x について $f_I(x) = f_J((Du)(x))$ となる射の族 $\left(D(I) \xrightarrow{f_I} A \right)_{I \in \mathbf{I}}$ と対応するが，これはまさに頂点が A となる D 上の余錐である．

Set における極限の公式（例 5.1.22）と **Set** における余極限の公式の間に

---

[17] ［訳註］$p_I(x) \sim p_J((Du)(x))$ の略記法．ここで $\left(D(K) \xrightarrow{p_K} \sum D(I) \right)_{K \in \mathbf{I}}$ は D の余極限余錐（つまり p_K は直和の余射影）．例 5.2.12 でも同様の略記法が用いられた．

はある種の双対性がある．極限は**積**の**部分** (subset) として構成されるが，余極限は**和**の**商** (quotient) として構成される．

図 5.2 は極限と余極限の趣の違いを，とくに幾何学的な文脈で伝えようとするものだ．初等的な教科書では，曲面はほとんどいつでも Euclid 空間 $\mathbb{R}^3$ の部分集合とみなされ，球面 S^2 は典型的に

$$\{(x, y, z) \in \mathbb{R}^3 \mid x^2 + y^2 + z^2 = 1\}$$

と定義される．これは**積** $\mathbb{R}^3 = \mathbb{R} \times \mathbb{R} \times \mathbb{R}$ の**部分空間**であり，極限であることを示唆する．実際，射 $s, t : \mathbb{R}^3 \to \mathbb{R}$ が

$$s(x, y, z) = x^2 + y^2 + z^2, \quad t(x, y, z) = 1$$

と与えられるとき，球面はイコライザ

$$S^2 \hookrightarrow \mathbb{R}^3 \underset{t}{\overset{s}{\rightrightarrows}} \mathbb{R}$$

である．(**方程式**は**イコライザ**で捉えられる[18]．)

しかしより進んだ数学では，この視点はあまり用いられない．代わりに，曲面は各々が開円盤 D と同相なたくさんの小さなパッチの貼り合わせと理解される．たとえば原理的には，たくさんのパンク修理用パッチを貼り合わせる

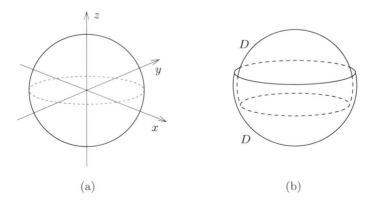

図 5.2 (a) 極限としての球面と (b) 余極限としての球面．

---
[18] [訳註] 原著ではそれぞれ *equation*, *equalizer* と強調されている．

ことで自転車のタイヤのチューブ全体を組み立てることもできる．図 5.2 (b) は二つの円盤を貼り合わせて作られた球面の単純な例を示している．これは球面を D の二つのコピーの和（非交和）の商（貼り合わせ）として写実し，球面を余極限として構成したことを示唆する．実際，球面は余イコライザ

$$S^1 \times (0,1) \rightrightarrows D + D \longrightarrow S^2$$

である．ここで S^1 は円周で，円柱 $S^1 \times (0,1)$ は D の二つのコピーの共通部分である（図 5.2 (b) の中央の帯）．そして $D + D$ への二つの射はそれぞれの D のコピーへの円柱の包含写像である．

極限の視点の不利な点は，恣意的な座標の選択をしてしまうことだ．一般的に空間は Euclid 空間への特定の埋め込みとは独立に存在する自立した対象として考えるのが最もよい．

余極限の視点の不利な点は，恣意的な分解の選択をしてしまうことだ．たとえば，球面を二つではなく三つのパッチに分解することもできるし，上で示したのとは異なる二つのパッチを使うこともできる．

余極限の視点は現代的な幾何学において優位に立っている．（多様体の定義に親しみがあるなら，アトラスは本質的には多様体を Euclid 球の余極限とみなす方法だとわかるだろう．）これの一つの理由は，たいていは射 $X \to \mathbb{R}$ のような X からの射に関心があるからだ．余極限からの射はやさしい：そこから出ていく射が何であるかは，まさに余極限の定義にあるとおりである．

エピ

定義 5.2.17 $\mathscr{A}$ を圏とする．$\mathscr{A}$ の射 $X \xrightarrow{f} Y$ が**エピ** (epic)（あるいは**エピ射** (epimorphism)）とは，任意の対象 Z と射 $Y \underset{g'}{\overset{g}{\rightrightarrows}} Z$ について

$$g \circ f = g' \circ f \implies g = g'$$

が成り立つことをいう．

これはモノの定義の形式的な双対である．（言い換えると，$\mathscr{A}$ のエピは $\mathscr{A}^{\mathrm{op}}$ のモノである．）これはある意味で全射の圏論版といえる．モノの定義は単射

の定義に密接に類似したものだった一方，エピの定義は全射の定義にそれほど似てはいないようにみえる．以下の例は全射が意味をもつ圏において，全射がエピと同じになるのはたまにしかないということを確認するものだ．

例 5.2.18 **Set** において，関数がエピであることと全射であることは同値である．f が全射ならば f は確かにエピである．逆をいうためには，Z を 2 点集合 $\{\mathtt{true}, \mathtt{false}\}$ とし，g を f の像の特性関数（3.1 節で定義した）とし，g' を値 $\mathtt{true}$ を返す恒等関数とすればよい．

圏における同型射は，モノかつエピである．**Set** においては，単射かつ全射な関数には逆関数が存在するから（例 1.1.5）逆も成り立つ．

例 5.2.19 代数の圏において，全射な射は確かにエピである．**Ab**, **Vect**$_k$, **Grp** を含むいくつかの圏では逆も正しい．（**Ab**, **Vect**$_k$ では証明は単刀直入だが，**Grp** ではもっと難しい[19]．）しかし逆が成り立たない代数の圏もある．たとえば **Ring** において，包含 $\mathbb{Z} \hookrightarrow \mathbb{Q}$ はエピだが全射ではない（演習問題 5.2.23）．これはモノかつエピだが同型でない射の例でもある．

例 5.2.20 Hausdorff 位相空間と連続写像の圏において，稠密な像をもつ射はエピである[20]．

もちろん，補題 5.1.32 の双対があって，エピであることとある種の四角形図式が押し出しであることが同値になる．

---

[19] [訳註] $f: G' \to G$ を **Grp** における射とし，$H = \mathrm{im}\, f$ とする．剰余類分解 $G = \sum_{[\pi] \in G/H} \pi H$ を考えよう．技巧的だが，集合 $X := \{*\} + (G/H)$ 上の全単射が合成をなす群 $\mathfrak{S}$ を考える（X の対称群）．二つの準同型 $\varphi_1: G \to \mathfrak{S}$, $g \mapsto \varphi_1(g)$ と $\varphi_2: G \to \mathfrak{S}$, $g \mapsto \sigma \circ \varphi_1(g) \circ \sigma$ が，以下を用いて定義できる（以下で $x \in X$）：

$$\varphi_1(g)(x) = \begin{cases} [g\pi] & (x = [\pi]) \\ * & (x = *), \end{cases} \quad \sigma(x) = \begin{cases} * & (x = [1_G]) \\ [1_G] & (x = *) \\ x & (それ以外). \end{cases}$$

このとき $\varphi_1 f = \varphi_2 f$ が簡単に確認できるので，f がエピならば $\varphi_1 = \varphi_2$ が従う．つまり $\forall g \in G$, $\varphi_1(g) \circ \sigma = \sigma \circ \varphi_1(g)$ である．もしも $|G/H| > 1$ とすると，ある $g \in G \setminus H$ がとれるが，$\varphi_1(g)(\sigma([1])) = *$ の一方で $\sigma(\varphi_1(g)([1])) = [g]$ となってしまうので，$G = H$ でなければならない．よって f が **Grp** のエピならば，f は集合論的全射である．

[20] [訳註] この圏でフォーク $X \xrightarrow{f} Y \underset{t}{\overset{s}{\rightrightarrows}} Z$ を考える．例 5.1.27 の訳註のとおり $C := \{y \in Y \mid s(y) = t(y)\}$ は Y の閉集合である．一方，$\mathrm{im}\, f \subset C$ で $\mathrm{im}\, f$ は稠密だから，閉包（例 2.2.7）を取ると $Y \subseteq C$ がわかる．すなわち $s = t$ である．逆に $f: X \to Y$ がこの圏のエピならば，$\mathrm{im}\, f$ は Y の稠密部分集合であることも示せる（F. Borceux, *Handbook of Categorical Algebra, Volume 1* (Cambridge University Press, 1994) の 1.8.5.c）．

5.2. 余極限：定義と例

演習問題

5.2.21 $X \xrightarrow[t]{s} Y$ を圏の射とする．以下の三つの同値性を証明せよ．

(a) $s = t$ であること

(b) s と t のイコライザが存在してそれが同型であること

(c) s と t の余イコライザが存在してそれが同型であること

5.2.22 (a) X を集合とし，$f : X \to X$ を関数とする．**Set** における $X \xrightarrow[1]{f} X$ の余イコライザをできるだけ明示的に記述せよ．

(b) **Top** で同じことを行え．X が S^1 のときに余イコライザが非可算無限集合に密着位相を入れたものになるような f を見つけよ．

5.2.23 (a) モノイドの圏において，包含 $(\mathbb{N}, +, 0) \hookrightarrow (\mathbb{Z}, +, 0)$ は，全射でないにもかかわらずエピであることを示せ．

(b) 環の圏において，包含 $\mathbb{Z} \hookrightarrow \mathbb{Q}$ は，全射でないにもかかわらずエピであることを示せ．

5.2.24 （演習問題 5.1.40 と比べること．）$\mathscr{A}$ を圏とし，$A \in \mathscr{A}$ とする．A の**商対象**を A からのエピの同型類と定義する．つまり，対象をエピとするような $A/\mathscr{A}$ の充満部分圏を $\mathbf{Epic}(A)$ とすると，A の商対象とは $\mathbf{Epic}(A)$ の対象の同型類のことである．

(a) **Set** におけるエピ $A \xrightarrow{e} X$ と $A \xrightarrow{e'} X'$ を考える．e, e' が $\mathbf{Epic}(A)$ で同型なことと，A 上に同じ同値関係を誘導することが同値なことを示せ．A の商対象と A 上の同値関係との間に標準的な 1 対 1 対応があることを導け．

(b) **Grp** においてエピは全射という（非自明な）事実を仮定して，群の商対象とその正規部分群の間には 1 対 1 対応があることを示せ．

（「商対象」という名前は標準的なものではないが，そもそも標準的な名前がない．「商対象」は間違いなく，次の演習問題たちで定義される**正則エピ**の同

型類に対してのほうがより適切だろう[21]）．

5.2.25 射 $m : A \to B$ が**正則モノ** (regular monic) とは，対象 C と射 $B \rightrightarrows C$ が存在して m がそのイコライザになることをいう．射 $m : A \to B$ が**分裂モノ** (split monic) とは，射 $e : B \to A$ が存在して $em = 1_A$ となることをいう．

(a) 分裂モノ $\implies$ 正則モノ $\implies$ モノを示せ．

(b) **Ab** において，任意のモノは正則モノだが，分裂するとは限らないことを示せ．（前半のヒント：**Ab** におけるイコライザは例 5.1.15 で計算した．）

(c) **Top** において正則モノを記述し，正則でないモノを見つけよ．

5.2.26 演習問題 5.2.25 の定義を双対化して，**正則エピ** (regular epic) と**分裂エピ** (split epic) の定義が得られる．

(a) 例 5.2.19 において，射がモノかつエピでも同型とは限らないことを理解した．任意の圏において，射が同型であることと，モノかつ正則エピであることは同値なことを示せ[22]．

(b) 本書の集合の圏は選択公理を満たすという仮定（3.1 節）を用いて，

$$\text{エピ} \iff \text{正則エピ} \iff \text{分裂エピ}$$

が **Set** において成り立つことを示せ．

(c) 圏 $\mathscr{A}$ が**選択公理**を満たすということを $\mathscr{A}$ の任意のエピが分裂することと定義しよう．**Top** も **Grp** も選択公理を満たさないことを証明せよ．

5.2.27 演習問題 5.1.42 の結果は「モノは引き戻しで保たれる」と言い換えられる．また二つのモノの合成が再びモノであることも事実であり，これをモノは「合成で閉じている」と表現する．

以下の 6 種の射を考えよう[23]．

---

[21]［訳註］**Top** における商対象などいくつかの具体的な商対象の例が，直観的に好ましくないからである．一方，「部分対象」はモノの同型類を指す言葉として定着しており，かつそれが多くの圏で適切な概念となっているが，正則モノの同型類（正則部分対象）のほうが適切である圏も少なくない．たとえば演習問題 5.2.25 (c) を参照のこと．

[22]［訳註］双対性原理から，同型射は「正則モノかつエピ」とも同値になる．

[23]［訳註］この問題のような話題は Jiří Adámek, Horst Herrlich, George E. Strecker, *Abstract and Concrete Categories: The Joy of Cats* (Wiley, 1990) に詳しい．

モノ，正則モノ，分裂モノ，エピ，正則エピ，分裂エピ

引き戻しで保たれるのはどれか決定せよ．また合成で閉じているのはどれか？

5.3 関手と極限の相互作用

例 5.1.23 において，**Grp**, **Ring**, **Vect**$_k$ といった圏における極限が，まずは集合の圏での極限を取って，その結果に適切な代数構造を与えることで計算できるのをみた．一方でこれらの圏における余極限は，**Set** における余極限とは似つかない．たとえば，**Grp** における始対象（これは一つの元をもつ）の台集合は **Set** の始対象（これは元をもたない）ではないし，二つの線型空間の直和 $X \oplus Y$ の台集合は X と Y の台集合の和ではない．よってこれらの忘却関手は極限とはうまく振る舞うが，余極限とは相性がよくないのだ．

本節において，これらの考えを正確に表現するための用語法を発展させる．

定義 5.3.1 (a) $\mathbf{I}$ を小圏とする．関手 $F: \mathscr{A} \to \mathscr{B}$ が $\mathbf{I}$ 型極限を保存するとは，任意の図式 $D: \mathbf{I} \to \mathscr{A}$ と D 上の任意の錐 $\left(A \xrightarrow{p_I} D(I)\right)_{I \in \mathbf{I}}$ について，

$$\left(A \xrightarrow{p_I} D(I)\right)_{I \in \mathbf{I}} \text{ が } \mathscr{A} \text{ における } D \text{ 上の極限錐}$$
$$\implies \left(F(A) \xrightarrow{Fp_I} FD(I)\right)_{I \in \mathbf{I}} \text{ が } \mathscr{B} \text{ における } F \circ D \text{ 上の極限錐}$$

が成り立つことである．

(b) 関手 $F: \mathscr{A} \to \mathscr{B}$ が**極限を保存する**とは，任意の小圏 $\mathbf{I}$ について $\mathbf{I}$ 型極限を保存することである[24]．

(c) 極限の**反射**[25](reflection) は，(a) の $\implies$ を $\impliedby$ に変えて定義される．

もちろん同じ用語法が余極限についても適用される．

保存の定義の異なる述べ方をしてみよう．関手 $F: \mathscr{A} \to \mathscr{B}$ が極限を保存するとは以下の性質が成り立つことと同値である：$D: \mathbf{I} \to \mathscr{A}$ が極限をもつ

---

[24] [訳註] F は連続 (continuous) ともよばれる．
[25] [訳註] 実際には「関手 F は極限を反射する」のような動詞として使われることが多い．原著でもそのような使われ方しか登場しない．

図式とすると，合成 $F \circ D : \mathbf{I} \to \mathscr{B}$ も極限をもち，標準的な射

$$F\left(\varprojlim_{\mathbf{I}} D\right) \to \varprojlim_{\mathbf{I}}(F \circ D)$$

は同型である．ここで「標準的な射」の I 成分は

$$F\left(\varprojlim_{\mathbf{I}} D\right) \xrightarrow{F(p_I)} F(D(I))$$

である．ここで p_I は D 上の極限錐の I 番めの射影とする．

とくに F が極限を保存するならば，極限をもつ図式 D について

$$F\left(\varprojlim_{\mathbf{I}} D\right) \cong \varprojlim_{\mathbf{I}}(F \circ D) \tag{5.22}$$

となる．極限の保存は (5.22) よりもたくさんのことをいっている：左辺と右辺が単に同型なだけではなく，**特別な方法**で同型であることを求めている．それにもかかわらず，あたかも保存とは (5.22) が成り立つだけかのようなふりをして，時々この確認は省略される[26]．

例 5.3.2 忘却関手 $U : \mathbf{Top} \to \mathbf{Set}$ は極限と余極限をともに保存する（これからみるように[27]，これは U が両側の随伴をもつという事実から従う）が，すべての極限，余極限を反射しない．たとえば離散位相でない位相空間 X, Y を考えて，Z を離散位相を備えた集合 $U(X) \times U(Y)$ とする．（以下の議論では Z の位相が積位相より真に大きいことだけが重要だ．）すると **Top** の錐

$$X \leftarrow Z \to Y \tag{5.23}$$

は，その **Set** における像が積錐

$$U(X) \leftarrow U(X) \times U(Y) \to U(Y)$$

になっている．しかし $U(X) \times U(Y)$ 上の離散位相は積位相ではないから，(5.23) は **Top** における積錐ではない．

例 5.3.3 本節冒頭の段落で，忘却関手 $\mathbf{Grp} \to \mathbf{Set}$ は始対象を保たないこ

---

[26] [訳註] この省略は実際この本の証明でも行われる（命題 6.2.2 と定理 6.3.1）．この確認の重要性を理解するために，「圏同値を与える関手は極限を保つ」ことを厳密に示してみるとよいかもしれない．（「ときには定義 1.3.15 の圏同値よりも命題 1.3.18 にある特徴づけや随伴同値（演習問題 2.3.10，65 ページ脚注 9）のほうが有用である」ことに気づくだろう．）

[27] [訳註] 定理 6.3.1.

と，忘却関手 $\mathbf{Vect}_k \to \mathbf{Set}$ は二項和を保たないことを観察した．代数の圏の間の忘却関手が余極限を保存することはめったにない．

例 5.3.4 代数の圏の間の忘却関手が極限を本当に保存することもまた（前に述べた例で）みた．実際はより強いことが成り立つ．これから $\mathbf{Grp}$ での二項積の場合を調べるが，以下に述べるすべてのことは $\mathbf{Grp}$, $\mathbf{Ab}$, $\mathbf{Vect}_k$, $\mathbf{Ring}$ といった圏の任意の極限についてもいえる．

群 X_1, X_2 を考える．射影
$$U(X_1) \xleftarrow{p_1} U(X_1) \times U(X_2) \xrightarrow{p_2} U(X_2)$$
を備えているような積集合 $U(X_1) \times U(X_2)$ が構成できるが，ここで p_1, p_2 が準同型になるような集合 $U(X_1) \times U(X_2)$ 上の群構造がちょうど一つ存在する，と主張しよう．一意性を証明するために，$U(X_1) \times U(X_2)$ にそのような群構造があったとしよう．$U(X_1) \times U(X_2)$ の元 $(x_1, x_2), (x_1', x_2')$ を取り $(x_1, x_2) \cdot (x_1', x_2') = (y_1, y_2)$ と書こう．p_1 は準同型なので
$$y_1 = p_1(y_1, y_2) = p_1((x_1, x_2) \cdot (x_1', x_2')) = p_1(x_1, x_2) \cdot p_1(x_1', x_2') = x_1 \cdot x_1'$$
となり，同様に $y_2 = x_2 \cdot x_2'$ を得る．ゆえに
$$(x_1, x_2) \cdot (x_1', x_2') = (x_1 x_1', x_2 x_2')$$
がわかった．同様の議論で $(x_1, x_2)^{-1} = (x_1^{-1}, x_2^{-1})$ であることと，この群の単位元 1 が $(1, 1)$ であることがわかる．ところで存在についてだが，$\cdot$, $()^{-1}$, 1 をちょうどいま与えられた公式で定義する．すると群の公理が満たされることと p_1, p_2 が準同型であることが確認できる．以上で主張が証明された．

この群構造を備えた集合 $U(X_1) \times U(X_2)$ を L と書くと，$\mathbf{Grp}$ における錐
$$X_1 \xleftarrow{p_1} L \xrightarrow{p_2} X_2$$
が得られるが，これが $\mathbf{Grp}$ における**積錐**であることを確認するのはやさしい．

以上は群論によらない言葉で要約できる[28]．$\mathbf{Grp}$ の対象 X_1, X_2 について

---

[28] [訳註] 箇条書き中の $\mathbf{Grp}$ の現れを $\mathbf{Ab}$, $\mathbf{Vect}_k$, $\mathbf{Ring}$ といった圏に変えられるような，汎用性のある文面で要約できるという意味．興味のある読者は，ブックガイドを参考にしてモナドや Lawvere 理論を調べてみるとよいだろう．

- **Set** における $(U(X_1), U(X_2))$ 上の任意の積錐について，U による像がこの錐になるような **Grp** における (X_1, X_2) 上の錐がただ一つ存在する．
- この (X_1, X_2) 上の錐は積錐である．

このことは以下の定義を示唆する（図 5.3）．

定義 5.3.5 関手 $F : \mathscr{A} \to \mathscr{B}$ が（**I** 型）**極限を創出** (creation) するとは，$\mathscr{A}$ の図式 $D : \mathbf{I} \to \mathscr{A}$ について

- 図式 $F \circ D$ 上の任意の極限錐 $\left(B \xrightarrow{q_I} FD(I) \right)_{I \in \mathbf{I}}$ について，$F(A) = B$ かつ任意の $I \in \mathbf{I}$ について $F(p_I) = q_I$ となるような D 上の錐 $\left(A \xrightarrow{p_I} D(I) \right)_{I \in \mathbf{I}}$ がただ一つ存在する．
- この錐 $\left(A \xrightarrow{p_I} D(I) \right)_{I \in \mathbf{I}}$ は D 上の極限錐である．

Grp, **Ring**, ... から **Set** への忘却関手はすべて極限を創出する（演習問題 5.3.11）．**創出**という語は次の結果によって説明される．

補題 5.3.6 $F : \mathscr{A} \to \mathscr{B}$ を関手，$\mathbf{I}$ を小圏とする．$\mathscr{B}$ が **I** 型極限をもち，F が **I** 型極限を創出するとき，$\mathscr{A}$ は **I** 型極限をもち，F は **I** 型極限を保存する．

証明 演習問題 5.3.12 で扱われる． □

Set はすべての極限をもつので，問題にしてきた代数の圏がすべての極限をもつことが従い，また忘却関手は極限を保存する．

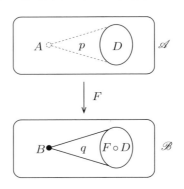

図 **5.3** 極限の創出．

5.3. 関手と極限の相互作用   **167**

注意 5.3.7 定義 5.3.5 には何かしら不審な点がある[29]．そこでは圏の対象の**等号**に触れているが，この関係は 36 ページで理解したとおり，通常は厳密すぎて適切ではないのだった．ほとんどいつでも等号を同型に置き換えるのがより好ましい．もしも「極限の創出」の定義のすべての等号を同型で置き換えたならば，より健全で包括的な概念を得る．定義 5.3.5 の記法でいうと，$F \circ D$ が極限をもつならば，F による像が極限錐になるような D 上の錐が存在し，そのような錐がすべて極限錐になるかを問うことになる[30]．

実際，本書で極限の創出とよんでいるものは，本当は極限の**狭義の**創出とよばれるべきもので，より包括的な概念のために取っておくべき「極限の創出」がほとんどの文献での「創出」の使われ方だ．筆者が狭義版を選んだ理由は，述べるのがやや簡単で，手ごろな例はすべて狭義な条件を満たすからだ．

演習問題

5.3.8 極限を取ることは，入力として圏 $\mathscr{A}$ の図式を受け取り，出力として $\mathscr{A}$ の新しい対象を作り出す工程である．後にこの工程が関手的であることを理解する（命題 6.1.4）．ここでは二項積の場合にこのことを証明してみよう．

$\mathscr{A}$ を二項積をもつ圏とする．各対象の組 (X, Y) について積錐

---

[29] ［訳註］関手 $F : \mathscr{A} \to \mathscr{B}$ が極限を創出するとき，たとえば圏同値 $G : \mathscr{B} \xrightarrow{\sim} \mathscr{B}'$ でつないだ $G \circ F : \mathscr{A} \to \mathscr{B}'$ が極限を創出するとはいえなくなってしまう．圏が同じであることの適切な概念は圏同値であったから，圏同値で保たれない性質を定義するのは確かに不審である．

[30] ［訳註］定義 5.3.5 の等号を同型に置き換える場合，「$\mathscr{A}$ の図式 $D : \mathbf{I} \to \mathscr{A}$ について」に続く文章は以下の (a) になり，一方，原著者が脚注の箇所で述べたのは以下の (b) であるが，この二つは実は同値である．

(a)
- 図式 $F \circ D$ 上の任意の極限錐 $\left(B \xrightarrow{q_I} FD(I)\right)_{I \in \mathbf{I}}$ について，$F(A) \cong B$ となる D 上の錐 $\left(A \xrightarrow{p_I} D(I)\right)_{I \in \mathbf{I}}$ が同型を除いてただ一つ存在する．
- このような錐 $\left(A \xrightarrow{p_I} D(I)\right)_{I \in \mathbf{I}}$ のどれか一つ（同値だがすべて）は D 上の極限錐である．

(b)
- 図式 $F \circ D$ 上の任意の極限錐 $\left(B \xrightarrow{q_I} FD(I)\right)_{I \in \mathbf{I}}$ について，$F(A) \cong B$ となる D 上の錐 $\left(A \xrightarrow{p_I} D(I)\right)_{I \in \mathbf{I}}$ が存在する．
- このような錐 $\left(A \xrightarrow{p_I} D(I)\right)_{I \in \mathbf{I}}$ はすべて D 上の極限錐である．

ここで，一般に図式 E 上の二つの錐 $\left(X \xrightarrow{f_I} E(I)\right)_{I \in \mathbf{I}}$ と $\left(X' \xrightarrow{f'_I} E(I)\right)_{I \in \mathbf{I}}$ について，これらが同型（$X \cong X'$ と書いた）とは，同型射 $x : X \xrightarrow{\sim} X'$ が存在して，$f_I = f'_I \circ x$ が任意の $I \in \mathbf{I}$ について成り立つことである．

$$X \xleftarrow{p_1^{X,Y}} X \times Y \xrightarrow{p_2^{X,Y}} Y$$

を選んだとする.対象について $(X,Y) \mapsto X \times Y$ で与えられる関手 $\mathscr{A} \times \mathscr{A} \to \mathscr{A}$ を構成せよ.

5.3.9 $\mathscr{A}$ を二項積をもつ圏とする.$A, X, Y \in \mathscr{A}$ について自然に

$$\mathscr{A}(A, X \times Y) \cong \mathscr{A}(A, X) \times \mathscr{A}(A, Y)$$

となることを直接証明せよ.(これは各 X, Y について (X, Y) 上の積錐の選択をあらかじめ仮定している.演習問題 5.3.8 により,割り当て $(X,Y) \mapsto X \times Y$ が関手的であり,「自然に」が意味をもつためにはそうである必要がある.)

5.3.10 関手が極限を創出するならば,極限を反射することを証明せよ.

5.3.11 例 5.3.4 において忘却関手 $U : \mathbf{Grp} \to \mathbf{Set}$ が二項積を創出することを示した.

(a) **Set** における極限の公式(例 5.1.22)を用いて,実際に U が任意の極限を創出することを示せ.

(b) **Grp** を **Ring**, **Ab**, **Vect**$_k$ といった代数の圏に変えても同じことが真であることを自分なりに納得せよ.

5.3.12 補題 5.3.6 を証明せよ.

5.3.13 (a) 圏 $\mathscr{B}$ の対象 P が**射影的** (projective) とは,$\mathscr{B}(P, -) : \mathscr{B} \to \mathbf{Set}$ がエピを保つことである.(これは f がエピならば $\mathscr{B}(P, f)$ もそうであるということだ.)随伴 $\mathbf{Set} \xrightarrow[G]{\overset{F}{\longrightarrow}} \mathscr{B}$ を考え,G はエピを保つとする.任意の集合 S について $F(S)$ が射影的であることを証明せよ.

(b) **Ab** において射影的でない対象をあげよ.

(c) 圏 $\mathscr{B}$ の対象 I が**単射的** (injective) とは,これが $\mathscr{B}^{\mathrm{op}}$ で射影的であることである.あるいは同値であるが,$\mathscr{B}(-, I) : \mathscr{B}^{\mathrm{op}} \to \mathbf{Set}$ がエピを保つことである.**Vect**$_k$ の任意の対象は単射的であることを示せ.また **Ab** において単射的でない対象をあげよ.

第6章　随伴・表現可能関手・極限

　これまで普遍性という考え方について，随伴性，表現可能関手，極限という異なった定式化を示しながら三つの異なる観点からアプローチしてきた．この最終章では，これらの関係を解明する．

　原理的には，三つの形式のうちの一つで記述できることは，ほかの形式でも記述できる．これは直交座標と極座標の立ち位置に類似している：極座標を使ってできることは原理的に直交座標を用いても行えるし，その逆もまたしかりだが，いくつかの事柄は，一方の体系のほうが他方よりも優美に行える．

　三つのアプローチを比べる中で，圏論の基本的な結果の多くを知ることになる．最重要点のいくつかは以下のとおりである．

- 関手圏における極限，余極限は，考え得る限り最も単純に振る舞う．
- 圏 $\mathbf{A}$ の前層圏 $[\mathbf{A}^{\mathrm{op}}, \mathbf{Set}]$ への埋め込みは極限を保存する（ただし，余極限を保存するとは限らない）．
- 表現可能関手は前層に関する素数のようなものである：任意の前層は表現可能関手の余極限として標準的に表示できる．
- 左随伴をもつ関手は極限を保存する．適切な仮定のもとでは逆も成り立つ．
- 前層圏 $[\mathbf{A}^{\mathrm{op}}, \mathbf{Set}]$ は集合の圏と非常によく似た振る舞いをする．これは論理学と幾何学を統合する途方もない物語の始まりである．

6.1　随伴と表現可能関手からみた極限

　極限の定義を提示する方法は複数ある．第5章では，とくに例示のために

都合がよいように明示的な形式を用いた．これからすぐに極限と余極限の**理論**を展開させていくが，そのためには定義を言い換えておくと役に立つ．実際，表現可能関手と随伴の言葉を用いた二つの異なる言い換えを行う．

まず錐が単に特殊な種類の自然変換であることを示そう．このためにいくつかの記法を必要とする．圏 $\mathbf{I}$, $\mathscr{A}$ と対象 $A \in \mathscr{A}$ について，対象では定値 A を，射では定値 1_A を取る関手 $\Delta A : \mathbf{I} \to \mathscr{A}$ が存在するので，**対角関手**

$$\Delta : \mathscr{A} \to [\mathbf{I}, \mathscr{A}]$$

が，各 $\mathbf{I}$ と $\mathscr{A}$ について定義される．この名前は，$\mathbf{I}$ が二つの対象からなる離散圏の場合に $[\mathbf{I}, \mathscr{A}] = \mathscr{A} \times \mathscr{A}$, $\Delta(A) = (A, A)$ なので理解できる．

すると，与えられた図式 $D : \mathbf{I} \to \mathscr{A}$ と対象 $A \in \mathscr{A}$ について，A を頂点とする D 上の錐とは，単に自然変換

$$\mathbf{I} \underset{D}{\overset{\Delta A}{\Rightarrow}} \mathscr{A}$$

のことである．A を頂点とする D 上の錐の集合[1] を $\mathrm{Cone}(A, D)$ と書くと

$$\mathrm{Cone}(A, D) = [\mathbf{I}, \mathscr{A}](\Delta A, D) \tag{6.1}$$

が成り立つ．したがって，$\mathrm{Cone}(A, D)$ は A について（反変）関手的であり，D についても（共変）関手的である．

次が極限の定義の最初の言い換えである．

命題 6.1.1 $\mathbf{I}$ を小圏，$\mathscr{A}$ を圏[2] とし，$D : \mathbf{I} \to \mathscr{A}$ を図式とする．このとき D 上の極限錐と，関手

$$\mathrm{Cone}(-, D) : \mathscr{A}^{\mathrm{op}} \to \mathbf{Set}$$

の表現には 1 対 1 対応が存在する．とくに $\mathrm{Cone}(-, D)$ を表現する対象は自動的に極限対象，すなわち極限錐の頂点となる．

---

[1] [訳註] これを小さい集合と理解するなら，$\mathbf{I}$ が小かつ $\mathscr{A}$ が局所小という仮定が必要である．$\left(A \xrightarrow{f_I} D(I) \right)_{I \in \mathbf{I}} \mapsto (f_I)_{I \in \mathbf{I}}$ なる単射 $\mathrm{Cone}(A, D) \hookrightarrow \prod_{I \in \mathbf{I}} \mathscr{A}(A, D(I))$ が存在する．

[2] [訳註]「関手 $\mathrm{Cone}(-, D) : \mathscr{A}^{\mathrm{op}} \to \mathbf{Set}$」が意味をなすためには「$\mathscr{A}$ は局所小圏」の仮定が必要である．なお，適切な集合論（97 ページの脚註 11 の Shulman の文献を参照）を使うことで，集合値関手や表現可能性の概念を，大きい集合の圏 **SET** を用いて自明な方法で拡張することも可能である．それによりこの命題の条件を緩めることもこともできる．

簡潔にいうと，D の極限とは $[\mathbf{I}, \mathscr{A}](\Delta-, D)$ の表現である．

証明 系 4.3.2 より，$\mathrm{Cone}(-, D)$ の表現は D 上の錐で適当な普遍性をもつものである．これはまさに極限錐の定義にある普遍性である． □

この命題は図式 D 上の錐が $\varprojlim D$ への射と 1 対 1 対応するという考えを定式化するものだ．これは，D が極限をもてば

$$\mathrm{Cone}(A, D) \cong \mathscr{A}\left(A, \varprojlim D\right) \tag{6.2}$$

が A について自然に成り立つことを含意する．その対応は，左から右へは

$$(f_I)_{I \in \mathbf{I}} \mapsto \bar{f}$$

で（定義 5.1.19 の記法を用いた），右から左へは

$$(p_I \circ g)_{I \in \mathbf{I}} \leftarrow\!\shortmid g$$

で与えられる．ここで $p_I : \varprojlim D \to D(I)$ は射影である．

命題 6.1.1 と系 4.3.10 より以下が結論される．

系 6.1.2 極限は同型を除いて一意的である．

錐の特徴づけ (6.1) は，頂点 A と同じように図式 D を動かして考察することを示唆する．すると，図式の射 $D \to D'$ が与えられたとき，D と D' の極限の間に誘導される射はあるだろうか？ といった問いに自然に導かれる．その答えは肯定的だ（図 6.1）．

補題 6.1.3 $\mathbf{I}$ を小圏とし，$\mathbf{I} \underset{D'}{\overset{D}{\rightrightarrows}} \Downarrow \alpha \; \mathscr{A}$ を自然変換とする．

$$\left(\varprojlim_{\mathbf{I}} D \xrightarrow{p_I} D(I)\right)_{I \in \mathbf{I}}, \quad \left(\varprojlim_{\mathbf{I}} D' \xrightarrow{p'_I} D'(I)\right)_{I \in \mathbf{I}}$$

をそれぞれの極限錐とする．このとき：

(a) 任意の $I \in \mathbf{I}$ について，四角形図式

$$\begin{array}{ccc} \varprojlim_{\mathbf{I}} D & \xrightarrow{p_I} & D(I) \\ {\scriptstyle \varprojlim_{\mathbf{I}} \alpha} \downarrow & & \downarrow {\scriptstyle \alpha_I} \\ \varprojlim_{\mathbf{I}} D' & \xrightarrow[p'_I]{} & D'(I) \end{array}$$

が可換になるような射 $\varprojlim_{\mathbf{I}} \alpha : \varprojlim_{\mathbf{I}} D \to \varprojlim_{\mathbf{I}} D'$ がただ一つ存在する.

(b) 錐 $\left(A \xrightarrow{f_I} D(I) \right)_{I \in \mathbf{I}}$, $\left(A' \xrightarrow{f'_I} D'(I) \right)_{I \in \mathbf{I}}$ と射 $s : A \to A'$ が, 任意の $I \in \mathbf{I}$ について

$$\begin{array}{ccc} A & \xrightarrow{f_I} & D(I) \\ s \downarrow & & \downarrow \alpha_I \\ A' & \xrightarrow{f'_I} & D'(I) \end{array}$$

を可換にするならば, 四角形図式

$$\begin{array}{ccc} A & \xrightarrow{\bar{f}} & \varprojlim_{\mathbf{I}} D \\ s \downarrow & & \downarrow \varprojlim_{\mathbf{I}} \alpha \\ A' & \xrightarrow{\bar{f'}} & \varprojlim_{\mathbf{I}} D' \end{array}$$

も可換になる.

証明 (a) は $\left(\varprojlim_{\mathbf{I}} D \xrightarrow{\alpha_I p_I} D'(I) \right)_{I \in \mathbf{I}}$ が D' 上の錐であるという事実からただちに従う. (b) を証明するためには, 各 $I \in \mathbf{I}$ について

$$p'_I \circ \left(\varprojlim_{\mathbf{I}} \alpha \right) \circ \bar{f} = \alpha_I \circ p_I \circ \bar{f} = \alpha_I \circ f_I = f'_I \circ s = p'_I \circ \overline{f'} \circ s$$

に注意する. すると演習問題 5.1.36 (a) より $\left(\varprojlim_{\mathbf{I}} \alpha \right) \circ \bar{f} = \overline{f'} \circ s$ である. □

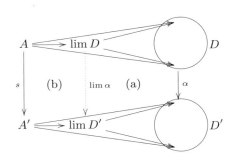

図 **6.1** 補題 6.1.3 の例説.

ここで極限の定義の二番めの言い換えを与えることができる．これは圏が考えている型の極限をすべてもつ場合に限って適用される．

命題 6.1.4 $\mathbf{I}$ を小圏とし，圏 $\mathscr{A}$ は $\mathbf{I}$ 型極限をすべてもつと仮定する．このとき $\varprojlim$ は関手 $[\mathbf{I}, \mathscr{A}] \to \mathscr{A}$ を定め，かつ対角関手の右随伴になっている[3]．

証明 各 $D \in [\mathbf{I}, \mathscr{A}]$ について，D 上の極限錐を選び，その頂点を $\varprojlim D$ としよう．$[\mathbf{I}, \mathscr{A}]$ の各射 $\alpha : D \to D'$ については，補題 6.1.3 (a) で定義された標準的な射 $\varprojlim_{\mathbf{I}} \alpha : \varprojlim_{\mathbf{I}} D \to \varprojlim_{\mathbf{I}} D'$ があるが，これにより $\varprojlim_{\mathbf{I}}$ は関手になる．命題 6.1.1 より

$$[\mathbf{I}, \mathscr{A}](\Delta A, D) = \mathrm{Cone}(A, D) \cong \mathscr{A}\left(A, \varprojlim_{\mathbf{I}} D\right)$$

が A について自然に成り立つ．補題 6.1.3 (b) において $s = 1_A$ とすれば同型が D について自然であることがわかる．□

関手 $\varprojlim_{\mathbf{I}}$ を定義するために，各 D についてその極限錐を一つ**選ぶ**必要があった．これは標準的でない選択だ．しかし随伴の一意性により，異なる選択は関手 $\varprojlim_{\mathbf{I}}$ に自然同型を除く違いしかもたらさない．

演習問題

6.1.5 本節の理論のすべてを $\mathbf{I}$ が二つの対象からなる離散圏という特殊な場合に解釈せよ．

6.1.6 $\mathbf{I}$ が群で $\mathscr{A} = \mathbf{Set}$ のとき，命題 6.1.4 はどういう内容であるか？ 命題 6.1.4 の双対は何か？

6.2 前層の極限，余極限

関手圏 $[\mathscr{A}, \mathscr{B}]$ において極限，余極限はどのようなものだろう？ とりわけ前層圏 $[\mathscr{A}^{\mathrm{op}}, \mathbf{Set}]$ においてはどうだろうか？ さらに，より特別に表現可

---

[3] [訳註] 命題 6.1.4 は $\mathscr{A}$ に局所小の仮定がなくとも主張は意味をもち，また真でもあるが，証明では（命題 6.1.1 を用いているため）$\mathscr{A}$ を局所小と仮定していることに注意しよう．

能関手の極限，余極限はどうだろう？ それらは再び表現可能だろうか？

これらの問いのすべてに答えを与えよう．そのためにまず表現可能関手が極限を保存することを証明する．

表現可能関手は極限を保存する

積の定義から，射 $A \to X \times Y$ は射の組 $(A \to X, A \to Y)$ と同じだということを思い出すところから話を始めよう．ここで A, X, Y は二項積をもつ圏の対象である．ゆえに全単射

$$\mathscr{A}(A, X \times Y) \cong \mathscr{A}(A, X) \times \mathscr{A}(A, Y) \tag{6.3}$$

であって，$A, X, Y \in \mathscr{A}$ について自然なものが存在する．

このことは積の特殊な性質だろうか？ あるいは類似の命題があらゆる種類の極限で成り立つのだろうか？ イコライザで考えてみよう．$\mathscr{A}$ がイコライザをもつと仮定し，射 s と t のイコライザを $\mathrm{Eq}(X \xrightarrow[t]{s} Y)$ と書くことにする．イコライザの定義より，射

$$A \to \mathrm{Eq}\left(X \xrightarrow[t]{s} Y \right) \tag{6.4}$$

は $s \circ f = t \circ f$ となる射 $f : A \to X$ と 1 対 1 対応する．いま s は射

$$s_* = \mathscr{A}(A, s) : \mathscr{A}(A, X) \to \mathscr{A}(A, Y)$$

を誘導するのだった．t についても同様である．つまり，この記法だと射 (6.4) は

$$(\mathscr{A}(A, s))(f) = (\mathscr{A}(A, t))(f)$$

となる $f \in \mathscr{A}(A, X)$ と 1 対 1 に対応するということだ．**Set** におけるイコライザの明示的な公式（例 5.1.12）より，このような f はまさに $\mathscr{A}(A, s)$ と $\mathscr{A}(A, t)$ のイコライザの元である．よって標準的な全単射

$$\mathscr{A}\left(A, \mathrm{Eq}\left(X \xrightarrow[t]{s} Y \right) \right) \cong \mathrm{Eq}\left(\mathscr{A}(A, X) \xrightarrow[\mathscr{A}(A,t)]{\mathscr{A}(A,s)} \mathscr{A}(A, Y) \right) \tag{6.5}$$

を得る．これは積についての同型 (6.3) とどこか似た外見をしている．

同型 (6.3) と同型 (6.5) は，より一般に，$\mathscr{A}$ が $\mathbf{I}$ 型極限をもつ圏ならば

$$\mathscr{A}\left(A, \varprojlim_{\mathbf{I}} D\right) \cong \varprojlim_{\mathbf{I}} \mathscr{A}(A, D) \tag{6.6}$$

が $A \in \mathscr{A}$ と $D \in [\mathbf{I}, \mathscr{A}]$ について自然に成り立つかもしれないと示唆する．ここで $\mathscr{A}(A, D)$ は関手

$$\begin{aligned}\mathscr{A}(A, D): \quad \mathbf{I} \quad &\to \quad \mathbf{Set} \\ I \quad &\mapsto \quad \mathscr{A}(A, D(I))\end{aligned}$$

である．この関手は $\mathscr{A}(A, D(-))$ とも書かれ，合成

$$\mathbf{I} \xrightarrow{D} \mathscr{A} \xrightarrow{\mathscr{A}(A, -)} \mathbf{Set}$$

である．予想している同型 (6.6) は本質的に，表現可能関手が極限を保存するという主張だ．これからその証明に取りかかろう．

補題 6.2.1 $\mathbf{I}$ を小圏，$\mathscr{A}$ を局所小圏，$D: \mathbf{I} \to \mathscr{A}$ を図式，$A \in \mathscr{A}$ とすると

$$\mathrm{Cone}(A, D) \cong \varprojlim_{\mathbf{I}} \mathscr{A}(A, D)$$

が A と D について自然に成り立つ．

証明 小圏から $\mathbf{Set}$ へのすべての関手が極限をもつので，とくに関手 $\mathscr{A}(A, D)$ は極限をもち，それは明示的な公式 (5.16) で与えられる．この公式によれば，$\varprojlim_{\mathbf{I}} \mathscr{A}(A, D)$ は任意の $I \in \mathbf{I}$ について $f_I \in \mathscr{A}(A, D(I))$ となる族 $(f_I)_{I \in \mathbf{I}}$ であって，$\mathbf{I}$ の任意の $I \xrightarrow{u} J$ について

$$(\mathscr{A}(A, Du))(f_I) = f_J \tag{6.7}$$

となるものの集合である．方程式 (6.7) は単に $(Du) \circ f_I = f_J$ といっているのだから，$\varprojlim_{\mathbf{I}} \mathscr{A}(A, D)$ の元は A を頂点とする D 上の錐にほかならない． $\square$

命題 6.2.2（**表現可能関手は極限を保存する**） $\mathscr{A}$ を局所小圏とし，$A \in \mathscr{A}$ とする．このとき $\mathscr{A}(A, -): \mathscr{A} \to \mathbf{Set}$ は極限を保存する．

証明 $\mathbf{I}$ を小圏，$D: \mathbf{I} \to \mathscr{A}$ を極限をもつ図式とする．このとき

$$\mathscr{A}\left(A, \varprojlim_{\mathbf{I}} D\right) \cong \mathrm{Cone}(A, D) \cong \varprojlim_{\mathbf{I}} \mathscr{A}(A, D)$$

が，A について自然に成り立つ．ここで最初の同型は命題 6.1.1（より正確にはそれから従う同型 (6.2)）であり，二番めのものは補題 6.2.1 である． □

注意 6.2.3 命題 6.2.2 は

$$\mathscr{A}\left(A, \varprojlim_{\mathbf{I}} D\right) \cong \varprojlim_{\mathbf{I}} \mathscr{A}(A, D) \tag{6.8}$$

を示す．命題 6.2.2 を双対化するために，$\mathscr{A}$ を $\mathscr{A}^{\mathrm{op}}$ に置き換える．ゆえに $\mathscr{A}(-, A): \mathscr{A}^{\mathrm{op}} \to \mathbf{Set}$ は極限を保存する．$\mathscr{A}^{\mathrm{op}}$ の極限は $\mathscr{A}$ の余極限だから，$\mathscr{A}(-, A)$ は $\mathscr{A}$ の余極限を $\mathbf{Set}$ の極限に変換する．すなわち

$$\mathscr{A}\left(\varinjlim_{\mathbf{I}} D, A\right) \cong \varprojlim_{\mathbf{I}} \mathscr{A}(D, A) \tag{6.9}$$

である[4]．右辺は**極限**であり，余極限ではない！ よって (6.8) と (6.9) は双対命題であるにもかかわらず，全体としては極限が余極限よりも多く関係している．どういうわけか極限が優位に立っているのだ[5]．

たとえば X, Y, A を圏 $\mathscr{A}$ の対象とし，和 $X + Y$ が存在すると仮定する．和の定義より，射 $X + Y \to A$ は射の組 $(X \to A, Y \to A)$ と同じである．言い換えると，標準的な同型

$$\mathscr{A}(X + Y, A) \cong \mathscr{A}(X, A) \times \mathscr{A}(Y, A)$$

が存在する．これは $\mathbf{I}$ が二つの対象からなる離散圏のときの同型 (6.9) である．

関手圏における極限

前に，関手を圏の射というよりは，それ自身を対象とみなすのが時に有用であることを学んだ．たとえば G が群のとき，関手 $G \to \mathbf{Set}$ は G 集合（例 1.2.8）であるが，これは通常は「射」というより「もの」とみなされる．この視点は関手圏という概念へと通じる．

これから関手圏 $[\mathbf{A}, \mathscr{S}]$ における極限，余極限の分析を始めよう．ここで

---

[4] [訳註] $\mathscr{A}$ を $\mathscr{A}^{\mathrm{op}}$ に置き換えるので，$D: \mathbf{I} \to \mathscr{A}^{\mathrm{op}}$ となり，これに $\mathscr{A}^{\mathrm{op}}(A, -) = \mathscr{A}(-, A): \mathscr{A}^{\mathrm{op}} \to \mathbf{Set}$ を合成した関手 $\mathscr{A}(D(-), A)$ は $\mathbf{I} \to \mathbf{Set}$ なる関手である．

[5] [訳註] 極限の定義と余極限の定義で「すべての……について……となる射がただ一つ存在する」という形式が共通していることがこれに関係している．

A は小圏, $\mathscr{S}$ は局所小圏であり, これらの条件によって $[\mathbf{A}, \mathscr{S}]$ が局所小であることが保証される. 本書で最も重要なのは $\mathscr{S} = \mathbf{Set}$ と $\mathscr{S} = \mathbf{Set}^{\mathrm{op}}$ の場合になるだろう. この理由により, 必要な場合はいつでも $\mathscr{S}$ はすべての極限と余極限をもつことを仮定する.

$[\mathbf{A}, \mathscr{S}]$ における極限, 余極限は, 考え得る限り最も単純に振る舞うことを証明する. たとえば $\mathscr{S}$ が二項積をもつならば $[\mathbf{A}, \mathscr{S}]$ もそうであり, 二つの関手 $X, Y : \mathbf{A} \to \mathscr{S}$ の積は, 任意の $A \in \mathbf{A}$ について

$$(X \times Y)(A) = X(A) \times Y(A)$$

で与えられる関手 $X \times Y : \mathbf{A} \to \mathscr{S}$ である.

記法 6.2.4 **A** と $\mathscr{S}$ を圏とする. 各 $A \in \mathbf{A}$ について, A における**評価** (evaluation) とよばれる関手

$$\begin{array}{rccc} \mathrm{ev}_A : & [\mathbf{A}, \mathscr{S}] & \to & \mathscr{S} \\ & X & \mapsto & X(A) \end{array}$$

が存在する. $[\mathbf{A}, \mathscr{S}]$ における図式 $D : \mathbf{I} \to [\mathbf{A}, \mathscr{S}]$ について, 関手

$$\begin{array}{rccc} \mathrm{ev}_A \circ D : & \mathbf{I} & \to & \mathscr{S} \\ & I & \mapsto & D(I)(A) \end{array}$$

が $A \in \mathbf{A}$ ごとにあるが, $D(-)(A)$ とも書くことにする.

定理 6.2.5（関手圏における極限） **A** と **I** を小圏, $\mathscr{S}$ を局所小圏とする. $D : \mathbf{I} \to [\mathbf{A}, \mathscr{S}]$ を図式とし, 各 $A \in \mathbf{A}$ について図式 $D(-)(A) : \mathbf{I} \to \mathscr{S}$ は極限をもつと仮定する. このとき D 上の錐であって, 各 $A \in \mathbf{A}$ ごとにその ev_A での像が $D(-)(A)$ 上の極限錐であるようなものが存在する. さらにこのような D 上の錐はどれも極限錐である.

定理 6.2.5 はしばしば標語的に表現される：

関手圏における極限は点ごとに計算される.

「点ごとに」という語における「点」とは **A** の対象のことである. この標語は, たとえば二つの関手 $X, Y \in [\mathbf{A}, \mathscr{S}]$ について, それらの積がまず各「点」A ごとに $\mathscr{S}$ での積 $X(A) \times Y(A)$ を計算し, それらを集めて関手 $X \times Y$ に

組み立てることで計算できるということを意味している．

定理 6.2.5 にはもちろんその双対があり，それは関手圏における余極限もまた点ごとに計算できるというものだ．

定理 6.2.5 の証明[6]　$A \in \mathbf{A}$ ごとに，図式 $D(-)(A) : \mathbf{I} \to \mathscr{S}$ 上の極限錐

$$\left(L(A) \xrightarrow{p_{I,A}} D(I)(A) \right)_{I \in \mathbf{I}} \tag{6.10}$$

を取る．以下の二つの命題を証明する：

(a) L を $\left(L \xrightarrow{p_I} D(I) \right)_{I \in \mathbf{I}}$ が D 上の錐になるような $\mathbf{A}$ からの関手に拡張する方法がただ一通りある

(b) この錐 $\left(L \xrightarrow{p_I} D(I) \right)_{I \in \mathbf{I}}$ は極限錐である

これらから定理はただちに従う．

まず (a) についてだが，$\mathbf{A}$ の射 $f : A \to A'$ を考える．自然変換

$$\mathbf{I} \xrightarrow[D(-)(A')]{D(-)(A)} \Downarrow D(-)(f) \; \mathscr{S}$$

に補題 6.1.3 (a) を適用すると，任意の $I \in \mathbf{I}$ について

$$\begin{array}{ccc} L(A) & \xrightarrow{p_{I,A}} & D(I)(A) \\ {\scriptstyle L(f)}\downarrow & & \downarrow{\scriptstyle D(I)(f)} \\ L(A') & \xrightarrow[p_{I,A'}]{} & D(I)(A') \end{array} \tag{6.11}$$

が可換になるような射 $L(f) : L(A) \to L(A')$ がただ一つ存在することが導かれる．（これを $L(f)$ の**定義**とする．）いまや L は $\mathbf{A}$ の対象と射について

---

[6] [訳註] $\mathbf{A}_0$ を ob $\mathbf{A}_0 =$ ob $\mathbf{A}$ となる離散圏とすると，埋め込み $I : \mathbf{A}_0 \hookrightarrow \mathbf{A}$ は，関手 $- \circ I : [\mathbf{A}, \mathscr{S}] \to [\mathbf{A}_0, \mathscr{S}]$ を（演習問題 6.2.25 (b) のように）誘導する．$[\mathbf{A}_0, \mathscr{S}]$ の極限・余極限は点ごとに計算されることはとてもやさしいことに注意しよう．さて定理 6.2.5 は関手 $- \circ I$ が極限を創出することを実質的にはいっているのだが

- 定理 6.2.5 の主張は，この関手 $- \circ I$ が（167 ページの脚注 30 の意味の）極限の広義の創出をすると言い換えられるように書かれている一方で
- 証明は，この関手 $- \circ I$ が極限の狭義の創出をする（定義 5.3.5）ことを証明している

ことを念頭におけば，本文の理解が整理されるだろう．

6.2. 前層の極限, 余極限   **179**

定義されているが, L が合成と恒等射を保つことの確認はやさしい. ゆえに $L : \mathbf{A} \to \mathscr{S}$ は関手である. さらに図式 (6.11) の可換性は, まさに任意の $I \in \mathbf{I}$ について族 $\left(L(A) \xrightarrow{p_{I,A}} D(I)(A) \right)_{A \in \mathbf{A}}$ が自然変換

$$\mathbf{A} \underset{D(I)}{\overset{L}{\rightrightarrows}} \mathscr{S} \quad \Downarrow p_I$$

であるといっている. だから $[\mathbf{A}, \mathscr{S}]$ の射の族 $\left(L \xrightarrow{p_I} D(I) \right)_{I \in \mathbf{I}}$ を得た. そして各 $A \in \mathbf{A}$ について (6.10) が $D(-)(A)$ 上の錐だという事実より, $\left(L \xrightarrow{p_I} D(I) \right)_{I \in \mathbf{I}}$ が D 上の錐であることがただちに従う.

(b) について, $X \in [\mathbf{A}, \mathscr{S}]$ と $[\mathbf{A}, \mathscr{S}]$ における D 上の錐 $\left(X \xrightarrow{q_I} D(I) \right)_{I \in \mathbf{I}}$ を考える. 各 $A \in \mathbf{A}$ について, $\mathscr{S}$ における $D(-)(A)$ 上の錐

$$\left(X(A) \xrightarrow{q_{I,A}} D(I)(A) \right)_{I \in \mathbf{I}}$$

があるので, 任意の $I \in \mathbf{I}$ について $p_{I,A} \circ \bar{q}_A = q_{I,A}$ となる射 $\bar{q}_A : X(A) \to L(A)$ がただ一つ存在する. 残るは $\bar{q}_A$ が A について自然であると証明することだが, これは補題 6.1.3 (b) より従う. □

定理 6.2.5 は多くの重要な帰結をもつ. 定理 (とその双対) のありのままに近い系から始めよう. これは今後繰り返し使うことになる.

系 6.2.6 $\mathbf{A}$ と $\mathbf{I}$ を小圏, $\mathscr{S}$ を局所小圏とする. $\mathscr{S}$ が $\mathbf{I}$ 型のすべての極限 (余極限) をもつならば, $[\mathbf{A}, \mathscr{S}]$ もそうである. そして各 $A \in \mathbf{A}$ について評価関手 $\mathrm{ev}_A : [\mathbf{A}, \mathscr{S}] \to \mathscr{S}$ はそれらを保存する[7].

注意 6.2.7 $\mathscr{S}$ が $\mathbf{I}$ 型の極限のすべてはもたないならば, $[\mathbf{A}, \mathscr{S}]$ は点ごとに計算されないかもしれない, すなわちすべての評価関手では保存されない $\mathbf{I}$ 型極限をもち得る. その例は Kelley (1982) の 3.3 節で構成されている.

定理 6.2.5 は, 次の意味で極限が極限と交換することの証明の手助けにもなるだろう. 圏 $\mathbf{I}, \mathbf{J}, \mathscr{S}$ を取ると, 圏の同型

$$[\mathbf{I}, [\mathbf{J}, \mathscr{S}]] \cong [\mathbf{I} \times \mathbf{J}, \mathscr{S}] \cong [\mathbf{J}, [\mathbf{I}, \mathscr{S}]]$$

---
[7] [訳註] 後半の「極限の保存」には, 補題 5.3.6 を前提に, 脚注 6 の極限の創出と $\mathrm{ev}_A : [\mathbf{A}_0, \mathscr{S}] \to \mathscr{S}$ が極限を保存することから従う.

が存在する．（注意 4.1.23 (c) と演習問題 1.2.25 を参照すること．）この同型のもと，関手 $D: \mathbf{I} \times \mathbf{J} \to \mathscr{S}$ は関手

$$D^\bullet: \mathbf{I} \to [\mathbf{J}, \mathscr{S}] \quad \text{と} \quad D_\bullet: \mathbf{J} \to [\mathbf{I}, \mathscr{S}]$$
$$I \mapsto D(I, -) \qquad\qquad\qquad J \mapsto D(-, J)$$

に対応する．$\mathscr{S}$ がすべての極限をもつと仮定すると，系 6.2.6 より，さまざまな関手圏もすべての極限をもつ．とくに $[\mathbf{J}, \mathscr{S}]$ の対象 $\varprojlim_\mathbf{I} D^\bullet$ が存在する．これ自身が $\mathscr{S}$ における図式なので，今度は $\mathscr{S}$ の対象 $\varprojlim_\mathbf{J}\varprojlim_\mathbf{I} D^\bullet$ を得る．あるいはまたもう一つの順に極限を取ることができ，$\mathscr{S}$ の対象 $\varprojlim_\mathbf{I}\varprojlim_\mathbf{J} D_\bullet$ が作られる．そして三番めの可能性もある．つまり D そのものの極限を取れば，$\mathscr{S}$ の対象 $\varprojlim_{\mathbf{I}\times\mathbf{J}} D$ を得る．次の結果はこれら三つの対象が同じだと主張するものだ．すなわち，どんな順で極限を取っても違いはない．

命題 6.2.8（**極限は極限と交換する**）　$\mathbf{I}$ と $\mathbf{J}$ を小圏とする．$\mathscr{S}$ を $\mathbf{I}$ 型および $\mathbf{J}$ 型極限をもつ局所小圏とする．このとき任意の $D: \mathbf{I} \times \mathbf{J} \to \mathscr{S}$ について，以下の三つの極限が存在して

$$\varprojlim_\mathbf{J}\varprojlim_\mathbf{I} D^\bullet \cong \varprojlim_{\mathbf{I}\times\mathbf{J}} D \cong \varprojlim_\mathbf{I}\varprojlim_\mathbf{J} D_\bullet$$

が成り立つ．とくに $\mathscr{S}$ は $\mathbf{I} \times \mathbf{J}$ 型極限をもつ．

これは二重積分における積分の順序の交換に似ているから，時々冗談半分に Fubini の定理とよばれる．余極限は積分のように文脈依存な和と考えることができるから，この類似は**余極限**版を採用したほうが，より心に訴える．

証明　対称性から，最初の同型を示せばよい．$\mathscr{S}$ は $\mathbf{I}$ 型の極限をもつから，$[\mathbf{J}, \mathscr{S}]$ もそうで（系 6.2.6），$\varprojlim_\mathbf{I} D^\bullet$ が存在する．これは $[\mathbf{J}, \mathscr{S}]$ の対象であることに注意しよう．$\mathscr{S}$ は $\mathbf{J}$ 型極限をもつから $\varprojlim_\mathbf{J}\varprojlim_\mathbf{I} D^\bullet$ が存在する．そしてこれは $\mathscr{S}$ の対象である．すると $S \in \mathscr{S}$ として，

$$\mathscr{S}\left(S, \varprojlim_\mathbf{J}\varprojlim_\mathbf{I} D^\bullet\right) \cong [\mathbf{J}, \mathscr{S}]\left(\Delta S, \varprojlim_\mathbf{I} D^\bullet\right)$$
$$\cong [\mathbf{I}, [\mathbf{J}, \mathscr{S}]](\Delta(\Delta S), D^\bullet)$$
$$\cong [\mathbf{I} \times \mathbf{J}, \mathscr{S}](\Delta S, D)$$

が S について自然に成り立つ．ここで最初と二番めの同型は命題 6.1.1 より

したがう．三番めは同型 $[\mathbf{I},[\mathbf{J},\mathscr{S}]] \cong [\mathbf{I}\times\mathbf{J},\mathscr{S}]$ を用いた．この同型のもとでは $\Delta(\Delta S)$ が ΔS に対応し，$D^{\bullet}$ が D に対応している．

ゆえに $\varprojlim_{\mathbf{J}}\varprojlim_{\mathbf{I}} D^{\bullet}$ は関手 $[\mathbf{I}\times\mathbf{J},\mathscr{S}](\Delta-, D)$ を表現する対象である．再び命題 6.1.1 より，$\varprojlim_{\mathbf{I}\times\mathbf{J}} D$ が存在し，$\varprojlim_{\mathbf{J}}\varprojlim_{\mathbf{I}} D^{\bullet}$ と同型になる． □

例 6.2.9 $\mathbf{I} = \mathbf{J} = \boxed{\bullet \quad \bullet}$ のとき，命題 6.2.8 は二項積が二項積と交換するといっている．すなわち $\mathscr{S}$ が二項積をもつとき，$S_{11}, S_{12}, S_{21}, S_{22} \in \mathscr{S}$ について 4 重積 $\prod_{i,j\in\{1,2\}} S_{ij}$ が存在し

$$(S_{11} \times S_{21}) \times (S_{12} \times S_{22}) \cong \prod_{i,j\in\{1,2\}} S_{ij} \cong (S_{11} \times S_{12}) \times (S_{21} \times S_{22})$$

が成り立つ．より一般に，どんな順に積を書いても，あるいはどのように括弧を配置しても違いは生じない：二項積をもつ任意の圏において標準的な同型

$$S \times T \cong T \times S$$
$$(S \times T) \times U \cong S \times (T \times U)$$

が存在する[8]．もし終対象 1 があれば，さらなる標準的な同型

$$S \times 1 \cong S \cong 1 \times S$$

が成り立つ．

注意 6.2.10 命題 6.2.8 の双対は余極限が余極限と交換するという命題だ．たとえば，二項和をもつ任意の圏 $\mathscr{S}$ において

$$(S_{11} + S_{21}) + (S_{12} + S_{22}) \cong (S_{11} + S_{12}) + (S_{21} + S_{22})$$

が成り立つ．しかし一般に極限は余極限と交換しない．たとえば，一般には

$$(S_{11} + S_{21}) \times (S_{12} + S_{22}) \not\cong (S_{11} \times S_{12}) + (S_{21} \times S_{22})$$

である．$\mathscr{S} = \mathbf{Set}$ ですべての S_{ij} が 1 点集合のときが反例になっている：左辺は $(1+1) \times (1+1) = 4$ 個の，右辺は $(1\times 1) + (1\times 1) = 2$ 個の元をもつ．

定理 6.2.5 のさらなる帰結を二つあげよう．

---

[8] [訳註] ここでの標準的同型 $S \times T \cong T \times S$ は，$S = T$ のとき恒等射では（一般には）ない．

系 6.2.11 小圏 $\mathbf{A}$ について，$[\mathbf{A}^{\mathrm{op}}, \mathbf{Set}]$ はすべての極限と余極限をもつ．各 $A \in \mathbf{A}$ について，評価関手 $\mathrm{ev}_A : [\mathbf{A}^{\mathrm{op}}, \mathbf{Set}] \to \mathbf{Set}$ はそれらを保存する．

証明 $\mathbf{Set}$ はすべての極限と余極限をもつので，系 6.2.6 より明らか． □

系 6.2.12 任意の小圏 $\mathbf{A}$ について，米田埋め込み $H_\bullet : \mathbf{A} \to [\mathbf{A}^{\mathrm{op}}, \mathbf{Set}]$ は極限を保存する．

証明 $D : \mathbf{I} \to \mathbf{A}$ を $\mathbf{A}$ における図式とし，$\left(\varprojlim_\mathbf{I} D \xrightarrow{p_I} D(I) \right)_{I \in \mathbf{I}}$ を極限錐とする．各 $A \in \mathbf{A}$ について，合成関手

$$\mathbf{A} \xrightarrow{H_\bullet} [\mathbf{A}^{\mathrm{op}}, \mathbf{Set}] \xrightarrow{\mathrm{ev}_A} \mathbf{Set}$$

は H^A で，これは極限を保存する（命題 6.2.2）．よって各 $A \in \mathbf{A}$ について，

$$\left(\mathrm{ev}_A\, H_\bullet \left(\varprojlim_\mathbf{I} D \right) \xrightarrow{\mathrm{ev}_A\, H_\bullet(p_I)} \mathrm{ev}_A\, H_\bullet(D(I)) \right)_{I \in \mathbf{I}}$$

は極限錐である．そうすると，定理 6.2.5 の「さらに」の部分を $[\mathbf{A}^{\mathrm{op}}, \mathbf{Set}]$ の $H_\bullet \circ D$ に適用すると，錐

$$\left(H_\bullet \left(\varprojlim_\mathbf{I} D \right) \xrightarrow{H_\bullet(p_I)} H_\bullet(D(I)) \right)_{I \in \mathbf{I}}$$

もまた望みどおり極限錐である． □

例 6.2.13 $\mathbf{A}$ を二項積をもつ圏とする．系 6.2.12 より $[\mathbf{A}^{\mathrm{op}}, \mathbf{Set}]$ において，任意の $X, Y \in \mathbf{A}$ について

$$H_{X \times Y} \cong H_X \times H_Y \tag{6.12}$$

が成り立つ．特定の対象 A で評価すると，これは

$$\mathbf{A}(A, X \times Y) \cong \mathbf{A}(A, X) \times \mathbf{A}(A, Y)$$

ということをいっている（積は点ごとに計算可能という事実を用いた）．これは本節の冒頭で触れた同型 (6.3) である．

図 4.1 のように $A \in \mathbf{A}$ を表現可能関手 $H_A \in [\mathbf{A}^{\mathrm{op}}, \mathbf{Set}]$ と同一視して，$\mathbf{A}$ を $[\mathbf{A}^{\mathrm{op}}, \mathbf{Set}]$ の部分圏とみなす．このとき同型 (6.12) は，積を作りたい

Aの二つの対象について，Aあるいは $[\mathbf{A}^{\mathrm{op}}, \mathbf{Set}]$ のどちらで積を取っても違いがないということを意味している．同様に，Aがすべての極限をもつなら，極限を取ってもAから $[\mathbf{A}^{\mathrm{op}}, \mathbf{Set}]$ の残りの部分へと逃げるのには役立たない：表現可能前層の任意の極限は再び表現可能である．

注意 6.2.14 米田埋め込みは余極限を保存しない．たとえばAが始対象 0 をもつとき H_0 は始対象ではない．これは $H_0(0) = \mathbf{A}(0,0)$ は 1 点集合だが，$[\mathbf{A}^{\mathrm{op}}, \mathbf{Set}]$ の始対象は定値 $\emptyset$ を取る前層であるからだ．次に表現可能関手の余極限について研究する．

任意の前層は表現可能関手の余極限である

米田埋め込みは極限を保存するが，余極限は保存しないことを知った．実際，余極限の状況は極限の状況とは正反対だ：表現可能前層の余極限を取ることで，好きな前層が得られる！ これが本節の最後の主結果である．

任意の正整数は本質的に一通りの方法で素数の積として表すことができる．いくらかは同じように，任意の前層は（一意的とは限らないが）標準的な方法で表現可能関手の余極限として表すことができる．表現可能関手は前層の基礎的要素なのだ．

別の類推のため，0 の近傍で正則な任意の複素関数は

$$e^z = 1 + z + \frac{z^2}{2!} + \frac{z^3}{3!} + \cdots$$

といったような，べき級数展開をもつことを思い出そう．この意味で，べき関数 $z \mapsto z^n$ は正則関数の基礎的要素である．この類推[9]はさらに進めることさえできるかもしれない：$(\ )^n$ は表現可能関手 $\mathrm{Hom}(n, -)$ のようなものだ．そして圏論的な文脈では，商と和は余極限である．

主定理を述べて証明する前に，やさしい特殊な場合を考察しよう．

例 6.2.15 Aを二つの対象 K, L からなる離散圏とする．A上の前層 X は

---

[9] ［訳註］関手の微積分 (Goodwillie calculus) や species といった話題が関係するかもしれない．詳細は nLab の対応する解説を参照されたい．

単に集合の組 $(X(K), X(L))$ なので，$[\mathbf{A}^{\mathrm{op}}, \mathbf{Set}] \cong \mathbf{Set} \times \mathbf{Set}$ である．表現可能関手は H_K と H_L の二つある．これらは $A, B \in \{K, L\}$ について

$$H_A(B) = \mathbf{A}(B, A) \cong \begin{cases} 1 & (A = B) \\ \emptyset & (A \neq B) \end{cases}$$

と与えられる．$[\mathbf{A}^{\mathrm{op}}, \mathbf{Set}]$ と $\mathbf{Set} \times \mathbf{Set}$ 同一視のもとで，$H_K \cong (1, \emptyset)$ および $H_L \cong (\emptyset, 1)$ である．$\mathbf{Set} \times \mathbf{Set}$ の任意の対象は $(1, \emptyset)$ と $(\emptyset, 1)$ のコピーの和である．たとえば，$X(K)$ が三つの元をもち，$X(L)$ が二つの元をもつとしよう．すると $\mathbf{Set} \times \mathbf{Set}$ において

$$(X(K), X(L)) \cong (1, \emptyset) + (1, \emptyset) + (1, \emptyset) + (\emptyset, 1) + (\emptyset, 1)$$

である．同じことだが $[\mathbf{A}^{\mathrm{op}}, \mathbf{Set}]$ において

$$X \cong H_K + H_K + H_K + H_L + H_L$$

となり，X を表現可能関手の和で表している．

この例では，X は 5 個の表現可能関手の和で表されている．すなわち X の「元」の集合 $X(K) + X(L)$ によって添数づけられる和である．和とは離散圏上の余極限である．一般の場合では，圏 $\mathbf{A}$ 上の前層 X は，対象が X の「元」と思える圏上の余極限として表される．このことは次の定義によって正確にすることができる．

定義 6.2.16 $\mathbf{A}$ を圏，X を $\mathbf{A}$ 上の前層とする．X の元の圏 (category of elements) $\mathbf{E}(X)$ とは，以下で定義される圏である：

- 対象は $A \in \mathbf{A}$ と $x \in X(A)$ の組 (A, x) で，
- 射 $(A', x') \to (A, x)$ は $(Xf)(x) = x'$ となる $\mathbf{A}$ の射 $f : A' \to A$．

$P(A, x) = A$, $P(f) = f$ で定義される射影関手 $P : \mathbf{E}(X) \to \mathbf{A}$ が付随する．

次の「稠密性定理」は，任意の前層が標準的な方法で表現可能関手の余極限となることを主張する．これは米田の補題の隠れた双対である[10]．このこ

---

[10] [訳註] 余米田の補題については，三好博之，高木理訳『圏論の基礎』（丸善出版，2012 年）の第 III 章 2 節演習問題 3 を参照されたい．

6.2. 前層の極限, 余極限

とは双方を（エンドや両側加群といった）高尚な圏論のふさわしい言葉を用いて表現すれば明白になるのだが，それは本書の範囲を超える話題だ．

定理 6.2.17（稠密性） $\mathbf{A}$ を小圏とし，X を $\mathbf{A}$ 上の前層とする．このとき X は $[\mathbf{A}^{\mathrm{op}}, \mathbf{Set}]$ における図式

$$\mathbf{E}(X) \xrightarrow{P} \mathbf{A} \xrightarrow{H_\bullet} [\mathbf{A}^{\mathrm{op}}, \mathbf{Set}]$$

の余極限である．すなわち $X \cong \varinjlim_{\mathbf{E}(X)} (H_\bullet \circ P)$ が成り立つ．

証明 まずは $\mathbf{A}$ は小圏なので，$\mathbf{E}(X)$ もそうであることに注意しよう．ゆえに $H_\bullet \circ P$ は本当に本書の意味（定義 5.1.18）での図式になっている．

いま $Y \in [\mathbf{A}^{\mathrm{op}}, \mathbf{Set}]$ を取る．Y を頂点とする $H_\bullet \circ P$ 上の余錐とは，自然変換の族

$$\left(H_A \xrightarrow{\alpha_{A,x}} Y \right)_{A \in \mathbf{A}, x \in X(A)}$$

であって，$\mathbf{A}$ のすべての射 $A' \xrightarrow{f} A$ とすべての $x \in X(A)$ について，図式

$$\begin{array}{ccc} H_{A'} & \xrightarrow{\alpha_{A',(Xf)(x)}} & \\ H_f \downarrow & \searrow & Y \\ H_A & \xrightarrow{\alpha_{A,x}} & \end{array}$$

が可換になるという性質をもつものだ．

（米田の補題を用いて）言い換えると，Y を頂点とする $H_\bullet \circ P$ 上の余錐とは，$y_{A,x} \in Y(A)$ となる族

$$(y_{A,x})_{A \in \mathbf{A}, x \in X(A)}$$

で，$\mathbf{A}$ のすべての射 $A' \xrightarrow{f} A$ とすべての $x \in X(A)$ について

$$(Yf)(y_{A,x}) = y_{A',(Xf)(x)}$$

となるようなものである．これを理解するために，$\alpha_{A,x} \in [\mathbf{A}^{\mathrm{op}}, \mathbf{Set}](H_A, Y)$ が $y_{A,x} \in Y(A)$ に対応するとき，$\alpha_{A,x} \circ H_f \in [\mathbf{A}^{\mathrm{op}}, \mathbf{Set}](H_{A'}, Y)$ は $(Yf)(y_{A,x}) \in Y(A')$ に対応することに注意しよう．

（$y_{A,x}$ を $\bar{\alpha}_A(x)$ と書いて）言い換えると，これは関数の族

186   第6章 随伴・表現可能関手・極限

$$\left(X(A) \xrightarrow{\bar{\alpha}_A} Y(A) \right)_{A \in \mathbf{A}}$$

で，$\mathbf{A}$ のすべての射 $A' \xrightarrow{f} A$ とすべての $x \in X(A)$ について

$$(Yf)(\bar{\alpha}_A(x)) = \bar{\alpha}_{A'}((Xf)(x))$$

となるものと同じである．これはまさに自然変換 $\bar{\alpha}: X \to Y$ である[11]．よって各 $Y \in [\mathbf{A}^{\mathrm{op}}, \mathbf{Set}]$ について，標準的な全単射

$$[\mathbf{E}(X), [\mathbf{A}^{\mathrm{op}}, \mathbf{Set}]](H_\bullet \circ P, \Delta Y) \cong [\mathbf{A}^{\mathrm{op}}, \mathbf{Set}](X, Y)$$

が得られた．ゆえに X は $H_\bullet \circ P$ の余極限である．□

例 6.2.18 例 6.2.15 では，特別な前層 X を表現可能関手の和として表した．これが稠密性定理での一般的な構成の特別な場合であることを確かめよう．

例 6.2.15 では，$\mathbf{A}$ は離散圏なので，元の圏 $\mathbf{E}(X)$ も離散圏であり，それは 5 個の元をもつ集合 $X(K) + X(L)$ である．射影 $P : \mathbf{E}(X) \to \mathbf{A}$ は三つの元を K に，残りの二つを L に送るので，図式 $H_\bullet \circ P : \mathbf{E}(X) \to [\mathbf{A}^{\mathrm{op}}, \mathbf{Set}]$ は三つの元を H_K に，残りの二つを H_L に送る．$H_\bullet \circ P$ の余極限はこれら 5 個の表現可能関手の和で，それはまさに例 6.2.15 のように X である．

注意 6.2.19 (a) 「元の圏」という用語は，定義 4.1.25 で導入された一般元という用語と整合的である．対象 X の一般元とは単に X への射 $Z \to X$ であったが，定義の後に説明したとおり，たいていはある種の特殊な型 Z に興味が集中する．いま前層圏 $[\mathbf{A}^{\mathrm{op}}, \mathbf{Set}]$ を扱っているとしよう．あらゆる前層のうち，表現可能関手は特別な地位にあり，だからとくに表現可能関手型の一般元に興味をもち得るのだ．米田の補題は，前層 X について表現可能関手型の X の一般元は $A \in \mathbf{A}$ かつ $x \in X(A)$ となる組 (A, x) に対応するといっている．言い換えると，これらは元の圏の対象である．

(b) 位相幾何学において，空間 B の部分空間 A が稠密とは，B の任意の点が A の点たちの極限として得られることをいう．これが定理 6.2.17 の名前に

---

[11] [訳註] ここまでの議論を参考に，$\left(H_A \xrightarrow{p_{A,x}} X \right)_{(A,x) \in \mathbf{E}(X)}$ が余極限余錐であることを直接証明するのもやさしい．ここで $p_{A,x} : H_A \to X$ とは $\mathbf{A}$ の射 $f : A' \to A$ について $p_{A,x}(f) = X(f)(x)$ のように米田の補題に現れる自然変換である．

いくらか理由を与える：任意の $[\mathbf{A}^{\mathrm{op}}, \mathbf{Set}]$ の任意の対象は $\mathbf{A}$ の対象たちの余極限として得られるのだから，圏 $\mathbf{A}$ は $[\mathbf{A}^{\mathrm{op}}, \mathbf{Set}]$ において「稠密」である．

演習問題

6.2.20 小圏 $\mathbf{A}$ を固定する．

(a) $\mathscr{S}$ を引き戻しをもつ局所小圏とする．自然変換

$$\mathbf{A} \underset{Y}{\overset{X}{\rightrightarrows}} \Downarrow \alpha \; \mathscr{S}$$

が（$[\mathbf{A}, \mathscr{S}]$ の射として）モノであることと，任意の $A \in \mathbf{A}$ について α_A がモノであることは同値であることを示せ．（ヒント：補題 5.1.32 を用いよ．）

(b) $[\mathbf{A}^{\mathrm{op}}, \mathbf{Set}]$ におけるモノとエピを明示的に記述せよ．

(c) 前層の極限や余極限が点ごとに計算できるという事実を用いずに (b) を行うことはできるだろうか？

6.2.21 (a) 表現可能関手は次の連結性をもつことを示せ：局所小圏 $\mathscr{A}$ と $A \in \mathscr{A}$ について，$X, Y \in [\mathscr{A}^{\mathrm{op}}, \mathbf{Set}]$ が存在して $H_A \cong X + Y$ となるならば，X か Y のいずれかは定値 $\emptyset$ を取る定数関手である．

(b) 二つの表現可能関手の和は決して表現可能でないことを導け．

6.2.22 元の圏はコンマ圏としてどのように記述されるか明らかにせよ．

6.2.23 X を局所小圏上の前層とする．X が表現可能であることと，元の圏が終対象をもつことは同値なことを示せ．

（終対象は空の図式の極限なので，このことは表現可能性の概念が極限の概念から導かれることを含意する．圏 $\mathscr{E}$ の終対象は唯一の関手 $\mathscr{E} \to \mathbf{1}$ の右随伴でもあるので，表現可能性の概念は随伴の概念からも導かれる．）

6.2.24 前層圏の任意のスライスは再び前層圏であることを示せ．すなわち小圏 $\mathbf{A}$ と $\mathbf{A}$ 上の前層 X について，適当な小圏 $\mathbf{B}$ が存在して，$[\mathbf{A}^{\mathrm{op}}, \mathbf{Set}]/X$ は $[\mathbf{B}^{\mathrm{op}}, \mathbf{Set}]$ と圏同値になることを示せ．

6.2.25 $F: \mathbf{A} \to \mathbf{B}$ を小圏の間の関手とする．各対象 $B \in \mathbf{B}$ について，コンマ圏 $(F \Rightarrow B)$（例 2.3.4 のコンマ圏に対して双対的に定義される）と射影関手 $P_B: (F \Rightarrow B) \to \mathbf{A}$ が存在する．

(a) $X: \mathbf{A} \to \mathscr{S}$ を $\mathbf{A}$ から小さい余極限をもつ圏 $\mathscr{S}$ への関手とする．各 $B \in \mathbf{B}$ について，$(\mathrm{Lan}_F X)(B)$ を図式

$$(F \Rightarrow B) \xrightarrow{P_B} \mathbf{A} \xrightarrow{X} \mathscr{S}$$

の余極限とする．これは関手 $\mathrm{Lan}_F X: \mathbf{B} \to \mathscr{S}$ を定義することを示せ．また関手 $Y: \mathbf{B} \to \mathscr{S}$ について，自然変換 $\mathrm{Lan}_F X \to Y$ と自然変換 $X \to Y \circ F$ の間には標準的な全単射が存在することも示せ．

(b) 小さい余極限をもつ圏 $\mathscr{S}$ について，関手

$$- \circ F: [\mathbf{B}, \mathscr{S}] \to [\mathbf{A}, \mathscr{S}]$$

は左随伴をもつことを示せ．（この左随伴 Lan_F は F に沿った**左 Kan 拡張 (left Kan extension)** とよばれる．）

(c) (b) とその双対は，$\mathscr{S}$ が小さい極限と余極限をもてば，関手 $- \circ F$ は左と右の両方の随伴をもつことを含意する．これを念頭に，演習問題 2.1.16 を再訪してみよう．F として唯一の関手 $\mathbf{1} \to G$ または $G \to \mathbf{1}$ を考えてみよう．

6.3 随伴関手と極限の相互作用

命題 4.1.11 において左随伴をもつ集合値関手は表現可能なことを，命題 6.2.2 において表現可能関手は極限を保存することを理解した．ゆえに左随伴をもつ任意の集合値関手は極限を保存する．実際，この結論は集合値関手に限らず，まったく一般的に成り立つ．

定理 6.3.1 随伴 $\mathscr{A} \underset{G}{\overset{F}{\rightleftarrows}} \mathscr{B}$ について，F は余極限を，G は極限を保存する．

証明 双対性より G が極限を保存することを示せば十分である．$D: \mathbf{I} \to \mathscr{B}$ を極限が存在する図式とすると，

6.3. 随伴関手と極限の相互作用

$$\mathscr{A}\left(A, G\left(\varprojlim_{\mathbf{I}} D\right)\right) \cong \mathscr{B}\left(F(A), \varprojlim_{\mathbf{I}} D\right) \tag{6.13}$$

$$\cong \varprojlim_{\mathbf{I}} \mathscr{B}(F(A), D) \tag{6.14}$$

$$\cong \varprojlim_{\mathbf{I}} \mathscr{A}(A, G \circ D) \tag{6.15}$$

$$\cong \mathrm{Cone}(A, G \circ D) \tag{6.16}$$

が $A \in \mathscr{A}$ について自然に成り立つ．ここで (6.13) の同型は随伴性により，(6.14) は表現可能関手が極限を保存するからで，(6.15) は再び随伴性により，そして (6.16) は補題 6.2.1 による．よって $G\left(\varprojlim_{\mathbf{I}} D\right)$ は $\mathrm{Cone}(-, G \circ D)$ を表現する．すなわちこれは $G \circ D$ の極限である． □

例 6.3.2 代数の圏から **Set** への忘却関手は左随伴をもつが，めったに右随伴はもたない．対応して，それらはすべての極限は保存するが，すべての余極限はまれにしか保存しない．

例 6.3.3 任意の集合 B は **Set** から **Set** への関手の随伴 $(- \times B) \dashv (-)^B$ を引き起こす（例 2.1.6）．よって $- \times B$ は余極限を保存し，$(-)^B$ は極限を保存する．とくに，$- \times B$ は有限和を保ち，$(-)^B$ は有限積を保つので，

$$0 \times B \cong 0, \qquad (A_1 + A_2) \times B \cong (A_1 \times B) + (A_2 \times B), \tag{6.17}$$

$$1^B \cong 1, \qquad (A_1 \times A_2)^B \cong A_1^B \times A_2^B \tag{6.18}$$

という同型が得られる．これらは算術における標準的な規則の類似である．（例 6.2.9 と 82 ページの「算術に関する余談」も参照のこと．）実際，単に有限集合について (6.17) と (6.18) を知っていれば，両辺の濃度を取ることでまさしく算術の標準的な規則が得られる．つまるところ，自然数は有限集合の同型類にすぎないということだ．

例 6.3.4 $\mathbf{I}$ 型のすべての極限をもつ圏 $\mathscr{A}$ が与えられたとき，随伴 $\mathscr{A} \underset{\varprojlim_{\mathbf{I}}}{\overset{\Delta}{\rightleftarrows}} [\mathbf{I}, \mathscr{A}]$ がある（命題 6.1.4）．ゆえに $\varprojlim_{\mathbf{I}}$ は極限を保存するし，同じことだが，$\mathbf{I}$ 型極限は（すべての）極限と交換する．これは極限が極限と交換することの別証明である．

例 6.3.5 定理 6.3.1 はたいてい，関手が随伴をもたないことを示すのに用

いられる．たとえば，例 2.1.3 (e) において忘却関手 $U:\mathbf{Field}\to\mathbf{Set}$ は左随伴をもたないことを主張したが，いまやそれも証明できる．U が左随伴 $F:\mathbf{Set}\to\mathbf{Field}$ をもつなら，そのとき F は余極限を保存するはずで，とくに始対象を保つはずだ．ゆえに $F(\emptyset)$ は $\mathbf{Field}$ の始対象になるはずだが，異なる標数の体の間には射が存在しないから $\mathbf{Field}$ には始対象が存在しない[12]．随伴が存在しないさらなる例は演習問題 6.3.21 にまとめた．

随伴関手定理

左随伴をもつ関手は極限を保存するが，極限の保存は左随伴の存在を保証しない．たとえば任意の圏 $\mathscr{B}$ について，唯一の関手 $\mathscr{B}\to\mathbf{1}$ はつねに極限を保存するが，左随伴をもつのは，例 2.1.9 より $\mathscr{B}$ が始対象をもつときに限る．

一方，$G:\mathscr{B}\to\mathscr{A}$ が極限を保存し，$\mathscr{B}$ がすべての極限をもつならば，G が左随伴をもつ可能性は高い[13]．これでもまだつねに真ではないが，反例を見つけるのは難しい．たとえば（再び $\mathscr{A}=\mathbf{1}$ として）すべての極限をもつが始対象をもたないような圏[14] $\mathscr{B}$ を見つけられるだろうか？

すべての極限をもつという条件はとても重要なので専門用語がある．

定義 6.3.6 圏はすべての極限をもつとき，**完備** (complete)（あるいは正確には**小完備** (small complete)）とよばれる．

随伴関手定理とよばれる結果がいくつかあり，それはどれも

> $\mathscr{A}$ を圏，$\mathscr{B}$ を完備な圏，$G:\mathscr{B}\to\mathscr{A}$ を関手とする．$\mathscr{A},\mathscr{B},G$ がさらなる適当な条件を満たしたとすると，

---

[12] ［訳註］なお $\mathbf{Field}$ を，標数 $0, 2, 3, 5,\ldots$ の体からなる圏 $\mathbf{Field}_0, \mathbf{Field}_2, \mathbf{Field}_3, \mathbf{Field}_5,\ldots$ のどれに変えても，$\mathbf{Set}$ への忘却関手は左随伴（つまり自由関手）をもたない．
[13] ［訳註］ただし始対象は空図式 $\emptyset\to\mathbf{B}$ の余極限であることに注意．
[14] ［訳註］対象が $\mathbf{Set}$ の射 $a:P(A)\to A$ で，$a:P(A)\to A$ から $b:P(B)\to B$ への射が $b\circ P(f)=f\circ a$ なる $f\in\mathbf{Set}(A,B)$ であるような圏 $\mathbf{Alg}(P)$（自己関手 P の代数の圏，category of algebras of endofunctor P）がそのような例になっている (J. Adámek, "Colimits of algebras revisited", *Bull. Austral. Math. Soc.*, 17 (1977), pp.433–450 の III3.2)．ここで関手 $P:\mathbf{Set}\to\mathbf{Set}$ は集合 A をべき集合 $P(A)=\mathscr{P}(A)$ に送り，$f:A\to B$ について $P(f)(U)=f(U)$ と定義されるべき集合関手 (powerset functor) である ($U\subseteq A$)．忘却関手 $U:\mathbf{Alg}(P)\to\mathbf{Set}$ が極限を創出することが示せるので，$\mathbf{Alg}(P)$ はすべての極限をもつ（補題 5.3.6）．一方で $a:P(A)\to A$ が $\mathbf{Alg}(P)$ の始対象ならば a は $\mathbf{Set}$ の同型射である（Lambek の定理）が，これは Cantor の定理より不可能である．

$$G \text{ は左随伴をもつ} \iff G \text{ は極限を保存する}.$$

という形をしている．左から右は定理 6.3.1 だから，重要なのは逆向きである．

典型的な「さらなる条件」は小さい集まりと大きい集まりの区別を含むものだ．しかし $\mathscr{A}$ と $\mathscr{B}$ が順序集合の場合，これらの複雑さがなくなるので，それを使って随伴関手定理の証明の背後にある主要な考え方を説明する．

5.1 節で理解したように，順序集合における極限は交わりである．より正確には $D : \mathbf{I} \to \mathbf{B}$ が順序集合 $\mathbf{B}$ における図式ならば

$$\varprojlim_{\mathbf{I}} D = \bigwedge_{I \in \mathbf{I}} D(I)$$

となる．ここで一方の辺が存在するときに限って，もう一方の辺も存在する．よって順序集合が完備であることと任意の部分集合が交わりをもつことは同値である．同様に順序集合間の射 $G : \mathbf{B} \to \mathbf{A}$ が極限を保存することと，交わりをもつ $\mathbf{B}$ の元の族 $(B_i)_{i \in I}$ について

$$G\left(\bigwedge_{i \in I} B_i\right) = \bigwedge_{i \in I} G(B_i)$$

が成り立つことは同値である．

これから順序集合について，「さらなる条件」がまったくない可能な限り最も単純な随伴関手定理が存在することを示す．

命題 6.3.7（順序集合に関する随伴関手定理） $\mathbf{A}$ を順序集合，$\mathbf{B}$ を完備順序集合[15]，$G : \mathbf{B} \to \mathbf{A}$ を順序を保つ写像とすると，

$$G \text{ が左随伴をもつ} \iff G \text{ は交わりを保つ}.$$

証明 G が交わりを保つと仮定する．系 2.3.7 より各 $A \in \mathbf{A}$ についてコンマ圏 $(A \Rightarrow G)$ が始対象をもつことを示せば十分である．$A \in \mathbf{A}$ とする．いま $(A \Rightarrow G)$ は順序集合，つまり $\mathbf{B}$ から遺伝した順序をもった $\{B \in \mathbf{B} \mid A \leq G(B)\}$ と思える．よって $(A \Rightarrow G)$ に最小元が存在することを示せばよい．

$\mathbf{B}$ は完備だから，交わり $\bigwedge_{B \in \mathbf{B} : A \leq G(B)} B$ が $\mathbf{B}$ に存在する．これは $(A \Rightarrow$

---
[15] ［訳註］「完備束 (complete lattice)」とよばれることも多い．

G) のすべての元の交わりだから，これ自身が $(A \Rightarrow G)$ の元であることをいえばよい．実際，G は交わりを保つから

$$G\left(\bigwedge_{B \in \mathbf{B}: A \leq G(B)} B\right) = \bigwedge_{B \in \mathbf{B}: A \leq G(B)} G(B) \geq A$$

が望みどおり得られた． □

系 2.3.7 の一般の設定で，$(A \Rightarrow G)$ の始対象は，F が左随伴で η が単位射とすると組 $\left(F(A), A \xrightarrow{\eta_A} GF(A)\right)$ である．よって命題 6.3.7 においては

$$F(A) = \bigwedge_{B \in \mathbf{B}: A \leq G(B)} B \tag{6.19}$$

によって左随伴 F が与えられる．

例 6.3.8 命題 6.3.7 を $\mathbf{A} = \mathbf{1}$ の場合に考えてみよう．唯一の関手 $G: \mathbf{B} \to \mathbf{1}$ は自動的に交わりを保つので，上で観察したとおり G の左随伴は $\mathbf{B}$ の始対象である．よって $\mathbf{A} = \mathbf{1}$ の場合には，命題は完備順序集合は最小元をもつと主張している．完備性はすべての交わりの存在を意味しているが，最小元とは空の**結び**だから，これはまったく自明というわけではない．

(6.19) より $\mathbf{B}$ の最小元は $\bigwedge_{B \in \mathbf{B}} B$ である．ゆえに最小元は関手 $\emptyset \to \mathbf{B}$ の余極限であるだけではなく，恒等関手 $\mathbf{B} \to \mathbf{B}$ の極限でもある．

「結び」の同意語である「最小上界」は一つの定理を示唆する：すべての交わりをもつ順序集合はすべての結びももつ．実際すべての交わりをもつ順序集合 $\mathbf{B}$ について，$\mathbf{B}$ の部分集合の結びは単にその上界の交わり，すなわちまったく文字どおりにその最小上界である．

ここで命題 6.3.7 を順序集合から圏へと拡張することを試みよう．完備圏 $\mathscr{B}$ から圏 $\mathscr{A}$ への極限を保存する関手 G から出発する．順序集合の場合，各 $A \in \mathscr{A}$ について包含射 $P_A: (A \Rightarrow G) \hookrightarrow \mathbf{B}$ があって，左随伴 F が

$$F(A) = \lim_{\leftarrow (A \Rightarrow G)} P_A \tag{6.20}$$

で与えられることを証明した．一般の場合，包含関手の類似は射影関手

$$\begin{aligned} P_A: \quad (A \Rightarrow G) &\to \mathscr{B} \\ \left(B, A \xrightarrow{f} G(B)\right) &\mapsto B \end{aligned} \tag{6.21}$$

である．順序集合での議論は，一般に式 (6.20) が G の左随伴 F を定めそうだと示唆する．実際，$\mathscr{B}$ にこの極限が存在し G で保存されるならば，(6.20) は本当に左随伴を与えることが証明できる（Mac Lane (1971) の定理 X.1.2）．

これは先の随伴関手定理が，さらなる条件の追加を必要としないで，順序集合から任意の圏へと円滑に一般化されることを示唆しているように思えるかもしれない．しかし非常に微妙な諸理由により，そうではないのだ．

用語法を少し緩和すればこれらの理由をより簡単に説明できる．極限の定義において型の圏 $\mathbf{I}$ が小さいという条件を組み込んでおいたが，極限の定義は勝手な圏 $\mathbf{I}$ で意味をなす．これからの議論においては，このより広義の極限の概念を参照する必要があるため，極限の型の圏 $\mathbf{I}$ はつねに小さいという取り決めは一時的に保留にしよう．

さて先に述べた（定義 6.3.6 の後）随伴関手定理のひな形において，$\mathscr{B}$ は小さい極限をもち，G は小さい極限を保存することだけが要請された．しかし，$(A \Rightarrow G)$ の対象や射を特定するには，（中でもとりわけ）$\mathscr{B}$ の対象や射を特定する必要があるため，$\mathscr{B}$ が大きな圏であれば $(A \Rightarrow G)$ も大きくなり得る．よって左随伴を定義している極限 (6.20) は小さいことが保証されない．ゆえに $\mathscr{B}$ にこの極限が存在する保証も，それが G で保存される保証もない．以上より (6.20) で「定義される」関手 F は左随伴かどうかどころか，まったく定義されていないかもしれない．

（集まりの大小について推論することを難しく感じている読者は，有限，無限の集まりと比べると有用かもしれない．たとえば $\mathscr{B}$ が有限圏で $\mathscr{A}$ が有限射集合をもつとすると $(A \Rightarrow G)$ もまた有限圏である．しかしそうでなければ $(A \Rightarrow G)$ は無限圏になり得る．）

それでも命題 6.3.7 は成り立つ．そこでは順序**集合**が扱われていて，それは圏としては小さいからだ．いま述べた問題はちょうど大きな圏のみに影響するため，順序集合から一般の小圏に拡張することを期待するかもしれない．しかし，これはあまり実りのあるものではないことが判明する．というのも，完備小圏は完備順序集合に**限る**のだ（演習問題 6.3.23）．

あるいはまた，$\mathscr{B}$ が（大きいのも含めた）すべての極限をもち，G がそれらを保存すると仮定することで議論を救い出そうと試みることもできただろ

う．しかしこれも，そのような圏 $\mathscr{B}$ はほとんどないため役に立たない[16]．

ゆえに状況はより複雑になる．最もよく知られた随伴関手定理はどれもさらなる条件を課して，大きな極限 $\lim_{\leftarrow (A \Rightarrow G)} P_A$ が小さい極限に何らかの巧妙な方法で置き換えられるようにする．これによって先の議論を進められる．

最も有名な随伴関手定理には「一般」と「特殊」の二つがある．それらの正確な命題と証明よりは，帰結のほうがおそらく意義深いだろう．

定義 6.3.9　圏 $\mathscr{C}$ の**弱始対象的集合** (weakly initial set) とは，各 $C \in \mathscr{C}$ について元 $S \in \mathbf{S}$ と射 $S \to C$ が存在するような対象の集合 $\mathbf{S}$ のことである．

$\mathbf{S}$ は集合でなければならず，すなわち小さいことに注意しよう．よって弱始対象的集合の存在はある種のサイズ制限である．このようなサイズ制限は代数学における有限性に相当する．

定理 6.3.10（一般随伴関手定理）　$\mathscr{A}$ を圏，$\mathscr{B}$ を完備な圏，$G : \mathscr{B} \to \mathscr{A}$ を関手とする．$\mathscr{B}$ が局所小で，各 $A \in \mathscr{A}$ について圏 $(A \Rightarrow G)$ が弱始対象的集合をもつ[17]ならば

$$G \text{ は左随伴をもつ} \iff G \text{ は極限を保存する}$$

が成り立つ．

証明　付録をみよ． □

例 6.3.11　一般随伴関手定理 (general adjoint functor theorem, GAFT) は，$\mathbf{Grp}$, $\mathbf{Vect}_k$, $\ldots$ といった代数の圏 $\mathscr{B}$ について忘却関手 $U : \mathscr{B} \to \mathbf{Set}$ が左随伴をもつことを導く．実際，例 5.1.23 より $\mathscr{B}$ はすべての極限をもち，例 5.3.4 より U がそれらを保存し，また $\mathscr{B}$ は局所小であるから，GAFT を適用するためには，いまや各 $A \in \mathbf{Set}$ についてコンマ圏 $(A \Rightarrow U)$ が弱始対象的集合をもつことを確認しさえすればよい．これには多少の濃度計算が必要になるので，ここでは省略する（演習問題 6.3.24 を参照のこと）．

よって GAFT は，たとえば自由群関手の存在を教えてくれる．例 1.2.4 (a)

---

[16] ［訳註］演習問題 6.3.23 と同じ議論によって，すべての大きな極限をもつ大きな圏は順序「大きな集合」であることが証明できる．
[17] ［訳註］これはしばしば「解集合条件 (solution set condition) を満たす」ともいわれる．

と例 2.1.3 (b) において，生成集合 A 上の自由群を明示的に構成することの扱いにくさがわかりかけてきたのだった．まず（$x, y, z \in A$ について $x^{-1} y x^2 z y^{-3}$ といった）「形式的表示」の集合を定義せねばならず，次にこれら二つの表示が同値とは何を意味するかいわなければならない（その結果 $x^{-2} x^5 y$ は $x^3 y$ と同値になる）．そして $F(A)$ を同値類の集合と定義し，そこに群構造を入れ，それが群の公理を満たすことを確認し，定義された群が要求される普遍性をもつことを証明する．しかし GAFT を用いることで，これらの煩雑を完全に回避することができる．

しかし GAFT は自由群（より一般的に左随伴）の明示的な記述は与えてくれない．これが支払うべき代償だ．対象について「明示的に」知っているという場合，普通はその元を知っていることを意味する．対象の元とはそこへの射であるが，$F(A)$ への射は手に負えない．F は左随伴だから，知っているのは $F(A)$ からの射についてである．これが左随伴の明示的な記述を手に入れるのがしばしば困難であることの理由である．

例 6.3.12 より一般に，GAFT は

$$\mathbf{Ab} \to \mathbf{Grp}, \quad \mathbf{Grp} \to \mathbf{Mon}, \quad \mathbf{Ring} \to \mathbf{Mon}, \quad \mathbf{Vect}_{\mathbb{C}} \to \mathbf{Vect}_{\mathbb{R}}$$

といった代数の圏の間の忘却関手が左随伴をもつことを保証する．（このうちのいくつかは例 2.1.3 で記述された．）$\mathbf{Set}$ は注意 2.1.4 の意味で代数の圏の退化した例とみなせるので，これは「より一般的」である：群や環などはいくつかの方程式を満たすいくつかの演算つきの集合で，集合は演算も方程式も一切もたない集合なのだ．

特殊随伴関手定理 (special adjoint functor theorem, SAFT) は GAFT よりずっときつい仮定のもとで機能するので，適用できる範囲ははるかに狭くなる．その主な利点は弱始対象的集合についての条件を取り除いたことだ．実際，関手 G についての条件は**何もなくなっている**．

定理 6.3.13（特殊随伴関手定理） $\mathscr{A}$ を圏，$\mathscr{B}$ を完備な圏，$G : \mathscr{B} \to \mathscr{A}$ を関手とする．$\mathscr{A}$ と $\mathscr{B}$ が局所小で，$\mathscr{B}$ がさらなる条件を満たすとき

$$G \text{ は左随伴をもつ} \iff G \text{ は極限を保存する}$$

が成り立つ．

正確な命題と証明は Mac Lane (1971) の V.8 節を参照されたい[18]．

例 6.3.14 ここに SAFT の古典的な応用を述べる．**CptHff** をコンパクト Hausdorff 位相空間の圏とし，$U : \mathbf{CptHff} \to \mathbf{Top}$ を忘却関手とする．SAFT は U が左随伴 F をもつことを教えてくれる[19]．つまり任意の位相空間をコンパクト Hausdorff にする標準的な方法が存在するということだ．

この左随伴の存在は決して自明ではなく，SAFT の仮定の確認には（あるいは実際にほかの方法で F を構成するにしても）位相幾何学の深い定理が必要になる[20]．位相空間 X について，結果として得られるコンパクト Hausdorff 空間 $F(X)$ は **Stone–Čech コンパクト化** (Stone–Čech compactification) とよばれる[21]．X がいくつかの緩い分離条件を満たせば，随伴の X での単位射は埋め込みであり，その結果 $UF(X)$ は X を部分空間として含む[22]．

SAFT の別の利点は，その証明から左随伴のかなり明示的な公式を抽出できることだ．この場合では，$F(X)$ は標準的な射

$$X \to [0,1]^{\mathbf{Top}(X,[0,1])}$$

の像の閉包だとわかる．ここで値域は **Top** における $[0,1]$ のべきである．

カルテシアン閉圏

任意の集合 B について，随伴 $(- \times B) \dashv (-)^B$ があり（例 2.1.6），また任意の圏 $\mathscr{B}$ についても，随伴 $(- \times \mathscr{B}) \dashv [\mathscr{B}, -]$ があるのだった（例 4.1.23 (c)）．

---

[18] [訳註] $\mathscr{B}$ が well-powered（演習問題 6.3.26）で，余生成集合 (small cogenerating set) をもつという条件である．余生成集合 S とは，対象の集合であって，任意の $f, g \in \mathscr{B}(X,Y)$ について，$\forall B \in S, H_B(f) = H_B(g) \Rightarrow f = g$ となるものである．

[19] [訳註] 以下の脚注でみるように，一つのコンパクト Hausdorff 位相空間 $I = [0,1]$（単位区間）からなる $S = \{I\}$ が余生成集合になっている．

[20] [訳註]「位相空間 Z が正規空間であれば，$F_0 \cap F_1 = \emptyset$ となる任意の閉部分集合 $F_0, F_1 \subseteq Z$ について，$\forall x \in F_i, f(x) = i$（ここで $i = 0, 1$）となる連続関数 $f : Z \to I$ が存在する」という Urysohn の補題によって，$H_I(f) = H_I(g)$ ならば $f = g$ が確認される（$f, g \in \mathbf{CptHff}(X,Y)$）．任意のコンパクト Hausdorff 空間は正規である．

[21] [訳註] 1 点コンパクト化 (one-point compactification) とは一般には異なる．

[22] [訳註] 必要十分条件な分離条件は $T_{3\frac{1}{2}}$（すなわち X が Tychonoff 空間＝Hausdorff＋完全正則）である．位相空間 X が完全正則 (completely regular) とは，任意の閉部分集合 $F \subseteq X$ と点 $x \notin F$ について，$f(x) = 0, \forall y \in F, f(y) = 1$ となる連続関数 $f : X \to \mathbb{R}$ が存在することである．

6.3. 随伴関手と極限の相互作用

定義 6.3.15 圏 $\mathscr{A}$ が**カルテシアン閉** (cartesian closed)[23]とは，$\mathscr{A}$ が有限積をもち，各 $B \in \mathscr{A}$ について関手 $- \times B : \mathscr{A} \to \mathscr{A}$ が右随伴をもつことをいう．

右随伴を $(-)^B$ と書き，$C \in \mathscr{A}$ について C^B を**エクスポネンシャル** (exponential)[24]とよぶ．C^B は B から C への射の空間と思ってよいものだ．随伴性より，任意の $A, B, C \in \mathscr{A}$ について

$$\mathscr{A}(A \times B, C) \cong \mathscr{A}(A, C^B)$$

が A と C について自然に成り立つ．実際，B についても自然であり，これは何もしなくてもわかることである[25]．

例 6.3.16 **Set** はカルテシアン閉である：C^B は関数集合 $\mathbf{Set}(B, C)$ である．

例 6.3.17 **CAT** はカルテシアン閉である：$\mathscr{C}^\mathscr{B}$ は関手圏 $[\mathscr{B}, \mathscr{C}]$ である．

有限和をもつ任意のカルテシアン閉圏においては，例 6.3.3 で述べられているのと同じ理由から同型 (6.17) と (6.18) が成り立つ．ゆえにカルテシアン閉圏の対象は自然数のような算術をもつ．この考えはいくつかの興味深い方向へと発展させられるが，ここではこれらの同型は圏がカルテシアン閉でないことを証明する方法を与えることを注意するにとどめておこう．

例 6.3.18 任意の体 k について $\mathbf{Vect}_k$ はカルテシアン閉ではない．これは例 5.1.5 のとおり有限積をもってはいる：二項積は直和 $\oplus$ であり，終対象は自明な線型空間 $\{0\}$ で，これは始対象でもある．しかしもし $\mathbf{Vect}_k$ がカルテシアン閉ならば，同型 (6.17) が成り立つはずで，そうすると任意の線型空間 B について $\{0\} \oplus B \cong \{0\}$ となる．これは明らかに間違っている．

注意 6.3.19 任意の線型空間 V と W について，線型写像の集合 $\mathbf{Vect}_k(V, W)$ それ自身に線型空間の構造を例 1.2.12 のとおり導入できる．この線型空間を $[V, W]$ と表そう．

---

[23] [訳註] デカルト閉という訳語も定着している．直交座標 (cartesian coordinate) を発明したとされるデカルト的ということだ．あるいは計算機科学の意味論などでは単に CCC とも略されるほど頻繁に用いられている．
[24] [訳註] 「指数対象」や「べき対象」などと訳されることがある．
[25] [訳註] 三好博之，高木理訳『圏論の基礎』（丸善出版，2012 年）の第 IV 章定理 3 を参照．

エクスポネンシャルが「射の空間」と思えることから，$\mathbf{Vect}_k$ は $[-,-]$ をエクスポネンシャルとするカルテシアン閉圏であると期待しそうだが，そうではないことを確認したばかりだ．結局のところ，線型写像 $U \to [V,W]$ は双線型写像 $U \times V \to W$ に，あるいは同じことだが線型写像 $U \otimes V \to W$ に対応する．圏論通の用語では，$\mathbf{Vect}_k$ は「モノイダル[26]閉圏」の例になっている[27]．これはカルテシアン閉圏のようだが，カルテシアン（圏論的）積が「積」とよばれるほかの操作，この場合であれば線型空間のテンソル積に置き換えられている．

$\mathbf{Set}$ がカルテシアン閉であるというだけの理由により，任意の集合 I について，積圏 $\mathbf{Set}^I$ はカルテシアン閉である．（$\mathbf{Set}^I$ におけるエクスポネンシャルは，積と同様に点ごとに計算される．）言い換えると $\mathbf{A}$ が離散圏ならば $[\mathbf{A}^{\mathrm{op}}, \mathbf{Set}]$ はカルテシアン閉である．ここで，実は小圏 $\mathbf{A}$ が何であろうと $[\mathbf{A}^{\mathrm{op}}, \mathbf{Set}]$ はカルテシアン閉であることを示す．

これを証明する準備として思考実験をしておこう．$\hat{\mathbf{A}} = [\mathbf{A}^{\mathrm{op}}, \mathbf{Set}]$ と書く．$\hat{\mathbf{A}}$ がカルテシアン閉だとしたら，その $\hat{\mathbf{A}}$ におけるエクスポネンシャルは何であるべきだろうか？ 言い換えると，前層 Y, Z について

$$\hat{\mathbf{A}}(X, Z^Y) \cong \hat{\mathbf{A}}(X \times Y, Z) \tag{6.22}$$

がすべての前層 X について成り立つためには Z^Y は何であるべきだろうか？これが任意の前層 X について真ならば，とくに X が表現可能な場合より

$$Z^Y(A) \cong \hat{\mathbf{A}}(H_A, Z^Y) \cong \hat{\mathbf{A}}(H_A \times Y, Z)$$

が任意の $A \in \mathbf{A}$ について成り立つ．ここで最初の同型に米田を使った．これが Z^Y が何であるべきかを教えてくれる．$Z^Y(A)$ はまず推測するような単純な $Z(A)^{Y(A)}$ ではないことに気をつけよう：前層圏におけるエクスポネンシャルは一般には点ごとに計算されない．

---

[26] [訳註]「モノイドのような」という意味である．この「ような」とは，結合法則 $(xy)z = x(yz)$ や単位法則 $1x = x = x1$ が等号ではなく，一貫性のある自然同型に置き換えた形で成り立つことを意味している．

[27] モノイダル圏であって（内部 Hom 対象 (internal Hom-object) とよばれる）エクスポネンシャルの類似をもつものをモノイダル閉圏とよぶ．閉モノイダル圏 (closed monoidal category) という語順もそれなりに一般的である．

定理 6.3.20 任意の小圏 $\mathbf{A}$ について，前層圏 $\hat{\mathbf{A}}$ はカルテシアン閉である．

証明の方針は以下のとおりである．X が表現可能であれば，思考実験の議論により同型 (6.22) が得られる．一般の前層 X は表現可能とは限らないが，それは表現可能関手の余極限なので証明が自動的に完了する．

証明 $\hat{\mathbf{A}}$ はすべての極限をもつので，とくに有限積をもつことはよい．あとは $\hat{\mathbf{A}}$ がエクスポネンシャルをもつことを示そう．$Y \in \hat{\mathbf{A}}$ を固定する．

まず $-\times Y : \hat{\mathbf{A}} \to \hat{\mathbf{A}}$ が余極限を保存することを証明する．（ゆくゆくは $-\times Y$ が右随伴をもつことを示すことになり，それから余極限の保存は従うが，ここでは余極限の保存を使って右随伴 $-\times Y$ の存在を証明する．）実際，$\hat{\mathbf{A}}$ における積と余極限は点ごとに計算されるので，任意の集合 S について，関手 $-\times S : \mathbf{Set} \to \mathbf{Set}$ が余極限を保存することをいえば十分であるが，これは $\mathbf{Set}$ がカルテシアン閉であるという事実から従う．

$\mathbf{A}$ 上の各前層 Z について，Z^Y を任意の $A \in \mathbf{A}$ に対して

$$Z^Y(A) = \hat{\mathbf{A}}(H_A \times Y, Z)$$

で定まる前層とする．これは関手 $(-)^Y : \hat{\mathbf{A}} \to \hat{\mathbf{A}}$ を定義する．

さて $(-\times Y) \dashv (-)^Y$ を示そう．$X, Z \in \hat{\mathbf{A}}$ を取り，（定義 6.2.16 のように）射影を $P : \mathbf{E}(X) \to \mathbf{A}$ として $H_P = H_\bullet \circ P$ と書こう．このとき

$$\hat{\mathbf{A}}(X, Z^Y) \cong \hat{\mathbf{A}}\left(\varinjlim_{\to \mathbf{E}(X)} H_P, Z^Y\right) \tag{6.23}$$

$$\cong \varprojlim_{\leftarrow \mathbf{E}(X)} \hat{\mathbf{A}}(H_P, Z^Y) \tag{6.24}$$

$$\cong \varprojlim_{\leftarrow \mathbf{E}(X)} Z^Y(P) \tag{6.25}$$

$$\cong \varprojlim_{\leftarrow \mathbf{E}(X)} \hat{\mathbf{A}}(H_P \times Y, Z) \tag{6.26}$$

$$\cong \hat{\mathbf{A}}\left(\varinjlim_{\to \mathbf{E}(X)} (H_P \times Y), Z\right) \tag{6.27}$$

$$\cong \hat{\mathbf{A}}\left(\left(\varinjlim_{\to \mathbf{E}(X)} H_P\right) \times Y, Z\right) \tag{6.28}$$

$$\cong \hat{\mathbf{A}}(X \times Y, Z) \tag{6.29}$$

が X と Z について自然に成り立つ[28]．ここで (6.23) と (6.29) は定理 6.2.17 から従い，(6.24) と (6.27) は（注意 6.2.3 で言い換えられているように）表現可能関手が極限を保存するからで，(6.25) は米田，(6.26) は Z^Y の定義により，そして (6.28) は $-\times Y$ が余極限を保存するからである． □

これはトポス理論へと続く一歩とみなし得る結果だ．トポスとはいくつかの特別な性質をもつ圏のことであり，トポス理論は思いもつかない方法で論理学と幾何学の重要な側面を統一する．

たとえば，トポスは「集合の宇宙」と思うことができる：**Set** はトポスの最も基本的な例であり，任意のトポスはその対象をあたかも何かエキゾチックな集合であるかのように論じられるだけの十分な特徴を **Set** と共有している．他方，トポスは一般化された位相空間ともみなせる：各空間はトポスを生じ（つまりその上の層の圏），空間の位相的な性質は対応するトポスの圏論的性質として有用に再解釈される．

定義より，トポスは有限極限をもつカルテシアン閉圏で，さらに部分対象分類子の存在というもう一つの性質をもつものだ[29]．たとえば 2 点集合である 2 は **Set** の部分対象分類子である．これは非公式には A の部分集合が射 $A \to 2$ と 1 対 1 対応していることを意味している．演習問題 6.3.26 と演習問題 6.3.27 は誘導つき問題になっていて，部分対象分類子の形式的な定義を与え，**Set** および，より一般に任意の前層圏がトポスであることを証明する．

---

[28] [訳註] 自然性の確認はとても簡単というわけではもちろんない．よくあるやり方は主に二つあって，一つは各ステップでの自然性を確認することである．たとえば (6.23) の X についての自然性を確認するには，定理 6.2.17 における同型 $X \cong \lim_{\to \mathbf{E}(X)} (H_\bullet \circ P)$ の自然性（同じことだが関手 $1 : \hat{\mathbf{A}} \to \hat{\mathbf{A}}$ と関手 $\lim_{\to \mathbf{E}(-)} (H_\bullet \circ P)$ の自然同型性）を準備する必要がある．もう一つのやり方は，$\alpha \in \hat{\mathbf{A}}(X, Z^Y)$ が最終的にどのような $\bar{\alpha} \in \hat{\mathbf{A}}(X \times Y, Z)$ になるか同型を追いかけてから確認する方法で，いまの場合，任意の $(A, x) \in \mathbf{E}(X)$ について

$$\begin{array}{ccc} H_A \times Y & \xrightarrow{p_{A,x} \times 1_Y} & X \times Y \\ & {\scriptstyle \alpha_A(x) \searrow} \quad {\scriptstyle \swarrow \bar{\alpha}} & \\ & Z & \end{array}$$

が可換になるただ一つの $\bar{\alpha}$ となる．$p_{A,x}$ については 186 ページの脚注 11 のとおりである．

[29] [訳註] これは Grothendieck トポスなどと対比して，初等的トポス (elementary topos) ともよばれる（Grothendieck トポスは初等的トポスである）．

演習問題

6.3.21 (a) 忘却関手 $U: \mathbf{Grp} \to \mathbf{Set}$ は右随伴をもたないことを示せ．

(b) 演習問題 3.2.16 の随伴鎖 $C \dashv D \dashv O \dashv I$ はどちらの側にもこれ以上は延びないことを示せ．

(c) 演習問題 2.1.17 の随伴鎖についてはどちらかの側に延びるだろうか？

6.3.22 $\mathscr{A}$ を局所小圏とする．関手 $U: \mathscr{A} \to \mathbf{Set}$ について，次の三つの条件を考える：(A) U は左随伴をもつ，(R) U は表現可能，(L) U は極限を保存する．

(a) (A) $\implies$ (R) $\implies$ (L) を示せ．

(b) $\mathscr{A}$ が和をもつならば，(R) $\implies$ (A) を示せ．

($\mathscr{A}$ が特殊随伴関手定理の仮定を満たすならば (L) $\implies$ (A) もまた成り立ち，三つの条件は同値になる．)

6.3.23 (a) 任意の前順序集合は（圏として）順序集合に同値であることを証明せよ．

(b) $\mathscr{A}$ をすべての小さな積をもつ圏とする．$\mathscr{A}$ が前順序でない，つまり $\mathscr{A}$ 中に $f \neq g$ となる平行な射の組 $A \underset{g}{\overset{f}{\rightrightarrows}} B$ が存在すると仮定する．各集合 I について射 $A \to B^I$ を考えることにより，$\mathscr{A}$ が小圏ではないことを示せ．

(c) 小さな積をもつ小さな圏は完備順序集合に同値なことを導け．

(d) 以上の議論を改変して，有限積をもつ有限圏は完備順序集合に同値なことを証明せよ．

6.3.24 おそらく一般随伴関手定理の最も重要な応用は，代数の圏の間の忘却関手が左随伴をもつことの証明であろう（例 6.3.11）．GAFT の仮定の確認にはいくつかの濃度計算が必要になる．ここではその典型例を扱う．

(a) A を集合とする．任意の群 G と G の元の族 $(g_a)_{a \in A}$ について，$\{g_a \mid a \in A\}$ で生成される G の部分群の濃度は高々 $\max\{|\mathbb{N}|, |A|\}$ であることを示せ．

(b) 任意の集合 S について，濃度が高々 $|S|$ である群の同型類の集まりは小さいことを示せ．

(c) $U : \mathbf{Grp} \to \mathbf{Set}$ を群から集合への忘却関手とする．(a) と (b) を用いて，任意の集合 A について，コンマ圏 $(A \Rightarrow U)$ が弱始対象的集合をもつことを導け．

(d) GAFT を用いて U が左随伴をもつことを結論づけよ．

6.3.25 $\mathbf{A}$ を小カルテシアン閉圏とする．米田埋め込み $\mathbf{A} \to [\mathbf{A}^{\mathrm{op}}, \mathbf{Set}]$ はカルテシアン閉構造のすべて（エクスポネンシャルのほかに積も）を保つことを示せ[30]．

6.3.26 演習問題 5.1.40 から部分対象の概念を思い出そう．圏 $\mathscr{A}$ が **well-powered** とは，各 $A \in \mathscr{A}$ について A の部分対象のクラスが小さい，すなわち集合であることをいう．（われわれの通常のすべての圏の例は well-powered である．）$\mathscr{A}$ を引き戻しをもつ well-powered な圏とし，$A \in \mathscr{A}$ の部分対象の集合を $\mathrm{Sub}(A)$ と書く．

(a) 演習問題 5.1.42 を用いて，$\mathscr{A}$ の射 $A' \xrightarrow{f} A$ は射 $\mathrm{Sub}(f) : \mathrm{Sub}(A) \to \mathrm{Sub}(A')$ を誘導することを導け．

(b) これは関手 $\mathrm{Sub} : \mathscr{A}^{\mathrm{op}} \to \mathbf{Set}$ を定義することを示せ．（ヒント：演習問題 5.1.35 を用いる．）

(c) 圏によっては関手 Sub は表現可能である．圏 $\mathscr{A}$ に対する**部分対象分類子** (subobject classifier) とは，$\mathrm{Sub} \cong H_\Omega$ となる対象 $\Omega \in \mathscr{A}$ のことをいう．$\mathbf{2}$ は $\mathbf{Set}$ に対する部分対象分類子であることを証明せよ．

トポス (topos) とは，有限極限と部分対象分類子をもつカルテシアン閉圏である．これで $\mathbf{Set}$ がトポスであることの証明がまさしく完了した．

6.3.27 ここでは直前の問題に続いて，任意の前層圏がトポスであることの証明を締めくくる．$\mathbf{A}$ を小圏とする．

---

[30] Peter T. Johnstone, *Sketches of an Elephant: A Topos Theory Compendiumm vol. 1* (Oxford University Press, 2002) の A1.5.6 (i) も参照されたい．

(a) 定理 6.3.20 の記述の前に行ったものと似たような思考実験を行うことで，$[\mathbf{A}^{\mathrm{op}}, \mathbf{Set}]$ に部分対象分類子 Ω が存在するなら，それは何であるべきか見出せ．

(b) その Ω が本当に部分対象分類子であることを証明せよ．

(c) $[\mathbf{A}^{\mathrm{op}}, \mathbf{Set}]$ がトポスであることを結論せよ．

付録A　一般随伴関手定理の証明

ここでは一般随伴関手定理の証明を行う．読者の便宜のため以下に命題を再掲しよう．左から右は定理 6.3.1 なので，証明すべきは右から左である．

定理 6.3.10（一般随伴関手定理）　$\mathscr{A}$ を圏，$\mathscr{B}$ を完備な圏，$G : \mathscr{B} \to \mathscr{A}$ を関手とする．$\mathscr{B}$ が局所小で，各 $A \in \mathscr{A}$ について圏 $(A \Rightarrow G)$ が弱始対象的集合をもつならば

$$G \text{ は左随伴をもつ} \iff G \text{ は極限を保存する}$$

が成り立つ．

証明の核心は $\mathscr{A} = \mathbf{1}$ の場合である．このとき GAFT は，弱始対象的集合をもつ完備局所小圏には始対象が存在することを主張している[1]．まずはこれを証明しよう．

この特殊な場合の証明は，$\mathscr{A} = \mathbf{1}$ で圏 $\mathscr{B}$ が順序集合 $\mathbf{B}$ という，さらにいっそう特殊な場合を考えることで解明される．例 6.3.8 において，完備半順序集合 $\mathbf{B}$ の始対象（最小元）はすべての元の交わりとして構成できることをみた．別の言い方をするならば，これは恒等関手 $1_\mathbf{B} : \mathbf{B} \to \mathbf{B}$ の極限である．

任意の圏 $\mathscr{B}$ について恒等関手 $1_\mathscr{B} : \mathscr{B} \to \mathscr{B}$ の極限は（もし存在するなら）始対象であると証明することにより，この結果を任意の圏 $\mathscr{B}$ に拡張しようとするかもしれない．実際のところ，これは正しい（演習問題 A.3）．しかし証明の役には立たない．というのも，もしも $\mathscr{B}$ が大きいなら，$1_\mathscr{B}$ の極限は

---

[1]［訳註］圏同型 $(A \Rightarrow G) \cong \mathscr{B}, (B, h : A \to G(B)) \mapsto B$ が存在するからだ．

大きな極限になるが，$\mathscr{B}$ は小さな極限をもつとしか仮定していないからだ．

どうやら袋小路に追い込まれてしまったようだ．しかし，そこここが GAFT の背景にある巧妙な考え方が役割を果たすところなのである．完備半順序集合の最小元を構成するために，すべての元の交わりを取る必要はない．より経済的に，いくつかの弱始対象的な部分集合の元の交わりを取ればよい（演習問題 A.4）．一般に，任意の完備圏について，弱始対象的集合の極限は始対象である．いま，このことを証明しよう．

補題 A.1 弱始対象的集合をもつ完備な局所小圏 $\mathscr{C}$ は始対象をもつ．

証明 $\mathbf{S}$ を $\mathscr{C}$ の弱始対象的集合とする．$\mathbf{S}$ を $\mathscr{C}$ の充満部分圏とみなそう．このとき $\mathscr{C}$ が局所小なので $\mathbf{S}$ は小さい．ゆえに，包含 $\mathbf{S} \hookrightarrow \mathscr{C}$ の極限錐

$$\left(0 \xrightarrow{p_S} S\right)_{S \in \mathbf{S}} \tag{A.1}$$

を取れる．0 が始対象であることを示そう．

$C \in \mathscr{C}$ について，射 $0 \to C$ がちょうど一つ存在することを示す必要がある．適当な $S \in \mathbf{S}$ と射 $j : S \to C$ を選べば合成 $jp_S : 0 \to C$ があるから，一つは確かに存在する．一意性を示すため，$f, g : 0 \to C$ を考え，イコライザ

$$E \xrightarrow{i} 0 \underset{g}{\overset{f}{\rightrightarrows}} C$$

を取る．$\mathbf{S}$ は弱始対象的なので，$S \in \mathbf{S}$ と $h : S \to E$ を選べる．いま，射

$$0 \xrightarrow{p_S} S \xrightarrow{h} E \xrightarrow{i} 0$$

は，任意の $S' \in \mathbf{S}$ について

$$p_{S'}(ihp_S) = (p_{S'}ih)p_S = p_{S'} = p_{S'}1_0$$

となる性質をもっている（ここで二番めの等号は (A.1) が錐であることから従う）．しかし (A.1) は**極限**錐であったので，演習問題 5.1.36 (a) によって $ihp_S = 1_0$ でなければならない．ゆえに，望みどおり

$$f = fihp_S = gihp_S = g$$

である． $\square$

これで, $\mathscr{A} = \mathbf{1}$ という特殊な場合に GAFT が証明された. 証明の残りは比較的決まりきったものだ.

補題 A.2 $\mathscr{A}, \mathscr{B}$ を圏とし, $G : \mathscr{B} \to \mathscr{A}$ は極限を保存する関手とする. このとき各 $A \in \mathscr{A}$ について (6.21) の射影関手 $P_A : (A \Rightarrow G) \to \mathscr{B}$ は極限を創出する. とくに, $\mathscr{B}$ が完備ならば各コンマ圏 $(A \Rightarrow G)$ も完備である.

証明 前半は演習問題 A.5 (b) である. 後半は補題 5.3.6 より従う. □

さて GAFT を証明しよう. 系 2.3.7 より, 各 $A \in \mathscr{A}$ について $(A \Rightarrow G)$ が始対象をもつことを示せば十分である. 補題 A.2 より, $(A \Rightarrow G)$ は完備で, 仮定により弱始対象的集合をもつ. $\mathscr{B}$ が局所小なので, これも局所小であり, 補題 A.1 より望みどおり始対象をもつことがわかった.

演習問題

A.3 この問題に限って, 関手 $\mathbf{I} \to \mathscr{C}$ の極限は $\mathbf{I}$ が小さいときにのみ考えるという (定義 5.1.19 で暗黙に結んだ) 取り決めをいったん保留することにする. $\mathscr{B}$ を圏とする. この圏は大きくてもよい. この問題の目的は, $\mathscr{B}$ 上の恒等関手の極限は, $\mathscr{B}$ の始対象にほかならないことを証明することである.

(a) 0 を $\mathscr{B}$ の始対象とする. 恒等関手 $1_\mathscr{B}$ 上の錐 $(0 \to B)_{B \in \mathscr{B}}$ は極限錐であることを示せ.

(b) $\left(L \xrightarrow{p_B} B \right)_{B \in \mathscr{B}}$ を $1_\mathscr{B}$ 上の極限錐とする. p_L は L 上の恒等射であることを証明し, L が始対象であることを導け.

A.4 ここでは補題 A.1 の特別な場合, すなわち半順序集合の圏の場合を証明することにしよう. C を半順序集合とし, $S \subseteq C$ とする.

(a) S が C において弱始対象的であるとは, 純粋な順序集合論の言葉ではどういう意味になるか？

(b) S が弱始対象的集合で, かつ交わり $\bigwedge_{s \in S} s$ が存在するならば, $\bigwedge_{s \in S} s$ は C の最小元であることを直接証明せよ.

A.5 $G: \mathscr{B} \to \mathscr{A}$ を極限を保存する関手とし，$A \in \mathscr{A}$ を取る．

(a) 任意の小圏 $\mathbf{I}$ について，$(A \Rightarrow G)$ における $\mathbf{I}$ 型の図式は，$\mathscr{B}$ における $\mathbf{I}$ 型の図式 E と頂点 A をもつ $G \circ E$ 上の錐の組と同じであることを示せ．

(b) (6.21) の射影関手 $P_A : (A \Rightarrow G) \to \mathscr{B}$ は極限を創出することを示せ．

ブックガイド

　本書は意図的に短くした．ほとんどの圏論の入門書に含まれているいくつかの話題でさえ本書では省略されている．本書の範囲を超えたいくつかの話題を示し，それらについてどこを読んだらよいかを提案しよう．一生かけても読みきれないほどたくさんの圏論の本がある以上，これらの推薦は必然的に主観的になる．

　数ある圏論の本の中でも傑出した存在は，圏論の創始者の一人による古典

> Saunders Mac Lane, *Categories for the Working Mathematician*. Springer, 1971; second edition with two new chapters, 1998

である[2]．これは非常によく書かれているから，出版から 40 年が経過したいまでも最も定番の入門書である．本書よりももっと進んだ読者を対象としており，本書では省いた多くの話題が扱われている．これに含まれるのは，モナド（代数的理論の考え方の一つの形式化），モノイダル圏（テンソル積をもつ圏），2 圏（これについては第 1 章の終わりで触れた），アーベル圏（加群の圏），エンド（極限の概念の優美な一般化），Kan 拡張（これは同書の冗談めかした最終節の表題「すべての概念は Kan 拡張である」を与える）である．

　ほかによく好まれる本として，いまあなたの手元にある本書よりは分厚いが，同じような読者層向けに書かれた

> Steve Awodey, *Category Theory*. Oxford University Press, 2010

---

[2]［訳註］邦訳に三好博之，高木理訳『圏論の基礎』（丸善出版，2012 年）がある．

がある[4]．Awodey の本が扱う範囲は，Mac Lane の本よりは少ないが，圏論と論理学のそのほかの側面とのつながりにとくに重点が置かれている．この本には，すべてをカルテシアン閉圏にあてた章があり，またモナドの理論も扱っている．

本よりも講義を好む読者は 750 分の圏論入門の映像を試してみるとよい：

> Eugenia Cheng and Simon Willerton, *The Catsters*, 2007–2010. www.youtube.com/user/TheCatsters で視聴できる．

本書で扱った話題のほかに，モナド，豊穣圏，内部群（そして内部代数構造），ストリング図式（これについては注意 2.2.9 で簡単に触れた）や，いくつかのより洗練された話題も含んでいる．

知識と同じだけの刺激を求めるには，二つのさらなるお薦めがある：

> Saunders Mac Lane, *Mathematics: Form and Function*. Springer, 1986.

> F. William Lawvere and Stephen H. Schanuel, *Conceptual Mathematics: A First Introduction to Categories*. Cambridge University Press, 1997.

Mathematics: Form and Function は[5]，圏論的な視点から書かれた純粋数学と応用数学の多くを巡る旅である．その宣言された目的は，著者の数学に対する哲学を説明することだが，たくさんの素晴らしい模様の展示も楽しめる．（ただし多数の細かな間違いには注意すること．）*Conceptual Mathematics: A First Introduction to Categories* は示唆に富む本で好奇心をそそる実験的試みでもある：高校生に向けた圏論であり，しかも教室での対話でそれを完遂している．

本書の範囲を超えた圏論の話題については，二つの優れた一般的な参考文献がある：

> Francis Borceux, *Handbook of Categorical Algebra, Volumes 1–3*. Cambridge University Press, 1994.

> 執筆者多数, *The nLab*, 2008–現在. http://ncatlab.org で閲覧できる．

---

[4] ［訳註］邦訳に前原和寿訳『圏論』（共立出版，2015 年）がある．
[5] ［訳註］邦訳に赤尾和男，岡本周一訳『数学：その形式と機能』（森北出版，1992 年）がある．

Borceux の百科事典的な本は本書とは異なる視点で書かれているが，非常に多くの話題を扱っている．ほかの本との関連でいましがた言及した話題を除くと，重要な話題はファイブレーション，両側加群（プロファンクター[6]または分配子ともいう），Lawvere 理論，Cauchy 完備性，森田同値，絶対余極限，そして平坦性である．

nLab は Wikipedia と同じような原則の運営でいまでも進化し続けているウェブ上の数学の資源で，圏論に焦点を合わせている．個々の記載事項は奇怪な可能性もあるが，進んだ圏論の話題については非常に有益な参考文献になってきた．

圏論の活発な研究はいまも続いている．以上にあげた情報源はさらに探求したい読者にとって十分に進んだ参考文献である．

そのほかの本文中から参照された教科書

Timothy Gowers, *Mathematics: A Very Short Introduction*. Oxford University Press, 2002[7].

G. M. Kelly, *Basic Concepts of Enriched Category Theory*. Cambridge University Press, 1982. *Reprints in Theory and Applications of Categories* 10 (2005), 1–136 もまた www.tac.mta.ca/tac/reprints で入手できる．

F. William Lawvere and Robert Rosebrugh, *Sets for Mathematics*. Cambridge University Press, 2003.

Tom Leinster, Rethinking set theory. *American Mathematical Monthly*, to appear (2014). http://arxiv.org/abs/1212.6543 で入手できる．

---

[6]［訳註］profinite group を副有限群と訳すのは定着しているようなので，副関手と訳し得る．
[7]［訳註］邦訳に青木薫訳『1 冊でわかる 数学』（岩波書店，2004 年）がある．

演習問題の解答

0.10 写像 $j : I(S) \to S$ を $j(s) = s$ によって定義すると $(s \in S)$，任意の関数 $f : X \to S$ について，$j \circ \bar{f} = f$ なる連続写像 $\bar{f} : X \to I(S)$ がただ一つ存在する．

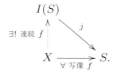

0.11 $\theta \circ f = \varepsilon \circ f$ なる任意の群準同型 $f : K \to G$ について，$\iota \circ \bar{f} = f$ なる群準同型 $\bar{f} : K \to \ker(\theta)$ がただ一つ存在する．

$$\ker(\theta) \hookrightarrow^{\iota} G \underset{\varepsilon}{\overset{\theta}{\rightrightarrows}} H$$

0.12 $f \circ i = g \circ j$ は，$\forall x \in U \cap V, f(x) = g(x)$ と同値なので，

$$h(x) = \begin{cases} f(x) & (x \in U) \\ g(x) & (x \in V) \end{cases}$$

によって $h : (U \cup V =) X \to Y$ は well-defined である．そこで h が連続関数であることを示そう．任意の開集合 $W \subseteq Y$ について，$h^{-1}(W) \cap U = f^{-1}(W)$ は U の開集合なので X の開集合であり，同様に $h^{-1}(W) \cap V$ も X の開集合である．よって

$$h^{-1}(W) = h^{-1}(W) \cap X = (h^{-1}(W) \cap U) \cup (h^{-1}(W) \cap V)$$

は X の開集合なので，h は連続写像であることが示された．

写像 $h : X \to Y$ が $h \circ j' = f, h \circ i' = g$ を満たすことは，$\forall x \in U, h(x) = f(x)$

かつ $\forall x \in V, h(x) = g(x)$ と同値である. $X = U \cup V$ より関数 $h: X \to Y$ で $h \circ j' = f, h \circ i' = g$ を満たすものは,存在するとすればただ一つである.

0.13 (a) $f = \sum_i a_i x^i \in \mathbb{Z}[x]$ について $\phi(f) = \sum_i a_i r^i$ と定義される写像が, $\phi(x) = r$ なるただ一つの環準同型写像 $\phi : \mathbb{Z}[x] \to R$ であることが証明できる.

(b) $(\mathbb{Z}[x], x)$ の普遍性より,環準同型写像 $\iota : \mathbb{Z}[x] \to A$ で $\iota(x) = a$ なるものがただ一つ存在する. これが環同型であることを示そう. (A, a) の普遍性より環準同型写像 $\iota' : A \to \mathbb{Z}[x]$ で $\iota'(a) = x$ なるものがただ一つ存在する. すると $\iota' \circ \iota$ は $\mathbb{Z}[x]$ から $\mathbb{Z}[x]$ への環準同型であって x を x に送る. $(\mathbb{Z}[x], x)$ の普遍性より,このような環準同型は $1_{\mathbb{Z}[x]}$ に限られる. すなわち $\iota' \circ \iota = 1_{\mathbb{Z}[x]}$ を得る. (A, a) の普遍性を用いて, $\iota \circ \iota' = 1_A$ が同様に得られる.

0.14 まず k 線型空間 X, Y について,直積集合 $X \times Y$ は,

和 $(x, y) + (x', y') = (x + x', y + y')$

スカラー倍 $c(x, y) = (cx, cy)$

によって k 線型空間の構造をもつ $(x, x' \in X, y, y' \in Y, c \in k)$. これを $X \oplus Y$ と書く(直和). 以下は線型写像であることが確認できる.

- $p_X : X \oplus Y \to X, (x, y) \mapsto x$,
- $p_Y : X \oplus Y \to Y, (x, y) \mapsto y$
- $i_X : X \to X \oplus Y, x \mapsto (x, 0_Y)$,
- $i_Y : Y \to X \oplus Y, y \mapsto (0_X, y)$

(a) $(P, p_1, p_2) = (X \oplus Y, p_X, p_Y)$ が求める錐である. 実際 $f : V \to X \oplus Y$, $v \mapsto (f_1(v), f_2(v))$ $(v \in V)$ が $p_1 \circ f = f_1$ かつ $p_2 \circ f = f_2$ となるただ一つの線型写像であることが証明できる.

(b) (P', p'_1, p'_2) の普遍性より, $p'_j \circ i = p_j$ $(j = 1, 2)$ となるただ一つの線型写像 $i : P \to P'$ が存在する. この i が同型であることを示す. (P, p_1, p_2) の普遍性より, $p_j \circ i' = p'_j$ $(j = 1, 2)$ となるただ一つの線型写像 $i' : P' \to P$ が存在するが,このとき $i' \circ i : P \to P$ は $p_j \circ (i' \circ i) = p_j$ $(j = 1, 2)$ を満たしている(なぜなら $p_j \circ (i' \circ i) = (p_j \circ i') \circ i = p'_j \circ i = p_j$ だから). (P, p_1, p_2) の普遍性より $i' \circ i = 1_P$ でなければならず, $i \circ i' = 1_{P'}$ も $p'_j \circ (i \circ i') = p'_j$ $(j = 1, 2)$ であることと (P', p'_1, p'_2) の普遍性から同様にわかる.

(c) $(Q, q_1, q_2) = (X \oplus Y, i_X, i_Y)$ が求める余錐である. 実際 $f : X \oplus Y \to V$, $(x, y) \mapsto f_1(x) + f_2(y)$ $(x \in X, y \in Y)$ が $f \circ q_1 = f_1$ かつ $f \circ q_2 = f_2$ となるただ一つの線型写像であることが証明できる.

(d) (b) と同様に普遍性を用いて次が証明できる: (Q, q_1, q_2) と (Q', q'_1, q'_2) がともに (c) の普遍性を満たすとする. このとき線型同型 $j : Q \to Q'$ で $j \circ q_1 = q'_1, j \circ q_2 = q'_2$ となるものがただ一つ存在する.

1.1.12 省略.

1.1.13 $g, g' : B \to A$ が $gf = 1_A = g'f$ かつ $fg = 1_B = fg'$ を満たすとする. このとき $g = g1_B = g(fg') = (gf)g' = 1_A g' = g'$ を得る.

1.1.14 構成 1.1.11 に続いて.
合成 $(f, g) : (A, B) \to (A', B')$ と $(f', g') : (A', B') \to (A'', B'')$ の合成 $(f', g') \circ (f, g) : (A, B) \to (A'', B'')$ を $(f' \circ f, g' \circ g)$
恒等射 $1_{(A,B)} = (1_A, 1_B)$
と定義すると (ここで $A, A', A'' \in \mathscr{A}$, $B, B', B'' \in \mathscr{B}$, $f \in \mathscr{A}(A, A')$, $f' \in \mathscr{A}(A', A'')$, $g \in \mathscr{B}(B, B')$, $g' \in \mathscr{B}(B', B'')$), $\mathscr{A} \times \mathscr{B}$ は圏の公理を満たすことが確認できる.

1.1.15 連続写像 $f, g : X \to Y$ がホモトピックとは, ある連続写像 $H : [0,1] \times X \to Y$ が存在して, 任意の $x \in X$ について $H(0, x) = f(x)$, $H(1, x) = g(x)$ が成り立つことをいう. これを $f \simeq_Y^X g$ と書くことにする. まずは $\simeq_Y^X$ が集合 $\mathbf{Top}(X, Y)$ ($= \{f : X \to Y \mid f\ は連続写像\}$) 上の同値関係であることを示す必要がある.

Toph とは, 対象が位相空間で, 射集合を

$$\mathbf{Toph}(X, Y) = \mathbf{Top}(X, Y) / \simeq_Y^X$$

として得られる圏である (同値関係に関する商集合については 3.1 節を参照). 合成が定義されるためには, 位相空間 X, Y, Z と $f, f' \in \mathbf{Top}(X, Y)$, $g, g' \in \mathbf{Top}(Y, Z)$ について, $f \simeq_Y^X f'$ かつ $g \simeq_Z^Y g'$ ならば $gf \simeq_Z^X g'f'$ を示す必要がある, といったぐあいの確認するべきこと (残りは結合法則と単位法則に対応する整合性の確認) については, たとえば松本幸夫著『トポロジー入門』(岩波書店, 1985 年) 第 4 章に詳しい.

位相空間 X, Y が **Toph** で同型であることは, $f : X \to Y$ と $g : Y \to X$ が存在して $gf \simeq_X^X 1_X$ かつ $fg \simeq_Y^Y 1_Y$ となることだから (ホモトピー同値の定義によって) X と Y がホモトピー同値であることにほかならない.

1.2.20 省略.

1.2.21 $f : A \to A'$, $g : A' \to A$ が $g \circ f = 1_A$, $f \circ g = 1_{A'}$ を満たすなら, $F(g) \circ F(f) = F(1_A) = 1_{F(A)}$, $F(f) \circ F(g) = F(1_{A'}) = 1_{F(A')}$ を得る. よって $F(A) \cong F(A')$ である.

1.2.22 明らかである.
実際, 関手 $F : \mathscr{A} \to \mathscr{B}$ に対応する写像を $f : A \to B$ としよう. A 中で $a \leq a'$ となっているとき, $\mathscr{A}(a, a') = \{*\}$ となっているが, $\{F(*)\} = \mathscr{B}(F(a), F(a'))$ な

ので，B 中で $f(a) \leq f(a')$ となっている．したがって関手 $F: \mathscr{A} \to \mathscr{B}$ は順序を保つ写像 $f: A \to B$ に対応する．

逆に，順序を保つ写像 $f: A \to B$ は関手 $F: \mathscr{A} \to \mathscr{B}$ に対応する．実際，$\mathscr{A}(a, a') = \{x\}$, $\mathscr{A}(a', a'') = \{y\}$, $\mathscr{A}(a, a'') = \{y \circ x\}$ としよう．すると，$\mathscr{B}(f(a), f(a')) = \{Fx\}$, $\mathscr{B}(f(a'), f(a'')) = \{Fy\}$, $\mathscr{B}(f(a), f(a'')) = \{F(y \circ x)\}$ である．半順序集合に対応する圏では射 α, β について α, β の定義域と値域がそれぞれ一致すれば $\alpha = \beta$ となるので $F(y) \circ F(x) = F(y \circ x)$ が成り立つ．同様に $F(1_a) = 1_{f(a)}$ もわかる．

1.2.23 (a) 台集合 $G^{\mathrm{op}} = \{g^{\mathrm{op}} \mid g \in G\}$ に，$g^{\mathrm{op}} \cdot h^{\mathrm{op}} = (hg)^{\mathrm{op}}$ によって積を定義した群（反対群）である（ここで $g, h \in G$）．G と G^{op} をともに群と思うと，対応 $G \to G^{\mathrm{op}}, g \mapsto (g^{-1})^{\mathrm{op}}$ が群同型を与えている．この対応を関手とみなしたものが，G と G^{op} をともに圏と思ったものの間の圏同型を与える．

(b) モノイド N について，命題 $P(N)$ を
$$\exists f \in N, \forall g \in N, fg = f$$
と定義する．これは同型で真偽が保たれる命題である．

いま，S を 2 点集合とする．$M := \mathbf{Set}(S, S)$ は関数の合成によってモノイドとなる．$P(M)$ は真だが，$P(M^{\mathrm{op}})$ は偽であることが確認され，$M \not\cong M^{\mathrm{op}}$ がわかる．

1.2.24 ない．$G \in \mathbf{Grp}$ について，$Z(G) = \{g \in G \mid \forall g' \in G, gg' = g'g\}$（$G$ の中心）とする．$G, H \in \mathbf{Grp}$ と，$f \in \mathbf{Grp}(G, H), g \in \mathbf{Grp}(H, G)$ が $1_G = gf$ かつ $|Z(G)| \neq 1, |Z(H)| = 1$ を満たすとする．もしも関手 $Z: \mathbf{Grp} \to \mathbf{Grp}$ であって，任意の G について $Z(G)$ が G の中心になっているものがあるとすると，$Z(G) \xrightarrow{Z(f)} \{*\} \xrightarrow{Z(g)} Z(G)$ で $Z(g) \circ Z(f) = 1_{Z(G)}$ なる $\mathbf{Set}$ の図式を得るが，これはあり得ない（一般に $X, Y \in \mathbf{Set}, p \in \mathbf{Set}(X, Y), q \in \mathbf{Set}(Y, X)$ について $1_X = qp$ ならば p は単射，q は全射である）．よって G, H, f, g を見つければよいが，たとえば $(G, H) = (\mathfrak{S}_2, \mathfrak{S}_n)$ $(n \geq 3)$ あるいは $(G, H) = (F_1(\cong \mathbb{Z}), F_m)$ $(m \geq 2)$ のときに目的は達成できる．ここで $\mathfrak{S}_n$ は n 次対称群，F_m は m 元生成自由群である．

1.2.25 (a) 関手 $F: \mathscr{A} \times \mathscr{B} \to \mathscr{C}$ とは，$A \in \mathscr{A}, B \in \mathscr{B}$ についての割り当て $F(A, B)$ と，$f \in \mathscr{A}(A, A'), g \in \mathscr{B}(B, B')$ についての割り当て $F(f, g)$ であって，$F(f'f, g'g) = F(f', g')F(f, g)$ と $F(1_A, 1_B) = 1_{F(A,B)}$ が成り立つものである $(A, A', A'' \in \mathscr{A}, B, B', B'' \in \mathscr{B}, f \in \mathscr{A}(A, A'), f' \in \mathscr{A}(A', A''), g \in \mathscr{B}(B, B'), g' \in \mathscr{B}(B', B''))$．$f = f' = 1_A$ とすることで F^A の関手性がわかる．

同様に，各 $B \in \mathscr{B}$ について $F_B(A) = F(A, B), F_B(f) = F(f, 1_B)$ として定まる関手 $(A, A' \in \mathscr{A}, f \in \mathscr{A}(A, A'))$ が存在することがわかる．

(b) $F^A(B) = F(A, B) = F_B(A)$ かつ $F^{A'}(g) \circ F_B(f) = F(1_{A'}, g) \circ F(f, 1_B) =$

$F(f,g) = F(f, 1_{B'}) \circ F(1_A, g) = F_{B'}(f) \circ F^A(g)$ である．

(c) $F : \mathscr{A} \times \mathscr{B} \to \mathscr{C}$ を，

- $(A, B) \in \mathscr{A} \times \mathscr{B}$ について $F(A, B) = F^A(B)\ (= F_B(A))$
- $(f, g) \in (\mathscr{A} \times \mathscr{B})((A, B), (A', B'))$ について $F(f, g) = F^{A'}(g) \circ F_B(f)\ (= F_{B'}(f) \circ F^A(g))$

と定義すると，F が関手になっていることが，(b) の条件を用いて証明できる．実際，$A, A', A'' \in \mathscr{A}$, $B, B', B'' \in \mathscr{B}$, $f \in \mathscr{A}(A, A')$, $f' \in \mathscr{A}(A', A'')$, $g \in \mathscr{B}(B, B')$, $g' \in \mathscr{B}(B', B'')$ について $F(f'f, g'g) = F(f', g') \circ F(f, g)$ をいえばよいが，

- $F(f'f, g'g) = F^{A''}(g'g) \circ F_B(f'f) = F^{A''}(g') \circ F^{A''}(g) \circ F_B(f') \circ F_B(f)$
- $F(f', g') \circ F(f, g) = F^{A''}(g') \circ F_{B'}(f') \circ F^{A'}(g) \circ F_B(f)$

において $F^{A''}(g) \circ F_B(f') = F_{B'}(f') \circ F^{A'}(g)$ なのだった．

逆にもしも関手 $G : \mathscr{A} \times \mathscr{B} \to \mathscr{C}$ が，

- $(A, B) \in \mathscr{A} \times \mathscr{B}$ について $G(A, B) = F^A(B) = F_B(A)$
- $A \in \mathscr{A}$ と $g \in \mathscr{B}(B, B')$ について $G(1_A, g) = F^A(g)$
- $B \in \mathscr{B}$ と $f \in \mathscr{A}(A, A')$ について $G(f, 1_B) = F_B(f)$

となるなら $F = G$ であることは，次のように示される．$(f, g) \in (\mathscr{A} \times \mathscr{B})((A, B),$ $(A', B'))$ について $F(f, g) = G(f, g)$ をいえばよいが，G は関手なので，$G(f, g) = G(1_{A'}, g) \circ G(f, 1_B)$ で，これは $F(f, g) = F^{A'}(g) \circ F_B(f)$ と同一である．

1.2.26 $X \in \mathbf{Top}$ について $C(X)$ が環になることをまずは各自示すこと（$f, g \in C(X)$ ならば $f + g, fg$ ともに連続写像になることを示す部分だけが内容のある箇所だ）．それができれば，$f \in \mathbf{Top}(X, Y)$ について $C(f) : C(Y) \to C(X)$, $g \mapsto gf$ が定義できて，環準同型であることはほとんど明らかである．すると，この割り当てが関手 $C : \mathbf{Top}^{\mathrm{op}} \to \mathbf{Ring}$ になることは明らかである．

1.2.27 任意の圏 $\mathscr{C}$ から $\mathbf{1}$（これは対象が一つで射はその上の恒等射のみからなる圏である）へはただ一つの関手 $F_{\mathscr{C}}$ が存在する．$\mathscr{C}$ が二つ以上の対象をもつ離散圏のとき，$F_{\mathscr{C}}$ がそのような例になっている．

1.2.28 (a) 以下は一般の設定における忠実性・充満性である．適切な制限を加えることで答えは変わり得ることに注意しよう．たとえば例 1.2.7 では「忠実性と単射性は同値」かつ「充満性と全射性は同値」である．例 1.2.11 と例 1.2.12 はそれほど簡単ではない（とくに充満性について）．

関手	忠実	充満	関手	忠実	充満
例 1.2.3 (a), (b), (c)	○	×	例 1.2.6	×	×
例 1.2.3 (d)	○	○	例 1.2.7	×	×
例 1.2.4 (a), (b), (c)	○	×	例 1.2.9	○	×
例 1.2.5 (a), (b), 例 1.2.13	×	×	例 1.2.11	×	×
例 1.2.8, 例 1.2.14	×	×	例 1.2.12	×	×

(b) 集合 S について，$\mathscr{C}_S$ を

対象 $\mathrm{ob}(\mathscr{C}_S) = \{\mathrm{start}_S, \mathrm{end}_S\}$

射 $\mathscr{C}_S(\mathrm{start}_S, \mathrm{end}_S) = S,\ \mathscr{C}_S(x,x) = \{1_x\}\ (x \in \{\mathrm{start}_S, \mathrm{end}_S\})$

によって定まる圏とする（射の合成の説明は省略）．対応 $F : \mathbf{Set} \to \mathbf{Cat},\ S \mapsto \mathscr{C}_S$ は関手になる（$f \in \mathbf{Set}(S,T)$ について $F(f) : \mathscr{C}_S \to \mathscr{C}_T$ は，$F(f)(\mathrm{start}_S, \mathrm{end}_S) : \mathscr{C}_S(\mathrm{start}_S, \mathrm{end}_S) \to \mathscr{C}_T(\mathrm{start}_T, \mathrm{end}_T),\ s \mapsto f(s)$ とする）．このとき $f \in \mathbf{Set}(S,T)$ に対応する関手 $F(f) : \mathscr{C}_S \to \mathscr{C}_T$ について，以下の同値が成り立つ．

$F(f)$ は忠実かつ充満 　　　　f は全単射である
$F(f)$ は充満だが忠実でない 　f は全射だが単射でない
$F(f)$ は忠実だが充満でない 　f は単射だが全射でない
$F(f)$ は忠実でも充満でもない 　f は単射でも全射でもない

1.2.29 (a) 与えられた半順序集合を $(X, \leq_X)$ と書く．これの部分圏は「$Y \subseteq X$ かつ $y \leq_Y y' \Rightarrow y \leq_X y'$ なる半順序集合 $(Y, \leq_Y)$」に対応する圏．これが充満部分圏であることと，$\leq_Y = \leq_X |_{Y \times Y}$ であることは同値である．

(b) 与えられた群を G と書く．空圏あるいは G の部分モノイドに対応する圏．

1.3.25 省略．

1.3.26 $\mathscr{A} \underset{G}{\overset{F}{\rightrightarrows}} \mathscr{B}$ ($\Downarrow \alpha$) が自然同型であれば，自然変換 $\mathscr{A} \underset{F}{\overset{G}{\rightrightarrows}} \mathscr{B}$ ($\Downarrow \beta$) が存在して，$\alpha \circ \beta = 1_G,\ \beta \circ \alpha = 1_F$ となる．よって任意の $A \in \mathscr{A}$ について，$\alpha_A \circ \beta_A = 1_{G(A)}$，$\beta_A \circ \alpha_A = 1_{F(A)}$ を得るから，$\alpha_A : F(A) \to G(A)$ は同型射である．

逆に任意の $A \in \mathscr{A}$ について，$\alpha_A : F(A) \to G(A)$ は同型射であると仮定する．つまり $\beta_A : G(A) \to F(A)$ で $\alpha_A \circ \beta_A = 1_{G(A)}$, $\beta_A \circ \alpha_A = 1_{F(A)}$ なるものがただ一つ存在する．この割り当て $\mathscr{A} \underset{F}{\overset{G}{\rightrightarrows}} \mathscr{B}$ ($\Downarrow \beta$) が自然変換になっていることが示せれば，$\alpha \circ \beta = 1_G,\ \beta \circ \alpha = 1_F$ となり，α が自然同型であることがわかる．

$$\begin{array}{ccc} G(A) & \xrightarrow{G(f)} & G(A') \\ \alpha_A \Updownarrow \beta_A & & \alpha_{A'} \Updownarrow \beta_{A'} \\ F(A) & \xrightarrow[F(f)]{} & F(A') \end{array}$$

β が自然変換であることをいうには，任意の $A, A' \in \mathscr{A}$ と任意の $f \in \mathscr{A}(A, A')$ について，$F(f) \circ \beta_A = \beta_{A'} \circ G(f)$ を示せばよい．α は自然変換だから，$\alpha_{A'} \circ F(f) = G(f) \circ \alpha_A$ なので，$\beta_{A'} \circ (\alpha_{A'} \circ F(f)) \circ \beta_A = \beta_{A'} \circ (G(f) \circ \alpha_A) \circ \beta_A$ を得る．これは $F(f) \circ \beta_A = \beta_{A'} \circ G(f)$ である．

1.3.27 本書では $\mathscr{A}$ から $\mathscr{B}$ への反変関手 F を「反変関手 $F: \mathscr{A} \to \mathscr{B}$」とは書かず「関手 $F: \mathscr{A}^{\mathrm{op}} \to \mathscr{B}$」と書く約束だったが，この解答の中だけに限って，それをいったん保留とする．1.2 節にあるとおり，関手 $F: \mathscr{A} \to \mathscr{B}$ は 1 対 1 に関手 $F': \mathscr{A}^{\mathrm{op}} \to \mathscr{B}^{\mathrm{op}}$ に対応し，その対応 $F \leftrightarrow F'$ は以下であった：

- $F'(A) = F(A)$（ここで $A \in \mathrm{ob}\,\mathscr{A} = \mathrm{ob}\,\mathscr{A}^{\mathrm{op}}$）
- $f^{\mathrm{op}} \in \mathscr{A}^{\mathrm{op}}(A, A')$（すなわち，対応する $f \in \mathscr{A}(A', A)$ がある）について，$F'(f^{\mathrm{op}}) = F(f)^{\mathrm{op}} \in \mathscr{B}^{\mathrm{op}}(F(A), F(A'))$（$F(f) \in \mathscr{B}(F(A'), F(A))$ に注意）

いま，関手 $F \in [\mathscr{A}, \mathscr{B}]$ を関手 $F' \in [\mathscr{A}^{\mathrm{op}}, \mathscr{B}^{\mathrm{op}}]$ に割り当て，自然変換 $\mathscr{A} \underset{G}{\overset{F}{\rightrightarrows}} \mathscr{B}$ (α) を $\mathscr{A}^{\mathrm{op}} \underset{F'}{\overset{G'}{\rightrightarrows}} \mathscr{B}^{\mathrm{op}}$ (α') に割り当てる対応 $\Psi_{\mathscr{A}, \mathscr{B}}: [\mathscr{A}, \mathscr{B}] \to [\mathscr{A}^{\mathrm{op}}, \mathscr{B}^{\mathrm{op}}]$ は反変関手になっていることが証明できる．ここで $A \in \mathrm{ob}\,\mathscr{A} = \mathrm{ob}\,\mathscr{A}^{\mathrm{op}}$ における α' の成分 $\alpha'_A: G'(A) \to F'(A)$ は α_A^{op} として定義される（$\alpha_A: F(A) \to G(A)$）．

したがって反変関手 $\Psi_{\mathscr{A}^{\mathrm{op}}, \mathscr{B}^{\mathrm{op}}}: [\mathscr{A}^{\mathrm{op}}, \mathscr{B}^{\mathrm{op}}] \to [(\mathscr{A}^{\mathrm{op}})^{\mathrm{op}}, (\mathscr{B}^{\mathrm{op}})^{\mathrm{op}}] = [\mathscr{A}, \mathscr{B}]$ も定まり，明らかに $\Psi_{\mathscr{A}^{\mathrm{op}}, \mathscr{B}^{\mathrm{op}}} \circ \Psi_{\mathscr{A}, \mathscr{B}} = 1_{[\mathscr{A}, \mathscr{B}]}, \Psi_{\mathscr{A}, \mathscr{B}} \circ \Psi_{\mathscr{A}^{\mathrm{op}}, \mathscr{B}^{\mathrm{op}}} = 1_{[\mathscr{A}^{\mathrm{op}}, \mathscr{B}^{\mathrm{op}}]}$ だから圏同型 $[\mathscr{A}, \mathscr{B}]^{\mathrm{op}} \cong [\mathscr{A}^{\mathrm{op}}, \mathscr{B}^{\mathrm{op}}]$ が得られる．

1.3.28 (a) $A \times B^A \to B, (a, f) \mapsto f(a)$

(b) $A \to B^{(B^A)}, a \mapsto \mathrm{ev}_a := (B^A \to B, f \mapsto f(a))$

1.3.29 $(\alpha_{A,B}: F(A, B) \to G(A, B))_{A \in \mathscr{A}, B \in \mathscr{B}}$ が自然変換であれば，任意の $A, A' \in \mathscr{A}, B, B' \in \mathscr{B}, f \in \mathscr{A}(A, A'), g \in \mathscr{B}(B, B')$ について $\alpha_{A', B'} \circ F(f, g) = G(f, g) \circ \alpha_{A, B}$ である．これを

- $A = A', f = 1_A$ と特殊化すると，族 $(\alpha_{A, B}: F^A(B) \to G^A(B))_{B \in \mathscr{B}}$ は自然変換 $F^A \to G^A$ になっている
- $B = B', g = 1_B$ と特殊化すると，族 $(\alpha_{A, B}: F_B(A) \to G_B(A))_{A \in \mathscr{A}}$ は自然変換 $F_B \to G_B$ になっている

ことがわかる.逆に

(a) 各 $A \in \mathscr{A}$ について,族 $(\alpha_{A,B} : F^A(B) \to G^A(B))_{B \in \mathscr{B}}$ は自然変換 $F^A \to G^A$

(b) 各 $B \in \mathscr{B}$ について,族 $(\alpha_{A,B} : F_B(A) \to G_B(A))_{A \in \mathscr{A}}$ は自然変換 $F_B \to G_B$

を仮定し,任意の $A, A' \in \mathscr{A}, B, B' \in \mathscr{B}, f \in \mathscr{A}(A, A'), g \in \mathscr{B}(B, B')$ について $\alpha_{A',B'} \circ F(f, g) = G(f, g) \circ \alpha_{A,B}$ を示す.(a) より $\alpha_{A,B'} \circ F^A(g) = G^A(g) \circ \alpha_{A,B}$ で,(b) より $\alpha_{A',B'} \circ F_{B'}(f) = G_{B'}(f) \circ \alpha_{A,B'}$ で,$F(A, B') = F^A(B') = F_{B'}(A)$,$G(A, B') = G^A(B') = G_{B'}(A)$ なので,可換図式

$$\begin{CD} F^A(B) @>{F^A(g)}>> F^A(B') = F_{B'}(A) @>{F_{B'}(f)}>> F_{B'}(A') \\ @V{\alpha_{A,B}}VV @V{\alpha_{A,B'}}VV @V{\alpha_{A',B'}}VV \\ G^A(B) @>>{G^A(g)}> G^A(B') = G_{B'}(A) @>>{G_{B'}(f)}> G_{B'}(A') \end{CD}$$

を得る.これから $G_{B'}(f) \circ G^A(g) \circ \alpha_{A,B} = \alpha_{A',B'} \circ F_{B'}(f) \circ F^A(g)$ を得るが,$F(f, g) = F_{B'}(f) \circ F^A(g)$,$G(f, g) = G_{B'}(f) \circ G^A(g)$ であったことを思い出すと,α が自然変換であることが示された.

1.3.30 共役関係である($g, h \in G$ が共役 $g \stackrel{\mathrm{conj}}{\sim} h$ であるとは,ある $x \in G$ が存在して $x^{-1}gx = h$ となることをいう.$\stackrel{\mathrm{conj}}{\sim}$ は G 上の同値関係である).

いま,加法群 $\mathbb{Z}$ を 1 点 $*$ からなる圏と思ったものを $\mathscr{C}_{\mathbb{Z}}$ とし,群 G を 1 点 $\diamond$ からなる圏と思ったものを $\mathscr{C}_G$ としよう.さらに $g \in G$ について,$1 \mapsto g$ で定まるただ一つの群準同型 $\mathbb{Z} \to G$ を ϕ_g と書き,対応する関手 $\mathscr{C}_{\mathbb{Z}} \to \mathscr{C}_G$ を Φ_g と書こう.

$\diamond$ における成分が $x \in \mathscr{C}_G(\diamond, \diamond)$ であるような割り当て α が,$g, h \in G$ について自然変換 $\mathscr{C}_{\mathbb{Z}} \overset{\Phi_g}{\underset{\Phi_h}{\Rightarrow\alpha}} \mathscr{C}_G$ になっている条件は,任意の $n \in \mathbb{Z} = \mathscr{C}_{\mathbb{Z}}(*, *)$ について $xg^n = h^n x$ が成り立つことで,これは $g \stackrel{\mathrm{conj}}{\sim} h$ と同値である.

一方,$\mathscr{C}_G$ の任意の射は同型射なので,α が自然変換であれば,補題 1.3.11 より α は自然同型を与える.

1.3.31 (a) $B \in \mathscr{B}$ について

$$\mathrm{Sym}(B) = \{f : B \xrightarrow{\sim} B \mid f \text{ は全単射 }\},$$

$$\mathrm{Ord}(B) = \{R \subseteq B \times B \mid b \leq b' \stackrel{\text{定義}}{\Longleftrightarrow} (b, b') \in R \text{ は全順序 }\}$$

と定め,$s \in \mathscr{B}(B, B')$ について($\mathscr{B}$ の定義より s は全単射であることに注意)

$$\mathrm{Sym}(s) : \mathrm{Sym}(B) \longrightarrow \mathrm{Sym}(B'), \quad f \longmapsto s \circ f \circ s^{-1}$$

$$\mathrm{Ord}(s) : \mathrm{Ord}(B) \longrightarrow \mathrm{Ord}(B'), \quad R \longmapsto (s \times s)(R)$$

と定めると，これらは well-defined で，さらに関手になることが示せる．ここで $(s \times s)$ は $B \times B \xrightarrow{\sim} B' \times B'$, $(b_1, b_2) \mapsto (s(b_1), s(b_2))$ なる全単射である．

(b) いま $X = \{\pm 1\} \in \mathscr{B}$ を 2 点集合とし，$s \in \mathscr{B}(X, X)$ として $s(\pm 1) = \mp 1$ を取る．自然変換 $\alpha : \mathrm{Sym} \to \mathrm{Ord}$ が存在したとすると，

なる可換図式が得られるが，$1_X \in \mathrm{Sym}(X)$ の $\downarrow_\to$ の値と $\to\downarrow$ の値は異なることがわかる．したがって自然変換 $\alpha : \mathrm{Sym} \to \mathrm{Ord}$ は存在しない．

(c) X が n 要素からなるとき，$\mathrm{Sym}(X), \mathrm{Ord}(X)$ のどちらも $n!$ 個の元をもつ．

1.3.32 (a) 任意の $B \in \mathscr{B}$ について，$\varepsilon_B : F(GB) \xrightarrow{\sim} B$ なので F は対象について本質的に全射である．η は自然変換なので，任意の $f : A \to A'$ について

$$\begin{array}{ccc} A & \xrightarrow{\eta_A} & GF(A) \\ {\scriptstyle f}\downarrow & & \downarrow{\scriptstyle GF(f)} \\ A' & \xrightarrow{\eta_{A'}} & GF(A') \end{array}$$

は可換である．いま，η は自然同型なので $f = \eta_{A'}^{-1} \circ GF(f) \circ \eta_A$ となる．よって F は忠実である．同様に G も忠実である．任意の $h : FA \to FA'$ について $f = \eta_{A'}^{-1} \circ G(h) \circ \eta_A$ とすると，可換図式より $G(h) = GF(f)$ を得るが，G は忠実だから $h = F(f)$ がわかった．すなわち F は充満である．

(b) 以下の割り当ては関手 $G : \mathscr{B} \to \mathscr{A}$ になることが示せる．
- F が対象について本質的に全射なので，$B \in \mathscr{B}$ について，$X_B \in \mathscr{A}$ と同型 $\varepsilon_B : F(X_B) \xrightarrow{\sim} B$ が存在する．これによって $G(B) = X_B$ と定める．
- F が充満忠実なので，$B, B' \in \mathscr{B}$ について，全単射 $\mathscr{A}(GB, GB') \xrightarrow{\sim} \mathscr{B}(FGB, FGB')$, $f \mapsto F(f)$ が存在する．よって $g \in \mathscr{B}(B, B')$ について，$F(f) = \varepsilon_{B'}^{-1} \circ g \circ \varepsilon_B$ なる $f \in \mathscr{A}(GB, GB')$ がただ一つ存在する．これによって $G(g) = f$ と定める．

G の構成方法より，ε_B の割り当ては自然同型 $\varepsilon : FG \xrightarrow{\sim} 1_\mathscr{B}$ になっている．

さて F が充満忠実なので，$A \in \mathscr{A}$ について，全単射 $\mathscr{A}(A, GFA) \xrightarrow{\sim} \mathscr{B}(FA, FGFA)$, $h \mapsto F(h)$ が存在する．$G(FA)$ と ε_{FA} の定義より $\varepsilon_{FA}^{-1} \in \mathscr{B}(FA, FGFA)$ なので，$F(\eta_A) = \varepsilon_{FA}^{-1}$ なる $\eta_A \in \mathscr{A}(A, GFA)$ がただ一つ存在

する．補題 4.3.8 (a) より η_A は各 $A \in \mathscr{A}$ について同型射であり，またこの割り当て $\eta: 1_{\mathscr{A}} \to GF$ は自然変換になっていることが確認できる．

（注意）演習問題 2.3.9 を用いると，次のように記述できる：まず，任意の $B \in \mathscr{B}$ についてコンマ圏 $(F \Rightarrow B)$ に終対象が存在することをいう．F が対象について本質的に全射なので，$B \in \mathscr{B}$ について，$X_B \in \mathscr{A}$ と同型 $\varepsilon_B : FX_B \xrightarrow{\sim} B$ が存在するが，このとき $(X_B, \varepsilon_B : FX_B \to B)$ はコンマ圏 $(F \Rightarrow B)$ の終対象である．実際，任意の $(X, h: FX \to B)$ について，$F(f) = \varepsilon_B^{-1} \circ h$ なる $f: X \to X_B$（F は充満忠実なのでこのような f がただ一つ存在する）が，$(X, h: FX \to B)$ から $(X_B, \varepsilon_B : FX_B \to B)$ への $(F \Rightarrow B)$ におけるただ一つの射であることが示せる．よって系 2.3.7 の双対（演習問題 2.3.9）より，随伴 $(F, G, \eta, \varepsilon)$ を得る．ここで $G(B) = X_B$ である．最後に η が自然同型であることを示せばよいが，ε_{FA} が可逆であることと三角等式 $\varepsilon_{FA} \circ F(\eta_A) = 1_{FA}$ より，$F(\eta_A)$ も可逆である．F は充満忠実なので補題 4.3.8 (a) が適用できて，η_A も可逆である．

1.3.33 まず **Mat** における射の合成を以下で与えると（NM は行列積を表す），圏になることが確認できる（a の単位射は単位行列 $E_a \in \mathbf{Mat}(a, a)$）．

$$\mathbf{Mat}(b, c) \times \mathbf{Mat}(a, b) \longrightarrow \mathbf{Mat}(a, c), \quad (N, M) \longmapsto NM$$

以下の標準的な対応 $F : \mathbf{Mat} \to \mathbf{FDVect}$ は関手になることが確認できる．
- $a \in \mathbf{Mat}$ について，$F(a) = k^a \in \mathbf{FDVect}$
- $M \in \mathbf{Mat}(a, b)$ について，$(F(M) : k^a \to k^b, \boldsymbol{v} \mapsto M\boldsymbol{v}) \in \mathbf{FDVect}(k^a, k^b)$

線型代数学の基本的事項として，以下はよく知られている．
- 任意の a 次 k 線型空間 V は k^a と同型である
- 任意の k 線型写像 $f : k^a \to k^b$ は，ただ一つの $b \times a$ 行列 M を用いて $\forall \boldsymbol{v} \in k^a$, $f(\boldsymbol{v}) = M\boldsymbol{v}$ と与えられる

これらはそれぞれ「F が対象について本質的に全射」「F は充満忠実」であることをいっているので，命題 1.3.18 より **Mat** と **FDVect** は圏同値になる．

1.3.34 圏同値が推移律を満たすことを示せばよい．注意 1.3.24 において，以下の記法を導入した．

$\mathscr{A} \xrightarrow{F} \mathscr{A}' \underset{G'}{\overset{F'}{\rightrightarrows}} \mathscr{A}''$ ($\Downarrow \alpha'$) について $\mathscr{A} \underset{G' \circ F}{\overset{F' \circ F}{\rightrightarrows}} \mathscr{A}''$ ($\Downarrow \alpha' F$)

$\mathscr{A} \underset{G}{\overset{F}{\rightrightarrows}} \mathscr{A}' \xrightarrow{F'} \mathscr{A}''$ ($\Downarrow \alpha$) について $\mathscr{A} \underset{F' \circ G}{\overset{F' \circ F}{\rightrightarrows}} \mathscr{A}''$ ($\Downarrow F'\alpha$)

ここで α が自然同型なら（演習問題 1.2.21 と補題 1.3.11 より）$F'\alpha$ も自然同型であ

り，α' が自然同型なら（補題 1.3.11 より）$\alpha'F$ も自然同型であることを注意する．よって $\mathscr{A} \xrightleftharpoons[G]{F} \mathscr{A}' \xrightleftharpoons[G']{F'} \mathscr{A}''$ において，自然同型

$$\eta : 1_{\mathscr{A}} \xrightarrow{\sim} GF, \qquad \varepsilon : FG \xrightarrow{\sim} 1_{\mathscr{A}'}$$
$$\eta' : 1_{\mathscr{A}'} \xrightarrow{\sim} G'F', \qquad \varepsilon' : F'G' \xrightarrow{\sim} 1_{\mathscr{A}''}$$

が存在すれば，$\eta'' := G\eta'F \circ \eta : 1_{\mathscr{A}} \xrightarrow{\sim} (GG')(F'F)$，$\varepsilon'' := \varepsilon' \circ F'\varepsilon G' : (F'F)(GG') \xrightarrow{\sim} 1_{\mathscr{A}''}$ が存在するので，$\mathscr{A}$ と $\mathscr{A}''$ が圏同値であることがわかった．

2.1.12 省略．

2.1.13 離散圏 $\mathscr{A}, \mathscr{B}$ の間の随伴 $\mathscr{A} \xrightleftharpoons[G]{F}^{\perp} \mathscr{B}$ は，対象クラス $\mathrm{ob}(\mathscr{A}), \mathrm{ob}(\mathscr{B})$ 間の全単射と同じ概念であり，圏同型と同じ概念である（すなわち $GF = 1_{\mathscr{A}}, FG = 1_{\mathscr{B}}$）．

2.1.14 問題中の方程式において，

- $(B \xrightarrow{q} B') = (B \xrightarrow{1_B} B)$ とすると (2.3) を得る
- $(A' \xrightarrow{p} A) = (A \xrightarrow{1_A} A)$ とすると $\overline{\left(A \xrightarrow{f} G(B) \xrightarrow{G(q)} G(B')\right)} = \left(F(A) \xrightarrow{\bar{f}} B \xrightarrow{q} B'\right)$ が得られるが，これの両辺の $\overline{}$ を取り，$f = \bar{g}$ とすれば (2.2) を得る．

逆に (2.3) において $f : A \to G(B)$ に，合成 $G(q) \circ f : A \xrightarrow{f} G(B) \xrightarrow{G(q)} G(B')$ を代入すると（ここで $q : B \to B'$），$\overline{\left(A' \xrightarrow{p} A \xrightarrow{G(q) \circ f} G(B')\right)} = \left(F(A') \xrightarrow{F(p)} F(A) \xrightarrow{\overline{G(q) \circ f}} B'\right)$ が得られる．(2.2)（の $\overline{}$ を取って $g = \bar{f}$ とした版）より，$\overline{\left(A \xrightarrow{f} G(B) \xrightarrow{G(q)} G(B')\right)} = \left(F(A) \xrightarrow{\bar{f}} B \xrightarrow{q} B'\right)$ なので，$\left(F(A') \xrightarrow{F(p)} F(A) \xrightarrow{\overline{G(q) \circ f}} B'\right) = \left(F(A') \xrightarrow{F(p)} F(A) \xrightarrow{\bar{f}} B \xrightarrow{q} B'\right)$ となる．

2.1.15 任意の $B \in \mathscr{B}$ について，$\mathscr{B}(F(I), B) \cong \mathscr{A}(I, G(B))$ は 1 点集合であるから，$F(I)$ は $\mathscr{B}$ の始対象である．

2.1.16 (a) 左 G 集合の圏 $[G, \mathbf{Set}]$ から集合の圏 $\mathbf{Set}$ への忘却関手 $U : [G, \mathbf{Set}] \to \mathbf{Set}$ がある．また，集合の圏 $\mathbf{Set}$ から左 G 集合の圏 $[G, \mathbf{Set}]$ へ，集合を自明な左 G 集合と思う関手 $T : \mathbf{Set} \to [G, \mathbf{Set}]$ がある．U, T ともに左右の随伴が存在する．

- $F : \mathbf{Set} \to [G, \mathbf{Set}]$ は $S \in \mathbf{Set}$ に $F(S) = G \times S$ と対応させる．ここで $g(g', s) = (gg', s)$ によって $F(S)$ への左 G 作用が定義される（$g, g' \in G$, $s \in S$）．F は関手になり（射の割り当ては省略），$F \dashv U$ となる．

224　演習問題の解答

- $R : \mathbf{Set} \to [G, \mathbf{Set}]$ は $S \in \mathbf{Set}$ に $R(S) = \mathbf{Set}(G, S)$ と対応させる．ここで $(gf)(g') = f(g'g)$ によって $R(S)$ への左 G 作用が定義される（$g, g' \in G$, $f \in R(S)$）．R は関手になり（射の割り当ては省略），$R \vdash U$ となる．
- $-^G : [G, \mathbf{Set}] \to \mathbf{Set}$ は $X \in [G, \mathbf{Set}]$ に固定点集合 $X^G = \{x \in X \mid \forall g \in G, \ gx = x\}$ を対応させる．$-^G$ は関手になり（射の割り当ては省略），$-^G \vdash T$ となる．
- $-/G : [G, \mathbf{Set}] \to \mathbf{Set}$ は $X \in [G, \mathbf{Set}]$ に軌道による商集合 $X/G := X/\sim$ を対応させる．ここで $x \sim y \Leftrightarrow G(x) = G(y)$, $G(x) = \{gx \mid g \in G\}$ と定義される．$-/G$ は関手になり（射の割り当ては省略），$-/G \dashv T$ となる．

G が可算無限集合で，S が高々可算無限集合のとき，$F(S)$ は可算無限集合で $R(S)$ は非可算無限集合になるので，一般の G については $F \not\cong R$ である（実は $S = \emptyset$ または $|G| = 1$ でない限り $F(S) \not\cong R(S)$）．また $X = G = F(\{*\})$ を正則左 G 集合とすると，X^G は空集合で X/G は 1 点集合なので，$-^G \not\cong -/G$ となる．

(b) 左 G 表現の圏 $[G, \mathbf{Vect}_k]$ から線型空間の圏 $\mathbf{Vect}_k$ への忘却関手 $U : [G, \mathbf{Vect}_k] \to \mathbf{Vect}_k$ がある．また，線型空間の圏 $\mathbf{Vect}_k$ から左 G 表現の圏 $[G, \mathbf{Vect}_k]$ へ，線型空間を自明な左 G 表現と思う関手 $T : \mathbf{Vect}_k \to [G, \mathbf{Vect}_k]$ がある．U, T ともに左右の随伴が存在する．

- $F : \mathbf{Vect}_k \to [G, \mathbf{Vect}_k]$ は $V \in \mathbf{Vect}_k$ を $F(V) = k[G] \otimes V$ に対応させる．ここで $k[G]$ は G の k 上の群代数で，$g(x \otimes v) = (gx) \otimes v$ によって $F(V)$ への左 G 作用が定義される（$g \in G, x \in k[G], v \in V$）．$F$ は関手になり（射の割り当ては省略），$F \dashv U$ となる．
- $R : \mathbf{Vect}_k \to [G, \mathbf{Vect}_k]$ は $R(V) = \mathbf{Vect}_k(k[G], V)$ に対応させる．ここで $(gf)(x) = f(xg)$ によって $R(S)$ への左 G 作用が定義される（$g \in G, x \in k[G], f \in R(S)$）．$R$ は関手になり（射の割り当ては省略），$R \vdash U$ となる．
- $-^G : [G, \mathbf{Vect}_k] \to \mathbf{Vect}_k$ は $X \in [G, \mathbf{Vect}_k]$ に固定点集合 $X^G = \{x \in X \mid \forall g \in G, \ gx = x\}$ を対応させる．$X^G \in \mathbf{Vect}_k$ となっていて，$-^G$ は関手になり（射の割り当ては省略），$-^G \vdash T$ となる．
- $-/I_G : [G, \mathbf{Vect}_k] \to \mathbf{Vect}_k$ は $X \in [G, \mathbf{Vect}_k]$ に商 $X/I_G X$ ($\cong (k[G]/I_G) \otimes X$) を対応させる．ここで $I_G := \ker(k[G] \to k, \sum_g r_g g \mapsto \sum_g r_g)$ は augmentation イデアル．$-/I_G$ は関手になり（射の割り当ては省略），$-/I_G \dashv T$ となる．

(a) と同様の理由により，一般の G については $F \not\cong R$ かつ $-^G \not\cong -/I_G$ である．G が有限ならば $F \cong R$（中山関係式）で，さらに k の標数が $|G|$ を割り切らないなら自然同型 $-^G \xrightarrow{\sim} -/I_G$ が存在する．

2.1.17 Π, Γ については，6.1 節も参照のこと．

- $\Gamma : [\mathscr{O}(X)^{\mathrm{op}}, \mathbf{Set}] \to \mathbf{Set}$ は,$\mathcal{F} \in [\mathscr{O}(X)^{\mathrm{op}}, \mathbf{Set}]$ に $\mathcal{F}(X)$(大域切断)を対応させる関手である(射の割り当ては省略).
- $\Pi : [\mathscr{O}(X)^{\mathrm{op}}, \mathbf{Set}] \to \mathbf{Set}$ は,$\mathcal{F} \in [\mathscr{O}(X)^{\mathrm{op}}, \mathbf{Set}]$ に $\mathcal{F}(\emptyset)$ を対応させる関手である(射の割り当ては省略).
- $\Lambda : \mathbf{Set} \to [\mathscr{O}(X)^{\mathrm{op}}, \mathbf{Set}]$ は,$S \in \mathbf{Set}$ に

$$\mathcal{F}(U) = \begin{cases} S & (U = \emptyset) \\ \emptyset & (U \neq \emptyset) \end{cases}$$

を対応させる関手である(射の割り当ては省略).ここで X の開部分集合 $U \subsetneq V$ に,$\mathcal{F}(V) \to \mathcal{F}(U)$ を定義する必要があるが,それは $\emptyset$ が $\mathbf{Set}$ の始対象だから自動的に定まる.

- $\nabla : \mathbf{Set} \to [\mathscr{O}(X)^{\mathrm{op}}, \mathbf{Set}]$ は,$S \in \mathbf{Set}$ に

$$\mathcal{G}(U) = \begin{cases} S & (U = X) \\ \{*\} & (U \neq X) \end{cases}$$

を対応させる関手である(射の割り当ては省略).ここで X の開部分集合 $U \subsetneq V$ に,$\mathcal{G}(V) \to \mathcal{G}(U)$ を定義する必要があるが,それは $\{*\}$ が $\mathbf{Set}$ の終対象だから自動的に定まる.

2.2.10 **(a) ならば (b)** $b = f(a)$ とすると,$f(a) = f(a)$ から $a \leq g(f(a))$ を得る.$a = g(b)$ とすると,$g(b) = g(b)$ から $f(g(b)) \leq b$ が得られる.

(b) ならば (a) $f(a) \leq b$ とすると,g は順序を保つ写像なので $g(f(a)) \leq g(b)$ となり,$a \leq g(f(a))$ から $a \leq g(b)$ が得られる.$a \leq g(b) \Rightarrow f(a) \leq b$ も同様.

2.2.11 (a)「$A \in \mathbf{Fix}(GF)$ ならば $FA \in \mathbf{Fix}(FG)$」および「$B \in \mathbf{Fix}(FG)$ ならば $GB \in \mathbf{Fix}(GF)$」であることを示せばよい.

- η_A が同型射なら,$F(\eta_A)$ も同型射だが(演習問題 1.2.21),三角等式 $\varepsilon_{FA} \circ F(\eta_A) = 1_{FA}$ より $F(\eta_A)^{-1} = \varepsilon_{FA}$ である.よって ε_{FA} も同型射である.
- ε_B が同型射なら,$G(\varepsilon_B)$ も同型射だが(演習問題 1.2.21),三角等式 $G(\varepsilon_B) \circ \eta_{GB} = 1_{GB}$ より $G(\varepsilon_B)^{-1} = \eta_{GB}$ である.よって η_{GB} も同型射である.

(b) 例 2.1.3 (a) の $\mathbf{Set} \xrightarrow[U]{\overset{F}{\underset{\bot}{\longrightarrow}}} \mathbf{Vect}_k$ に (a) を適用すると,圏同値 $\emptyset \simeq \emptyset$ が得られる(ここで $\emptyset$ は空圏である).例 2.1.5 の $\mathbf{Top} \xrightarrow[I]{\overset{U}{\underset{\bot}{\longrightarrow}}} \mathbf{Set}$ に適用すると圏同値 $\mathbf{Set} \simeq \{$密着位相空間からなる $\mathbf{Top}$ の充満部分圏$\}$ が得られる.

2.2.12 (a) 随伴 $\mathscr{A} \xrightarrow[G]{\overset{F}{\underset{\bot}{\longrightarrow}}} \mathscr{B}$ を考え,$\eta : 1_{\mathscr{A}} \to GF$,$\varepsilon : FG \to 1_{\mathscr{B}}$ をその単位,

余単位とする．まず ε が自然同型の場合を考える．このとき合成
$$\mathscr{B}(B, B') \longrightarrow \mathscr{A}(GB, GB') \longrightarrow \mathscr{B}(FGB, B') \longrightarrow \mathscr{B}(B, B')$$
は恒等写像であることがわかる．ここで
$$\mathscr{B}(B, B') \longrightarrow \mathscr{A}(GB, GB') \qquad f \longmapsto G(f)$$
$$\mathscr{A}(GB, GB') \longrightarrow \mathscr{B}(FGB, B') \qquad g \longmapsto \varepsilon_{B'} \circ F(g)$$
$$\mathscr{B}(FGB, B') \longrightarrow \mathscr{B}(B, B') \qquad h \longmapsto h \circ \varepsilon_B^{-1}$$
である．よって G は忠実である．また任意の $f \in \mathscr{A}(GB, GB')$ について，$g = \varepsilon_{B'} \circ Ff \circ \varepsilon_B^{-1} \in \mathscr{B}(B, B')$ とおくと $G(g) = f$ が確かめられる．よって G は充満である．逆に G が充満忠実を仮定する．このとき $B, B' \in \mathscr{B}$ についての同型
$$\mathscr{B}(B, B') \xrightarrow{\sim} \mathscr{A}(GB, GB') \xrightarrow{\sim} \mathscr{B}(FGB, B')$$
を得る（左の同型は G が充満忠実関手であることによるもので，右の同型は随伴 $\mathscr{A} \underset{G}{\overset{F}{\rightleftarrows}} \mathscr{B}$ によるものである）が，これは B, B' について自然である．とくに関手の同型 $\mathscr{B}(B, -) \xrightarrow{\sim} \mathscr{B}(FGB, -)$ が得られる．これを α と名づけよう．演習問題 4.1.27（の双対）の解答より，$f := \alpha_B(1_B) \in \mathscr{B}(FGB, B)$, $g := \alpha_{FGB}^{-1}(1_{FGB}) \in \mathscr{B}(B, FGB)$ について，$gf = 1_{FGB}$, $fg = 1_B$ が成り立つ．いま上の合成をたどれば $f = \varepsilon_B$ となっていることがわかる．

(b) 例 2.1.3 (a), (b), (c), (d)，例 2.1.5，例 2.1.6，例 2.1.9，例 2.2.7 のうち

例 2.1.3 (c) の $\mathbf{Grp} \underset{U}{\overset{F}{\rightleftarrows}} \mathbf{Ab}$ 　　例 2.1.5 の $\mathbf{Top} \underset{I}{\overset{U}{\rightleftarrows}} \mathbf{Set}$

例 2.1.3 (d) の $\mathbf{Mon} \underset{U}{\overset{F}{\rightleftarrows}} \mathbf{Grp}$ 　　例 2.1.9 の $\mathscr{A} \underset{}{\overset{\exists!}{\rightleftarrows}} \mathbf{1}$

が反射的である．他の随伴も条件をつければ余単位は同型になりえる．たとえば例 2.2.7 ではその条件は $fg = 1_B$ であり，このとき f（あるいは合成 gf）は閉包作用子 (closure operator) とよばれる．

2.2.13 (a) 以下の随伴関係をみるには，演習問題 2.2.10 (b) を確認すればよい．

f^* の左随伴　　$\operatorname{im} f : \mathscr{P}(K) \to \mathscr{P}(L), U \mapsto \{f(u) \mid u \in U\}$
f^* の右随伴　　$f_* : \mathscr{P}(K) \to \mathscr{P}(L), U \mapsto \{v \in L \mid f^{-1}\{v\} \subseteq U\}$

(b) $S \subseteq X$ と $R \subseteq X \times Y$ について，

$p^*(S) = p^{-1}(S)$ を述語とみたもの　　$(p^{-1}(S))(x, y) = S(x)$
$(\operatorname{im} p)(R)$ を述語とみたものは　　$((\operatorname{im} p)(R))(x) = \exists y \in Y, R(x, y)$
$p_*(R)$ を述語とみたものは　　$(p_*(R))(x) = \forall y \in Y, R(x, y)$

であることがわかる．したがって演習問題 2.2.10 (b) の包含関係（随伴の単位，余単位）を論理的含意関係と解釈したものは以下のようになる．

$$\begin{array}{ll} \operatorname{im} p \dashv p^{-1} \text{ の単位} & R(x,y) \Longrightarrow \exists z \in Y, R(x,z) \\ \operatorname{im} p \dashv p^{-1} \text{ の余単位} & (\exists z \in Y, S(x)) \Longrightarrow S(x) \\ p^{-1} \dashv p_* \text{ の単位} & S(x) \Longrightarrow \forall z \in Y, S(x) \\ p^{-1} \dashv p_* \text{ の余単位} & (\forall z \in Y, R(x,z)) \Longrightarrow R(x,y) \end{array}$$

2.2.14 $\eta : 1_{\mathscr{A}} \to GF, \varepsilon : FG \to 1_{\mathscr{B}}$ が三角等式を満たすとき，

$$\eta^* : 1_{[\mathscr{A},\mathscr{S}]} \longrightarrow F^*G^*, \quad X \longmapsto X\eta$$
$$\varepsilon^* : G^*F^* \longrightarrow 1_{[\mathscr{B},\mathscr{S}]}, \quad Y \longmapsto Y\varepsilon$$

はそれぞれ自然変換で，三角等式を満たすことが証明できる．たとえば $X \in [\mathscr{A},\mathscr{S}]$ について $\varepsilon^*_{G^*(X)} \circ G^*(\eta^*_X) = 1_{G^*(X)}$ であることは以下のように示される．$\varepsilon^*_{G^*(X)} = G^*(X)\varepsilon = XG\varepsilon$ かつ $G^*(\eta^*_X) = G^*(X\eta) = X\eta G$ より，左辺は $X(G\varepsilon \circ \eta G) = X1_G$ となる（三角等式を用いた）が，これは右辺 $1_{G^*(X)} = 1_{XG}$ である．

2.3.8 一つの対象からなる圏 $\mathscr{A}, \mathscr{B}$ をそれぞれモノイドとみなしたものを G, H と書く．モノイド準同型 $\alpha : G \to H$ と $\beta : H \to G$ について，随伴 $\alpha \dashv \beta$ は以下の条件を満たす組 $(\eta, \varepsilon) \in G \times H$ に 1 対 1 対応する（定理 2.2.5）．

- $\forall g \in G, \beta(\alpha(g))\eta = \eta g$（$\eta$ の自然性）
- $\forall h \in H, \varepsilon\alpha(\beta(h)) = h\varepsilon$（$\varepsilon$ の自然性）
- $\varepsilon\alpha(\eta) = 1_H, \beta(\varepsilon)\eta = 1_G$（三角等式）

G, H は群であったから，α, β ともに全単射がわかるので同型である．集合としては，随伴 $\alpha \dashv \beta$ の集合は $I := \{$ 群同型 $G \to H\} \times G$ と 1 対 1 対応する．さらに随伴

$$\alpha' : G \to H \qquad \beta' : H \to G$$
$$g \mapsto \varepsilon\alpha(g) \qquad h \mapsto \beta(h)\eta$$

は $\beta'\alpha'(-) = \eta^{-1}(-)\eta, \alpha'\beta'(-) = \varepsilon(-)\varepsilon^{-1}$ となっている（内部自己同型）．

2.3.9 関手 $F : \mathscr{B} \to \mathscr{A}$ が右随伴をもつことと，各 $A \in \mathscr{A}$ について圏 $(F \Rightarrow A)$ が終対象をもつことは同値である（証明は系 2.3.7 に双対原理を適用する）．

2.3.10 演習問題 1.3.32 (b) で証明されている．ここでは別解を述べる．

$B \in \mathscr{B}$ について，$\varepsilon'_B = \varepsilon_B \circ F(\eta^{-1}_{GB}) \circ F(G(\varepsilon^{-1}_B))$ とする．$\varepsilon' (= \varepsilon \circ (F\eta^{-1}G) \circ (FG\varepsilon^{-1}))$ も自然変換になり，定義から自然同型 $FG \xrightarrow{\sim} 1_{\mathscr{B}}$ になっている．$(F, G, \eta, \varepsilon')$ は三角等式を満たすことが証明できる．まず $G(\varepsilon'_B) \circ \eta_{GB} = G(\varepsilon_B) \circ GF(G(\varepsilon_B) \circ \eta_{GB})^{-1} \circ \eta_{GB} = 1_{GB}$ は，η の自然性より従う．

$$\begin{array}{ccc} GB & \xrightarrow{\eta_{GB}} & GFGB \\ {\scriptstyle G(\varepsilon_B)\circ \eta_{GB}}\downarrow \wr & & \wr \downarrow {\scriptstyle GF(G(\varepsilon_B)\circ \eta_B)} \\ GB & \xrightarrow[\eta_{GB}]{} & GFGB. \end{array}$$

最後に $\varepsilon'_{FA} \circ F(\eta_A) = \varepsilon_{FA} \circ F(\eta_{GFA}^{-1} \circ G(\varepsilon_{FA}^{-1}) \circ \eta_A) = 1_{FA}$ を示そう.演習問題 1.3.32 (a) より F は充満だから,$F(x) = \varepsilon_{FA}^{-1}$ となる $x : A \to GFA$ が存在する.$GF(x) = G(\varepsilon_{FA}^{-1})$ だから,η の自然性より

$$\begin{array}{ccc} A & \xrightarrow{x} & GFA \\ {\scriptstyle \eta_A}\downarrow & & \downarrow {\scriptstyle \eta_{GFA}} \\ GFA & \xrightarrow[G(\varepsilon_{FA}^{-1})]{} & GFGFA. \end{array}$$

は可換になる.よって $\varepsilon'_{FA} \circ F(\eta_A) = \varepsilon_{FA} \circ F(x) = 1_{FA}$ が得られた.

2.3.11 二つ以上の元をもつ集合 X は,次の性質をもつ:

$$\forall S \in \mathbf{Set}, \forall s, \forall t \in S, (s \neq t \Rightarrow \exists f \in \mathbf{Set}(S, X), f(s) \neq f(t)) \tag{1}$$

さて全単射 $\mathscr{A}(F(S), A) \xrightarrow{\sim} \mathbf{Set}(S, U(A))$, $\beta \mapsto U(\beta) \circ \eta_S$ を思い出そう ($S \in \mathbf{Set}, A \in \mathscr{A}$).もしも η_S が(集合論的)単射でないならば,ある $s, t \in S$ が存在して $\eta_S(s) = \eta_S(t)$ となる.このことは $X = U(A)$ について (1) が成り立っていないことを導いてしまう.

例 2.1.3 (b) の随伴 $\mathbf{Set} \xrightarrow[U]{\overset{F}{\underset{\bot}{\longrightarrow}}} \mathbf{Grp}$ の場合,上で証明したことは単位射 $\eta_S : S \to UF(S)$ 集合論的単射であるということだ.すなわち S で生成される自由群 $F(S)$ は S をコピーとして含むということである.

2.3.12 以下の割り当て $F : \mathbf{Par} \to \mathbf{Set}_*$ と $G : \mathbf{Set}_* \to \mathbf{Par}$ は関手になることが証明できる(まずは **Par** における射の合成を各自で確認するべきである).

- $A \in \mathbf{Par}$ について $F(A) = (A + \{*_A\}, *_A)$ で,$f \in \mathbf{Par}(A, B)$ について

  $F(f) : (A + \{*_A\}, *_A) \longrightarrow (B + \{*_B\}, *_B)$

  $$a \longmapsto \begin{cases} f(a) & (a \in A \text{ で } f(a) \text{ が定義されているとき}) \\ *_B & (a \in A \text{ で } f(a) \text{ が定義されていないとき,} \\ & \text{あるいは } a = *_A). \end{cases}$$

- $(A, a) \in \mathbf{Set}_*$ について $G(A) = A \setminus \{a\}$ で,$g \in \mathbf{Set}_*((A, a), (B, b))$ について $G(g) := (g^{-1}(B \setminus \{b\}), g|_{g^{-1}(B \setminus \{b\})})$,すなわち

  $G(g) : A \setminus \{a\} \longrightarrow B \setminus \{b\}$

演習問題の解答   **229**

$$a' \longmapsto \begin{cases} g(a') & (a' \notin g^{-1}\{b\}) \\ 定義されない & (a' \in g^{-1}\{b\}). \end{cases}$$

$A \in \mathbf{Par}$ について $GF(A) = A$ より $GF = 1_{\mathbf{Par}}$ であり，$(A,a) \in \mathbf{Set}_*$ について $\varepsilon_{(A,a)} : FG((A,a)) = (A \setminus \{a\} + \{*_{A \setminus \{a\}}\}, *_{A \setminus \{a\}}) \xrightarrow{\sim} (A,a)$ である．ここで

$$\varepsilon_{(A,a)}(a') = \begin{cases} a' & (a' \neq *_{A \setminus \{a\}}) \\ a & (a' = *_{A \setminus \{a\}}) \end{cases}$$

である．同型の割り当て $\varepsilon_{(A,a)}$ は (A,a) について自然になっていて $\varepsilon : FG \xrightarrow{\sim} 1_{\mathbf{Set}_*}$ がわかった．よって $\mathbf{Par} \underset{G}{\overset{F}{\rightleftarrows}} \mathbf{Set}_*$ は圏同値になっている．

なお圏同型 $\{*\}/\mathbf{Set} \cong \mathbf{Set}_*, (\{*\} \xrightarrow{f} X) \mapsto (X, f(*))$ が存在する．

3.1.1 左随伴　$\mathbf{Set} \times \mathbf{Set} \to \mathbf{Set}, (A,B) \mapsto A + B$（射の割り当ては省略）
右随伴　$\mathbf{Set} \times \mathbf{Set} \to \mathbf{Set}, (A,B) \mapsto A \times B$（射の割り当ては省略）
6.1 節（命題 6.1.4）も参考のこと．

3.1.2 $\mathscr{C}$ は以下の圏である（射の合成の定義は省略）．
対象　三つ組 $(X, x \in X, r : X \to X)$（ここで X は集合）
射　$f : (X, x, r_X) \to (Y, y, r_Y)$ とは，$f(x) = y$, $f \circ r_X = r_Y \circ f$ なる $f \in \mathbf{Set}(X,Y)$

3.2.12 (a) まず S の定義より，$X \in \mathscr{P}(A)$ が $\theta(X) \supseteq X$ ならば $S \supseteq X$ であることに注意しよう．次に $\theta(S) = \bigcup_{R \in \mathscr{P}(A) : \theta(R) \supseteq R} \theta(R)$ より，$\theta(S) \supseteq S$ がわかる．θ は集合の包含関係を保つ写像なので，$\theta(\theta(S)) \supseteq \theta(S)$ である．よって $S \supseteq \theta(S)$ を得る．以上より $S = \theta(S)$, すなわち S は固定点になっていることがわかった．

(b) 集合の包含関係を逆転させる写像 $\theta_1 : \mathscr{P}(A) \to \mathscr{P}(B), X \mapsto B \setminus f(X)$ と $\theta_2 : \mathscr{P}(B) \to \mathscr{P}(A), Y \mapsto A \setminus g(Y)$ を考えよう．$\theta := \theta_2 \circ \theta_1 : \mathscr{P}(A) \to \mathscr{P}(A)$ は集合の包含関係を保つ写像なので，(a) より，ある $S \in \mathscr{P}(A)$ が存在して $\theta(S) = S$ となる．$S = \theta(S) = A \setminus g(B \setminus fS)$ より $g(B \setminus fS) = A \setminus S$ を得る．

(c) (b) で f と g が単射のときに，全単射 $g' : B \to A$ が存在することをいえばよい．f が単射なので以下のように g' を定義できるが，g' は全単射になっている．

$$g'(y) = \begin{cases} g(y) & (y \in B \setminus fS) \\ s & (y = f(s) \in fS) \end{cases}$$

3.2.13 (a) $X = \{a \in A \mid a \notin f(a)\}$ と書き，$\exists x \in A, f(x) = X$ となったとする．

- $x \notin f(x) = X$ ならば，X の定義より $x \in X$ なので矛盾が生じ，

- $x \in X$ ならば,X の定義より $x \notin f(x) = X$ で矛盾が生じる.

よって $X = f(x)$ となる $x \in A$ は存在しない.

(b) まず空でない集合 A と集合 B について単射 $A \hookrightarrow B$ が存在するならば,全射 $B \twoheadrightarrow A$ が存在することに注意しよう(なお任意の集合 A, B について,全射 $A \twoheadrightarrow B$ が存在するならば,単射 $B \hookrightarrow A$ が存在することも,選択公理を認めれば正しい).対偶を取ると,全射 $B \twoheadrightarrow A$ が存在しなければ,$|A| \not\leq |B|$ である.

写像 $A \to \mathscr{P}(A), a \mapsto \{a\}$ は単射なので,$|A| \leq |\mathscr{P}(A)|$ である.したがって $|A| \neq |\mathscr{P}(A)|$ をいえばよい.(a) と,すぐ上の注意より $|\mathscr{P}(A)| \not\leq |A|$ なので,とくに $|\mathscr{P}(A)| \neq |A|$ である.

3.2.14 (a) 左随伴を $F : \mathbf{Set} \to \mathscr{A}$ と書き,$X = F\bigl(\mathscr{P}(\sum_{i \in I} U(A_i))\bigr)$ とする.演習問題 2.3.11 より $|U(X)| \geq |\mathscr{P}(\sum_{i \in I} U(A_i))|$ である.一般の集合 S について $|\mathscr{P}(S)| > |S|$ かつ,集合族 $(S_j)_{j \in J}$ について $|\sum_{j \in J} S_j| \geq |S_j|$ が任意の $j \in J$ について成り立つ.したがって任意の $i \in I$ について $|U(X)| > |U(A_i)|$ を得る.以上より X が求める $\mathscr{A}$ の対象である($X \cong A_i$ ならば,演習問題 1.2.21 より $U(X) \cong U(A_i)$ となるので,$|U(X)| = |U(A_i)|$ である).

(b) (a) は $\mathscr{A}$ の対象の同型類の集まりが集合ではないことを示している.

(c) $\mathscr{A} = \mathbf{Set}, \mathbf{Vect}_k, \mathbf{Grp}, \mathbf{Ab}, \mathbf{Ring}, \mathbf{Top}$ からのどの忘却関手 $U : \mathscr{A} \to \mathbf{Set}$ も左随伴をもつ.$\mathscr{A} = \mathbf{Vect}_k, \mathbf{Grp}, \mathbf{Top}$ のときは例 1.2.4 (c),例 1.2.4 (a),例 2.1.5 で,$\mathscr{A} = \mathbf{Ab}$ のときは例 1.2.4 (a) と例 2.1.3 (c) の自由関手を合成する(注意 2.1.11).$\mathscr{A} = \mathbf{Ring}$ のとき,自由関手 $F : \mathbf{Set} \to \mathbf{Ring}$ は,$S \in \mathbf{Set}$ に「S で生成される $\mathbb{Z}$ 上の非可換多項式環」を $F(S)$ として割り当てるものである.最後に $\mathscr{A} = \mathbf{Set}, \mathbf{Vect}_k, \mathbf{Grp}, \mathbf{Ab}, \mathbf{Ring}, \mathbf{Top}$ のどれでも $\exists A \in \mathscr{A}, |U(A)| \geq 2$ は明らかである.

3.2.15 小圏 整数のなす加法群 $\mathbb{Z}$,整数のなす順序集合 $\mathbb{Z}$

小圏ではない局所小圏 モノイドのなす圏 $\mathbf{Mon}$,小圏の圏 $\mathbf{Cat}$

3.2.16
- $D : \mathbf{Set} \to \mathbf{Cat}$ は,集合 S に $\mathrm{ob}(D(S)) = S$ なる離散圏 $D(S)$ を対応させる関手である(射の割り当ては省略).
- 集合 S に,任意の $s, t \in S$ が $s \leq t$ となる前順序を定義することができる.これを圏と思い $I(S)$ と書くことにする(つまり対象の集合が S で,任意の二対象の間にちょうど一つの射が存在する圏のこと).$I : \mathbf{Set} \to \mathbf{Cat}$ は,集合 S に圏 $I(S)$ を対応させる関手である(射の割り当ては省略).
- 小圏 $\mathbf{C}$ の対象集合 $\mathrm{ob}(\mathbf{C})$ に,関係 $\sim'_{\mathbf{C}}$ を $A \sim'_{\mathbf{C}} B \Leftrightarrow \exists f : A \to B$ によって定義する(ここで $A, B \in \mathrm{ob}(\mathbf{C})$).$\sim'_{\mathbf{C}}$ の生成する同値関係を $\sim_{\mathbf{C}}$ とする(5.2 節を参照).$C : \mathbf{Cat} \to \mathbf{Set}$ は,小圏 $\mathbf{C}$ に集合 $\mathrm{ob}(\mathbf{C})/\sim_{\mathbf{C}}$(対象の「連結成

分」）を対応させる関手である（射の割り当ては省略）．

3.3.1 この演習問題については監修者が答えるようにとの訳者の要請であった．集合の ZFC 公理系について学部学生のときに学んだが，そのあとそれに触れたことは（圏論との関連で）数回程度で，残念ながら公理系を正確に復唱することはできない．そこで，集合の構成について思いつくことを以下に書き下してみる：1. 集合とはある元がそれに属するか否かがはっきり決まっており，2. 二つの集合が等しいこととある元がそれぞれに属するのが同値なこと，3. 何も元を含まない集合（空集合）がある，4. 与えられた集合から新たな集合の存在を保証する原理がいくつかある（合併，直積，べき集合，部分集合，その他），5. 選択公理はこれらと独立．

上記を ZFC 公理系と比較してみると正確には書き下せていないが（とくに 4. の「その他」の内容が明確でないために 1. において許される「集合」や「元」の範疇が不明），実際にはそれで困るようなことはなかった．（監修者記す）

4.1.26 省略．

4.1.27 自然同型 $\alpha : H_A \xrightarrow{\sim} H_{A'}$ を取る．このとき $f := \alpha_A(1_A) : A \to A'$ と $g := \alpha_{A'}^{-1}(1_{A'}) : A' \to A$ について，$gf = 1_A, fg = 1_{A'}$ が証明できる．

実際，任意の $h : B \to B'$ について

$$\begin{array}{ccc} \mathscr{A}(B', A) & \xrightarrow[\sim]{\alpha_{B'}} & \mathscr{A}(B', A') \\ {\scriptstyle -\circ h}\downarrow & & \downarrow{\scriptstyle -\circ h} \\ \mathscr{A}(B, A) & \xrightarrow[\alpha_B]{\sim} & \mathscr{A}(B, A') \end{array}$$

は可換であるので：
- $h = g$ として，1_A を二通りの方法で合成すると $fg = \alpha_{A'}(g) = 1_{A'}$ を得る．
- $h = f$ として，g を二通りの方法で合成すると $\alpha_A(gf) = f$ を得る．両辺に α_A^{-1} を施すと $gf = 1_A$ がわかる．

4.1.28 $n \geq 0$ について，以下の対応は関手 $U_n : \mathbf{Grp} \to \mathbf{Set}$ になることが示せる．
- $G \in \mathbf{Grp}$ について $U_n(G) = \{g \in G \mid g^n = 1_G\}$
- $f \in \mathbf{Grp}(G, H)$ について $U_n(f) : U_n(G) \to U_n(H), g \mapsto f(g)$（$g^n = 1_G$ ならば $f(g)^n = f(g^n) = 1_H$ なので，これは well-defined）

$G \in \mathbf{Grp}$ について対応

$$\mathbf{Grp}(\mathbb{Z}/n\mathbb{Z}, G) \longrightarrow U_n(G), \quad f \longmapsto f(1_{\mathbb{Z}/n\mathbb{Z}})$$

は全単射で，G について自然である．

4.1.29 演習問題 0.13 (a) より，環 $A \in \mathbf{CRing}$ について
$$\mathbf{CRing}(\mathbb{Z}[x], A) \xrightarrow{\sim} A, \quad f \longmapsto f(x)$$
は全単射である．これは $A \in \mathbf{CRing}$ について自然である（以上のことは，これまでの三つの **CRing** の現れを **Ring** に変えても正しい）．

4.1.30 2点集合 $S = \{\texttt{true}, \texttt{false}\}$ の開集合を $\emptyset, S, \{\texttt{true}\}$ と定め，Sierpiński 空間に位相構造を入れよう．$X \in \mathbf{Top}$ について
$$\mathbf{Top}(X, S) \longrightarrow \mathscr{O}(X), \quad f \longmapsto f^{-1}\{\texttt{true}\}$$
は全単射で（逆対応は $\mathscr{O}(X) \ni U \mapsto \chi_U \in \mathbf{Top}(X, S)$），$X$ について自然である．

4.1.31 $\mathbf{2} = (\bullet \xrightarrow{\diamond} \bullet)$ を二つの対象とその間の一つの射（と二つの恒等射）からなる圏とする（例 1.1.8 を参照）．小圏 $\mathbf{C} \in \mathbf{Cat}$ について全単射
$$\mathbf{Cat}(\mathbf{2}, \mathbf{C}) \xrightarrow{\sim} M(\mathbf{C}), \quad F \longmapsto F(\diamond)$$
が存在するが，これは $\mathbf{C} \in \mathbf{Cat}$ について自然である．

4.1.32 $\mathscr{B}(F(-), -), \mathscr{A}(-, G(-)) : \mathscr{A}^{\mathrm{op}} \times \mathscr{B} \to \mathbf{Set}$ が自然同型であるとは，自然変換 $\alpha : \mathscr{B}(F(-), -) \to \mathscr{A}(-, G(-))$ と自然変換 $\beta : \mathscr{A}(-, G(-)) \to \mathscr{B}(F(-), -)$ が存在して $\beta \circ \alpha = 1_{\mathscr{B}(F(-), -)}$, $\alpha \circ \beta = 1_{\mathscr{A}(-, G(-))}$ となることである．$X \in \mathrm{ob}\,\mathscr{A}$ ($= \mathrm{ob}\,\mathscr{A}^{\mathrm{op}}$) と $Y \in \mathrm{ob}\,\mathscr{B}$ について，$(X, Y) \in \mathrm{ob}(\mathscr{A}^{\mathrm{op}} \times \mathscr{B})$ における α, β の成分を $\alpha_{X,Y} : \mathscr{B}(F(X), Y) \to \mathscr{A}(X, G(Y))$, $\beta_{X,Y} : \mathscr{A}(X, G(Y)) \to \mathscr{B}(F(X), Y)$ と書こう．演習問題 1.3.29 より割り当て $\alpha_{X,Y}, \beta_{X,Y}$ が自然変換になる条件は，$f \in \mathscr{A}(X, X')$（これは $f^{\mathrm{op}} \in \mathscr{A}^{\mathrm{op}}(X', X)$ に対応する）と $g \in \mathscr{B}(Y, Y')$ について，

$$\begin{CD} \mathscr{B}(F(X), Y) @>{\alpha_{X,Y}}>{\beta_{X,Y}}> \mathscr{A}(X, G(Y)) \\ @A{-\circ F(f)}AA @AA{-\circ f}A \\ \mathscr{B}(F(X'), Y) @>{\alpha_{X',Y}}>{\beta_{X',Y}}> \mathscr{A}(X', G(Y)) \end{CD} \qquad \begin{CD} \mathscr{B}(F(X), Y) @>{\alpha_{X,Y}}>{\beta_{X,Y}}> \mathscr{A}(X, G(Y)) \\ @V{g\circ -}VV @VV{G(g)\circ -}V \\ \mathscr{B}(F(X), Y') @>{\alpha_{X,Y'}}>{\beta_{X,Y'}}> \mathscr{A}(X, G(Y')) \end{CD}$$

が可換になることである．$\beta_{X,Y} \circ \alpha_{X,Y} = 1_{\mathscr{B}(F(X), Y)}$, $\alpha_{X,Y} \circ \beta_{X,Y} = 1_{\mathscr{A}(X, G(Y))}$ を仮定すると，これらはそれぞれ (2.3) と (2.2) と同値であるので，$\mathscr{B}(F(-), -)$, $\mathscr{A}(-, G(-)) : \mathscr{A}^{\mathrm{op}} \times \mathscr{B} \to \mathbf{Set}$ が自然同型であることと $F \dashv G$ は同値である．

4.2.2 $\mathscr{A}$ を局所小圏とすると，
$$[\mathscr{A}, \mathbf{Set}](H^A, X) \cong X(A)$$
が，$A \in \mathscr{A}$ と $X \in [\mathscr{A}, \mathbf{Set}]$ について自然に成り立つ．

4.2.3 (a) M を一つの対象 $*$ からなる圏 $\mathscr{C}_M$ とみなすとき，関手 $F: \mathscr{C}_M^{\mathrm{op}} \to \mathbf{Set}$ と右 M 集合 X の対応は次であった：台集合の対応は $X = F(*)$ で，X への右作用は $x \in X, m \in M$ について $xm = F(m)(x)$ と定義される（ここで F は $\mathscr{C}_M$ から $\mathbf{Set}$ への反変関手とみなしている）．$F = H_*$ のとき $X = \mathscr{C}_M(*,*) = M$ で，$x \in X = M, m \in M$ について，右作用は $x \cdot m = H_*(m)(x) = xm$（右辺は M における積）なので，H_* に対応する右 M 集合はまさに右正則表現である．

(b) 各 $x \in X$ について，$\alpha(1) = x$ なる右 M 集合の射 $\alpha: \underline{M} \to X$ がただ一つ存在することを示せば十分である．いま $x \in X$ について，$\beta_x(m) = xm$ で定まる $\beta_x: \underline{M} \to X$ は右 M 集合の射（すなわち任意の $y, m \in \underline{M}$ について $\beta_x(ym) = \beta_x(y)m$ が成り立つ）になっていることに注意する．$\alpha: \underline{M} \to X$ が右 M 集合の射で，$\alpha(1) = x$ ならば $\alpha(m) = \alpha(1m) = \alpha(1)m = xm$ となるから，$\alpha = \beta_x$ でなければならない．

(c) 右 M 集合 X, Y について，右 M 集合の射 $X \to Y$ の集合を $\mathrm{Hom}_M(X, Y)$ と書こう．(b) では，任意の M 集合 X について全単射 $c_X: \mathrm{Hom}_M(\underline{M}, X) \xrightarrow{\sim} X$, $\alpha \mapsto \alpha(1)$ を構成した（逆対応は $x \mapsto \beta_x$ であった）．定理 4.2.1 の「自然に」という語は，この演習問題の特殊ケースでは，任意の右 M 集合 X, X' とその間の右 M 集合の射 $f: X \to X'$ と，任意の $m \in M$ について，

$$\begin{array}{ccc} \mathrm{Hom}_M(\underline{M}, X) \xrightarrow[\sim]{c_X} X & \quad & \mathrm{Hom}_M(\underline{M}, X) \xrightarrow[\sim]{c_X} X \\ {-\circ(\cdot m)}\uparrow \quad \uparrow{\cdot m} & & f\circ - \downarrow \quad \downarrow f \\ \mathrm{Hom}_M(\underline{M}, X) \xrightarrow[c_X]{\sim} X & & \mathrm{Hom}_M(\underline{M}, X') \xrightarrow[c_{X'}]{\sim} X' \end{array}$$

が可換になるということだが，それは c_X の構成法からわかる．

4.3.15 (a) J は関手だから f が同型射ならば $J(f)$ も同型射である（演習問題 1.2.21）．逆に $f: A \to A'$ について $J(f): J(A) \to J(A')$ が同型射であるとし $\beta = J(f)^{-1}$ とする．J は充満なので $\beta = J(\alpha)$ なる $\alpha: A' \to A$ が存在するが，J の忠実性から $f\alpha = 1_{A'}, \alpha f = 1_A$ であることが証明できる．

(b) J は充満忠実なので $g = J(f)$ なるただ一つの $f: A \to A'$ が存在する．(a) より f は同型射である．

(c) J は関手だから $A \cong A'$ ならば $J(A) \cong J(A')$ である（演習問題 1.2.21）．(b) より J が充満忠実ならばその逆も成り立つ．

4.3.16 (a) $f \in \mathscr{A}(A, B)$ について，$f = (H_f)_A(1_A)$ である．

(b) 自然変換 $\alpha: H_A \to H_B$ について，$f := \alpha_A(1_A): A \to B$ とすると $\alpha = H_f$

が証明できる．実際，$g : X \to Y$ について可換図式

$$\begin{array}{ccc} \mathscr{A}(X, A) & \xrightarrow{\alpha_X} & \mathscr{A}(X, B) \\ {\scriptstyle -\circ g}\uparrow & & \uparrow{\scriptstyle -\circ g} \\ \mathscr{A}(Y, A) & \xrightarrow{\alpha_Y} & \mathscr{A}(Y, B) \end{array}$$

がある．$h : X \to A$ について $g = h$ として，左下の 1_A を二通りの方法で合成すると $\alpha_X(h) = fh$ が得られる．

(c) $B \in \mathscr{A}$ について，対応 $H_A(B) = \mathscr{A}(B, A) \to X(B)$ を $f \mapsto X(f)(u)$ と定めると，構成法よりこれは自然変換 $H_A \to X$ になっていて，(4.6) は各 B についてこの対応が全単射だといっている．補題 1.3.11 よりこれは自然同型である．

4.3.17 $\mathscr{A}$ が離散圏のとき，圏同型 $[\mathscr{A}^{\mathrm{op}}, \mathbf{Set}] \cong \mathbf{Set}^{\mathrm{ob}\,\mathscr{A}}$ が成り立ち：
- 前層 $F \in [\mathscr{A}^{\mathrm{op}}, \mathbf{Set}]$ は，集合の族 $(F(A))_{A \in \mathscr{A}} \in \mathbf{Set}^{\mathrm{ob}\,\mathscr{A}}$ と同一視される．
- そのうち表現可能なものは，$\delta_A = (\delta_A(B))_{B \in \mathscr{A}}$ で $|\delta_A(A)| = 1$ かつ $\forall B \neq A$, $\delta_A(B) = \emptyset$ となるものである $(A \in \mathscr{A})$．
- 米田の補題は $\mathbf{Set}^{\mathrm{ob}\,\mathscr{A}}$ における射 $h : \delta_A \to (Y(B))_{B \in \mathbf{A}}$ が $Y(A)$ の元と自然に 1 対 1 対応することを述べている．対応は $h \mapsto h(*_A)$（ここで $\delta_A(A) = \{*_A\}$ とした）．その証明は明らかである．
- 米田の補題の系について（ここで $=$ は $\cong$ に変えてもよい）

  (a) 系 4.3.2 は：X の表現は，$\forall B \in \mathscr{A}, |X(B)| = \delta_{B,A}$ なる $A \in \mathscr{A}$ の選択と同じである（$\delta_{a,b}$ は Kronecker デルタ）

  (b) 系 4.3.7 は：δ_A から $\delta_{A'}$ への射は $A = A'$ のときに限って存在し，存在する場合ただ一つである

  (c) 系 4.3.10 は：$\delta_A = \delta_{A'} \iff A = A'$

4.3.18 (a) $F, G \in [\mathscr{B}, \mathscr{C}]$ について，対応 $[\mathscr{B}, \mathscr{C}](F, G) \to [\mathscr{B}, \mathscr{D}](JF, JG)$, $\alpha \mapsto J\alpha$ に逆対応が存在することを示せばよい．いま $\beta \in [\mathscr{B}, \mathscr{D}](JF, JG)$ を取ろう．β の各 $X \in \mathscr{B}$ における成分 $\beta_X : JF(X) \to JG(X)$ について，J が充満忠実なので，ただ一つの $\gamma_X : F(X) \to G(X)$ が存在して $J(\gamma_X) = \beta_X$ となる．この割り当てによって $\gamma : F \to G$ は自然変換になることが，再び J の充満忠実性より証明できる．これが求める逆対応になっている．

(b) 補題 4.3.8 (c) による．

(c) 系 4.3.7 と演習問題 4.3.18 (b) より，$[\mathscr{B}, [\mathscr{A}^{\mathrm{op}}, \mathbf{Set}]]$ 中で $H_{\bullet} \circ G \cong H_{\bullet} \circ G'$ をいえばよい．$F \dashv G, G'$ より，$X \in \mathscr{A}$ と $\mathscr{B}$ の $g : Y \to Y'$ について，可換図式

演習問題の解答　**235**

$$\begin{CD}
\mathscr{A}(X,GY) @>\sim>> \mathscr{B}(FX,Y) @>\sim>> \mathscr{A}(X,G'Y) \\
@VG(g)\circ-VV @Vg\circ-VV @VG'(g)\circ-VV \\
\mathscr{A}(X,GY') @>\sim>> \mathscr{B}(FX,Y') @>\sim>> \mathscr{A}(X,G'Y')
\end{CD}$$

がある．各段の同型が X について自然に成り立つので $H_{GY} \cong H_{G'Y}$ で，可換性より

$$\begin{CD}
H_{GY} @>\sim>> H_{G'Y} \\
@VH_{G(g)}VV @VH_{G'(g)}VV \\
H_{GY'} @>\sim>> H_{G'Y'}
\end{CD}$$

の可換性（すなわち同型 $H_{GY} \cong H_{G'Y}$ の自然性）がわかる．

5.1.33　まず $V, W \in \mathbf{Vect}_k$ について，直積集合 $V \times W$ は，
和　$(v, w) + (v', w') = (v + v', w + w')$
スカラー倍　$c(v, w) = (cv, cw)$
によって $V \times W \in \mathbf{Vect}_k$ となる $(v, v' \in V, w, w' \in W, c \in k)$．これを $V \oplus W$ と書く（直和）．$p_V : V \oplus W \to V, (v, w) \mapsto v$ と $p_W : V \oplus W \to W, (v, w) \mapsto w$ はそれぞれ k 線型写像で，$V \xleftarrow{p_V} V \oplus W \xrightarrow{p_W} W$ は積の錐になっている．実際，錐 $V \xleftarrow{f} X \xrightarrow{g} W$ について $h : X \to V \oplus W, v \mapsto (f(x), g(x))$ $(x \in X)$ が $p_V \circ h = f$ かつ $p_W \circ h = g$ なるただ一つの線型写像 $h : X \to V \oplus W$ であることが証明できる．

5.1.34　一般には引き戻しにならない．実際 **Set** において $Y = \{*\}$ とし $f = g : X \to Y$ をただ一つの写像とする．このとき $X \xrightarrow{1_X} X \underset{g}{\overset{f}{\rightrightarrows}} \{*\}$ はイコライザになっていることが確認できる（演習問題 5.2.21）．一方で

の引き戻しは

$$\begin{CD}
X \times X @>p_1>> X \\
@Vp_2VV @VgVV \\
X @>f>> \{*\}
\end{CD}$$

である（演習問題 5.1.39）．ここで $p_i : X \times X \to X, (x_1, x_2) \mapsto x_i$ である $(i = 1, 2)$．X が 2 点以上からなる有限集合ならば $X \not\cong X \times X$ に注意しよう．逆は正しい（容易）．

5.1.35 まず以下において，右四角 $BCYZ$ と左四角 $ABXY$ が引き戻しであるとき，全体四角 $ACXZ$ が引き戻しであることを示そう．

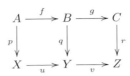

いま $\alpha : P \to C$ と $\beta : P \to X$ であって，$r\alpha = vu\beta$ なるものが与えられたとしよう．このとき $x : P \to A$ で $gfx = \alpha, px = \beta$ なるものがただ一つ存在することを示せばよい．$r\alpha = v(u\beta)$ で右四角 $BCYZ$ が引き戻しだから，ある $\gamma : P \to B$ が存在して $q\gamma = u\beta, g\gamma = \alpha$ となる．$q\gamma = u\beta$ で左四角 $ABXY$ が引き戻しだから，ある $x : P \to A$ が存在して $fx = \gamma, px = \beta$ となる．$gfx = g\gamma = \alpha$ より，これが求める $x : P \to A$ である．一意性を示そう．$x' : P \to A$ が $gfx' = \alpha, px' = \beta$ を満たしたとする．$\gamma' := fx'$ とするとき $\gamma = \gamma'$ がいえれば，$fx = fx'$ かつ $px = px'$ なので $x = x'$ がわかる（左四角 $ABXY$ が引き戻しだから）．右四角 $BCYZ$ が引き戻しだから，$\gamma = \gamma'$ をいうには $g\gamma' = g\gamma, q\gamma' = q\gamma$ をいえばよい．そのためには $q\gamma' = u\beta, g\gamma' = \alpha$ をいえばよく，$q\gamma' = qfx' = upx', g\gamma' = gfx'$ より示された．

次に右四角 $BCYZ$ と全体四角 $ACXZ$ が引き戻しであるとき，左四角 $ABXY$ が引き戻しであることを示そう．$a : Q \to B, b : Q \to X$ であって $qa = ub$ なるものについて，$fy = a, py = b$ なる $y : Q \to A$ がただ一つ存在することを示せばよい．$c = ga$ とすると $rc = rga = vqa = vub$ である．全体四角 $ACXZ$ が引き戻しだから，$y : Q \to A$ で $gfy = c, py = b$ なるものが存在する．$fy = a$ を示せば y の存在証明が完結する．右四角 $BCYZ$ が引き戻しだから，$gfy = ga, qfy = qa$ をいえばよいが，実際 $gfy = c = ga, qfy = upy = ub = qa$ となっている．一意性を示そう．$y' : Q \to A$ が $fy' = a, py' = b$ であるとする．このとき $gfy' = ga = gfy, py' = b = py$ で，全体四角 $ACXZ$ が引き戻しだから $y = y'$ がわかった．

5.1.36 (a) $I \in \mathbf{I}$ について $q_I = p_I \circ h = p_I \circ h' : A \to D(I)$ と定義すると，$\left(A \xrightarrow{q_I} D(I)\right)_{I \in \mathbf{I}}$ を D 上の錐になる．$\left(L \xrightarrow{p_I} D(I)\right)_{I \in \mathbf{I}}$ は D 上の極限錐だから，ただ一つの $x : A \to L$ が存在して，任意の $I \in \mathbf{I}$ について $q_I = p_I \circ x$ となる．よって $h = x = h'$ となる．

(b) 集合 X, Y の積 $X \xleftarrow{p_X} X \times Y \xrightarrow{p_Y} Y$ について，写像 $1 \to X \times Y$ は二つの写像の組 $(1 \to X, 1 \to Y)$ で決まる．つまり，$X \times Y$ の元は X と Y の元の組である．

5.1.37 (5.16) で定まる D 上の錐を $\left(L \xrightarrow{p_I} D(I)\right)_{I \in \mathbf{I}}$ と書こう．$\left(A \xrightarrow{q_I} D(I)\right)_{I \in \mathbf{I}}$ を D 上の勝手な錐とすると，$a \in A$ について $(q_I(a))_{I \in \mathbf{I}} \in L$ となるので，写像 $h : A \to L, a \mapsto (q_I(a))_{I \in \mathbf{I}}$ が定まるが，これが任意の $I \in \mathbf{I}$ について $q_I = p_I \circ h$ となるただ一つの写像であることが確認できる．

5.1.38 (a) $I \in \mathbf{I}$ についての割り当て $A \xrightarrow{q_I} D(I)$ について, $q = (q_I)_{I \in \mathbf{I}} : A \to \prod_{I \in \mathbf{I}} D(I)$ と書くのだった. $\left(A \xrightarrow{q_I} D(I)\right)_{I \in \mathbf{I}}$ が D 上の錐であることと, $s \circ q = t \circ q$ が成り立つことは同値である. 実際, $s \circ q = t \circ q$ とは, $\mathbf{I}$ 中の任意の射 $J \xrightarrow{u} K$ について, $D(u) \circ pr_J \circ q = pr_K \circ q$ ということで, これは $D(u) \circ q_J = q_K$ だからだ.

$$A \xrightarrow{q} \prod_{I \in \mathbf{I}} D(I) \xrightarrow{pr_J} D(J) \xrightarrow{Du} D(K)$$

$$pr_K \downarrow \quad \substack{s \\ t} \searrow$$

$$D(K) \qquad \prod_{u: J \to K} D(K)$$

したがって $\left(L \xrightarrow{p_I} D(I)\right)_{I \in \mathbf{I}}$ は D 上の錐である ($p_I := pr_I \circ p$). これが極限錐であることを示すために, D 上の錐 $\left(A \xrightarrow{q_I} D(I)\right)_{I \in \mathbf{I}}$ を取る. $q = (q_I)_{I \in \mathbf{I}} : A \to \prod_{I \in \mathbf{I}} D(I)$ は $s \circ q = t \circ q$ を満たし, $\left(L \xrightarrow{p_I} D(I)\right)_{I \in \mathbf{I}}$ は s, t のイコライザだったから, $p \circ f = q (\Leftrightarrow \forall I \in \mathbf{I}, p_I \circ f = q_I)$ となるただ一つの $f: A \to L$ が存在する.

(b) $\mathbf{I}$ が有限圏のとき, (a) における構成は有限積とイコライザをもつ圏であればそのまま適用できることに注意しよう. $\mathscr{A}$ が終対象と二項積をもつならば, $\mathscr{A}$ は有限積をもつことから命題 5.1.26 (b) は示された.

5.1.39 命題 5.1.26 (b) より二項積とイコライザをもつことを示せばよい.

引き戻しと終対象をもつ圏 $\mathscr{A}$ の終対象を 1 とする. $X, Y \in \mathscr{A}$ について

$$\begin{array}{ccc} P & \xrightarrow{p_Y} & Y \\ p_X \downarrow & & \downarrow \\ X & \longrightarrow & 1 \end{array}$$

を引き戻しとすると, $X \xleftarrow{p_X} P \xrightarrow{p_Y} Y$ は積であることが示せる. 実際, 任意の $X \xleftarrow{f} Q \xrightarrow{g} Y$ について, $(X \to 1) \circ f = (Y \to 1) \circ g$ が成り立つから, $p_X \circ h = f, p_Y \circ h = g$ なるただ一つの $h: Q \to P$ が存在する.

次に $\mathscr{A}$ 中の $f, g: A \to B$ を取り,

$$\begin{array}{ccc} E & \xrightarrow{\pi_2} & A \\ \pi_1 \downarrow & & \downarrow (1_A, g) \\ A & \xrightarrow{(1_A, f)} & A \times B \end{array}$$

を引き戻しとすると, 可換性より $\pi_1 = \pi_2 (=: \pi)$ かつ $f \circ \pi = g \circ \pi$ だが, このとき $E \xrightarrow{\pi} A \substack{\xrightarrow{f} \\ \xrightarrow{g}} B$ がイコライザになっていることが示せる. 実際, $\alpha: Z \to A$

について $(1_A, f) \circ \alpha = (1_A, g) \circ \alpha$ となる条件は $\alpha = \beta$ かつ $f \circ \alpha = g \circ \alpha$ だから，$h : Z \to E$ で $\pi \circ h = \alpha$ なるものがただ一つ存在する．

5.1.40 (a) $f : X \to X'$, $g : X' \to X$ が $gf = 1_X$, $fg = 1_{X'}$, $m = m'f$, $m' = mg$ となっているとき，とくに $f(X) = X'$ だから，A の部分集合の等式 $m(X) = (m'f)(X) = m'(f(X)) = m'(X')$ が成り立つ．逆に $m(X) = m'(X') = B\ (\subseteq A)$ とすると，$(m =)\, n : X \xrightarrow{\sim} B$, $(m' =)\, n' : X' \xrightarrow{\sim} B$ はそれぞれ全単射である．そこで $f := n'^{-1} \circ n$, $g := n^{-1} \circ n'$ とおくと，$f : X \to X'$, $g : X' \to X$ が $gf = 1_X$, $fg = 1_{X'}$, $m = m'f$, $m' = mg$ となっている．

(b) それぞれ部分群，部分環，部分 k 線型空間．

(c) 部分集合に誘導位相以上の位相をいれたもの（$X \in \mathbf{Top}$ の部分集合 $Y \subseteq X$ に，X からの誘導位相によって位相空間を部分空間という．演習問題 5.2.25 で定義される正則モノの同型類が部分空間に対応する）．

5.1.41 f がモノで，$x, x' : P \to X$ が $fx = fx'$ を満たすとする．このとき $y := x = x'$ だから，$1 \circ y = x$, $1 \circ y = x'$ が成り立つ．逆に $1 \circ y = x$ かつ $1 \circ y = x'$ となる y は $x = x'$ に限られる．よって四角は引き戻しである．

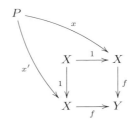

逆に四角形が引き戻しで，$x, x' : P \to X$ が $fx = fx'$ を満たすとする．このときただ一つの $z : P \to X$ が存在して $1 \circ z = x$, $1 \circ z = x'$ となる．よって $x = x'$ が帰結されるので，f はモノである．

5.1.42 $x, x' : P \to X'$ について $m'x = m'x'$ と仮定して $x = x'$ を導けばよい．X' は引き戻し図式の頂点なので，$f'x = f'x'$ がいえればよいが，$mf'x = fm'x = fm'x' = mf'x'$ で m はモノだから $f'x = f'x'$ がわかった．

5.2.21 $s = t$ であれば $X \xrightarrow{1_X} X \underset{t}{\overset{s}{\rightrightarrows}} Y$ はイコライザになる．いま $Z \xrightarrow{i} X \underset{t}{\overset{s}{\rightrightarrows}} Y$ もイコライザであれば，$f : X \to Z$, $g : Z \to X$ で $1_X \circ g = i$, $i \circ f = 1_X$ なるものがそれぞれただ一つずつ存在し，さらに f, g は同型である．（これは普遍性

を用いて定義される対象一般に成り立つ．たとえば補題 0.3 も参照．）よって (a) ならば (b) が成り立つ．次に $Z \xrightarrow{i} X \xrightarrow[t]{s} Y$ がイコライザで，さらに $ji = 1_Z$, $ij = 1_X$ なる $j : X \to Z$ が存在するとしよう．このとき $X \xrightarrow{ij} X \xrightarrow[t]{s} Y$ もイコライザである．（これは普遍性を用いて定義される対象一般に成り立つ．ある対象が普遍性を満たせば，それを同型で「捻って」も同じ普遍性を満たす．）よって $sij = tij$ なので $s = t$ が得られた．すなわち (b) ならば (a) である．(a) と (c) の同値性は以上の双対である．

5.2.22 (a) 関係 $R_f := \{(x, f(x)) \mid x \in X\}$ で生成される同値関係を $\sim_f$ とする（f が全単射なら $x \sim_f y \Leftrightarrow \exists n \in \mathbb{Z}, f^n(x) = y$）．商集合 $X/\sim_f$ への標準的射影 $\pi_f : X \twoheadrightarrow X/\sim_f$ が，**Set** における $X \xrightarrow[1]{f} X$ の余イコライザである．

(b) まず $X/\sim_f$ に商位相を入れたもの（への標準的射影を $\pi_f : X \twoheadrightarrow X/\sim_f$）が **Top** における $X \xrightarrow[1]{f} X$ の余イコライザなのだった．$\theta \in \mathbb{R}$ について $S^1 = \{z \in \mathbb{C} \mid |z| = 1\}$ 上の点を $2\pi\theta$ 回転する自己同相写像 $T_\theta : S^1 \to S^1$, $x \mapsto e^{2\pi\sqrt{-1}\theta}x$ を考える．$x, y \in S^1$ について $x \sim_{T_\theta} y \Leftrightarrow O(x) = O(y)$ であることに注意しよう．ここで $z \in S^1$ について，$O(z) = \{T_\theta^n(z) \mid n \in \mathbb{Z}\}$ は $T_\theta^{\pm 1}$ による z の軌道である．

ここで $S^1/\sim_{T_\theta}$ は非可算無限集合であることに注意しよう．実際，対応 $\mathbb{Z} \times (S^1/\sim_{T_\theta}) \to S^1$, $(n, [x]) \mapsto T_\theta^n(x)$ は全射なので，$|\mathbb{Z} \times (S^1/\sim_{T_\theta})| \geq |S^1|$ である．もしも $S^1/\sim_{T_\theta}$ が有限または可算無限であれば，S^1 が非可算無限集合であることに矛盾する．

θ が無理数のとき $S^1/\sim_{T_\theta}$ が求める余イコライザであることを示す．まず θ が無理数のとき，任意の $x \in S^1$ について $O(x)$ は S^1 で稠密であることに注意しよう．$S^1/\sim_{T_\theta}$ が密着位相空間であることを示すには，空でない開集合 $U \subseteq S^1/\sim_{T_\theta}$ について $\pi_{T_\theta}^{-1}(U) = S^1$ であることを示せばよい．いま $\pi_{T_\theta}^{-1}(U) \subsetneq S^1$ であると仮定し，点 $y \in S^1 \setminus \pi_{T_\theta}^{-1}(U)$ を取る．$O(y)$ は稠密で $\pi_{T_\theta}^{-1}(U)$ は開集合なので $O(y) \cap \pi_{T_\theta}^{-1}(U) \neq \emptyset$ だが，これは $y \in \pi_{T_\theta}^{-1}(U)$ を意味しており，矛盾が生じた．

5.2.23 (a) $(M, +, 0_M)$ をモノイドとし，モノイド準同型 $f, g : (\mathbb{Z}, +, 0) \to (M, +, 0_M)$ は包含 $(\mathbb{N}, +, 0) \hookrightarrow (\mathbb{Z}, +, 0)$ と合成すると等しくなると仮定する．このとき $f = g$ であること，すなわち任意の $n \in \mathbb{Z}$ について $f(n) = g(n)$ を示せばよい．任意の $n \geq 0$ について $f(n) + f(-n) = f(n + (-n)) = f(0) = 0_M$ と $f(-n) + f(n) = f((-n) + n) = f(0) = 0_M$ より，$f(n)$ は可逆で $f(-n) = -f(n)$ がわかる．同様に $g(-n) = -g(n)$ である．仮定より任意の $n \geq 0$ について $f(n) = g(n)$ であるから $f(-n) = g(-n)$ も従う．

(b) A を環,環準同型 $f, g : \mathbb{Q} \to A$ が任意の $n \in \mathbb{Z}$ で $f(n) = g(n)$ のとき,任意の $q \in \mathbb{Q}$ で $f(q) = g(q)$ であることを示せばよい.(a) と同様に $q = m/n$ のとき ($q \in \mathbb{Q}, m, n \in \mathbb{Z}$), $f(q) = f(m)/f(n), g(q) = g(m)/g(n)$ が示せる.

5.2.24 (a) 一般に $f \in \mathbf{Set}(X, Y)$ について,X 上の同値関係 $\sim_f$ を $x \sim_f x' \Leftrightarrow f(x) = f(x')$ と定義する($\sim_f$ は同値関係になる).$b \in \mathbf{Set}(A, B), c \in \mathbf{Set}(A, C), f \in \mathbf{Set}(B, C), g \in \mathbf{Set}(C, B)$ が $fb = c, gc = b, fg = 1_C, gf = 1_B$ を満たせば,$a_1, a_2 \in A$ について $b(a_1) = b(a_2) \Leftrightarrow c(a_1) = c(a_2)$ が成り立つことに注意しよう.特に,A からのエピの同型類は,A 上に同じ同値関係を誘導することがわかる.

さて,一般に $f \in \mathbf{Set}(A, B)$ について,分解

が存在する(3.1 節参照).$\bar{f}$ は単射なので,f が全射なら $\bar{f}$ は全単射である.これより $e \in \mathbf{Set}(A, X)$ がエピ(同値だが全射)のとき,$A \xrightarrow{e} X$ と $A \xrightarrow{p} A/\sim_e$ は $\mathbf{Epic}(A)$ 中で同型である.よって,エピ $A \xrightarrow{e} X$ と $A \xrightarrow{e'} X'$ が A 上に同じ同値関係を誘導すれば,e, e' が $\mathbf{Epic}(A)$ 中で同型であることが従う.

(b) (a) と同様に,$\mathbf{Grp}$ におけるエピ $G \xrightarrow{e} H$ と $G \xrightarrow{e'} H'$ について,e, e' が $\mathbf{Epic}(A)$ 中で同型であることと,$\ker e = \ker e'$(これは正規部分群である)ことの同値性が証明できる.実際,任意の $e \in \mathbf{Grp}(G, H)$ について $g \sim_e h \Leftrightarrow gh^{-1} \in \ker e$ となる.

5.2.25 (a) 一般にイコライザ $E \xrightarrow{i} X \xrightarrow[g]{f} Y$ において,i はモノであることが証明できる(演習問題 5.1.36 (a)).したがって正則モノはモノである.次に $m : A \to B$ が分裂モノであると仮定する(すなわち $e : B \to A$ が存在して $em = 1_A$ である).このとき $A \xrightarrow{m} B \xrightarrow[1_B]{me} B$ はイコライザであることが証明できる.したがって分裂モノは正則モノである.

(b) $f \in \mathbf{Ab}(X, Y)$ について,次を示せる.

- f がモノであることと,f が集合論的単射であることは同値である.
- f が分裂モノであることと,f が集合論的単射でかつある部分アーベル群 $Z \subseteq Y$ が存在して $f(X) \oplus Z = Y$ となることと同値である.

$f \in \mathbf{Ab}(X, Y)$ がモノのとき,$X \xhookrightarrow{f} Y \xrightarrow[0]{\pi} Y/f(X)$ はイコライザであることが証明できる.ここで $\pi : Y \twoheadrightarrow Y/f(X), y \mapsto y + f(X)$ は標準的な全射準同型写

像を，$0: Y \to Y/f(X), y \mapsto 0$ は 0 射を表している．したがって **Ab** においてモノは正則モノである．$\mathbb{Z}/4\mathbb{Z} \not\cong (\mathbb{Z}/2\mathbb{Z})^{\oplus 2}$ だから，$\mathbb{Z}/2\mathbb{Z} \hookrightarrow \mathbb{Z}/4\mathbb{Z}, n + 2\mathbb{Z} \mapsto 2n + 4\mathbb{Z}$ は **Ab** 中で分裂しないモノになっている．

(c) $f \in \mathbf{Top}(X, Y)$ について，次を示せる．

- f がモノであることと，f が集合論的単射であることは同値である．
- f が正則モノであることと，f が集合論的単射であってかつ $f: X \to f(X)$ が **Top** の同型射となること（すなわち X と $f(X)$ が f を通じて同相になること）は同値である．ここで $f(X) \subseteq Y$ は Y からの誘導位相による位相空間である．

したがって S が二つ以上の元をもつとき，$1_S: D(S) \to I(S)$ は正則モノでないモノである．ここで $D(S)$ は集合 S に離散位相を入れた位相空間（例 0.5 を参照）で，$I(S)$ は集合 S に密着位相を入れた位相空間（演習問題 0.10 を参照）である．

5.2.26 演習問題 5.2.25 (a) の双対命題として，一般の圏の射について，分裂エピ $\Longrightarrow$ 正則エピ $\Longrightarrow$ エピなる含意が成り立つことに注意しよう．

(a) 同型射は分裂モノかつ分裂エピとして定義されているので，とくにモノかつ正則エピである．逆に $C \underset{q}{\overset{p}{\rightrightarrows}} A \overset{m}{\hookrightarrow} B$ が余イコライザでかつ m がモノであるとしよう．このとき $mp = mq$ だが m はモノなので $p = q$ となり，$1_A \circ p = 1_A \circ q$ が成り立つので，ある $e: B \to A$ が存在して $em = 1_A$ となる．いま $mem = m(em) = m = 1_B \circ m$ で m はエピなので $me = 1_B$ も得られた．

(b) 最初の注意より **Set** においてエピが分裂することをいえばよい．$f \in \mathbf{Set}(A, B)$ がエピであることと，f が集合論的全単射であることは同値である（例 5.2.18）．したがって任意の $b \in B$ について $f^{-1}\{b\} \neq \emptyset$ だから，選択公理より $\emptyset \neq \prod_{b \in B} f^{-1}\{b\}$ である．そこで一つ元 $(a_b)_{b \in B} \in \prod_{b \in B} f^{-1}\{b\}$ を取り，$g: B \to A$ を $g(b) = a_b$ によって定義すれば，$fg = 1_B$ となる．

(c) S が二つ以上の元をもつなら $1_S: D(S) \to I(S)$ は **Top** 中分裂しないエピで，標準的な全射 $\mathbb{Z}/4\mathbb{Z} \twoheadrightarrow \mathbb{Z}/2\mathbb{Z}, n + 4\mathbb{Z} \mapsto n + 2\mathbb{Z}$ は **Grp** 中分裂しないエピである．

5.2.27

	モノ	正則モノ	分裂モノ	エピ	正則エピ	分裂エピ
合成	○	×	○	○	×	○
引き戻し	○	○	×	×	×	○

- $X \overset{m}{\to} Y$ および $Y \overset{m'}{\to} Z$ をモノとする．$f, f': W \to X$ について，$(m'm)f = (m'm)f'$ であれば，$m'(mf) = m'(mf')$ で m' がモノより $mf = mf'$ を得る．m もモノなので $f = f'$ がわかる．よって $m'm$ はモノである．エピの合成がエピであることも同様（あるいは双対）である．

- $X \xrightarrow{m} Y$ および $Y \xrightarrow{m'} Z$ を分裂モノとする．すなわち $X \xleftarrow{n} Y$ と $Y \xleftarrow{n'} Z$ であって，$nm = 1_X, n'm' = 1_Y$ なるものが存在するとする．このとき $(nn')(m'm) = 1_X$ なので $m'm$ は分裂モノである．分裂エピの合成が分裂エピであることも同様（あるいは双対）である．
- 5 個の対象からなり，$h = fm = gm, h' = f'm' = g'm', f \neq g, f' \neq g'$ であるような以下の圏を考えることができる（恒等射は省略した）．このとき $X \xrightarrow{m} Y \underset{g}{\overset{f}{\rightrightarrows}} P$ と $Y \xrightarrow{m'} Z \underset{g'}{\overset{f'}{\rightrightarrows}} Q$ はイコライザであるが，$m'm : X \to Z$ はイコライザになり得ないことがわかる．正則エピの合成が必ずしも正則エピにならないことの証明も同様（あるいは双対）である．

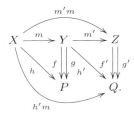

- モノの引き戻しがモノであることは，演習問題 5.1.42 で扱った．
- 5 個の対象からなり $j = gf = ih, ph \neq hq$ であるような，以下の圏を考えることができる（恒等射は省略した）．

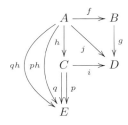

この圏で四角形 $ABCD$ は引き戻しで，g はエピだが，h はエピではない．
- **Ab** における射 $f : M \to N$ が分裂モノであることは，f が集合論的単射でかつある部分アーベル群 $K \subseteq N$ が存在して $f(M) \oplus K = N$ となることと同値である（証明略）．これから以下の引き戻し図式，分裂モノ ∃! の引き戻し ×2 が分裂モノにならない例になっていることがわかる．ここで ×2 : $\mathbb{Z}/2\mathbb{Z} \hookrightarrow \mathbb{Z}/4\mathbb{Z}$, $n + 2\mathbb{Z} \mapsto 2n + 4\mathbb{Z}$ で，$\mathbb{Z}/4\mathbb{Z} \twoheadrightarrow \mathbb{Z}/2\mathbb{Z}, n + 4\mathbb{Z} \mapsto n + 2\mathbb{Z}$ である．

$$\begin{array}{ccc} \mathbb{Z}/2\mathbb{Z} & \xrightarrow{\times 2} & \mathbb{Z}/4\mathbb{Z} \\ {\scriptstyle \exists !}\downarrow & & \downarrow \\ \{0\} & \xrightarrow[\exists !]{} & \mathbb{Z}/2\mathbb{Z}. \end{array}$$

- 以下の図式で，左四角形 $PQXY$ が引き戻しで，$X \xrightarrow{m} Y \xrightarrow[g]{f} Z$ はイコライザと仮定すれば，$P \xrightarrow{m'} Q \xrightarrow[g\beta]{f\beta} Z$ もイコライザであることが証明できる．

$$\begin{array}{ccc} P & \xrightarrow{m'} & Q \\ {\scriptstyle \alpha}\downarrow & & \downarrow{\scriptstyle \beta} \\ X & \xrightarrow[m]{} & Y \xrightarrow[g]{f} Z. \end{array}$$

実際，$\ell : L \to Q$ が $f\beta\ell = g\beta\ell$，すなわち $f(\beta\ell) = g(\beta\ell)$ とすると，$X \xrightarrow{m} Y \xrightarrow[g]{f} Z$ はイコライザだから $mx = \beta\ell$ なる $x : L \to X$ が存在する．左四角形 $PQXY$ が引き戻しなので，$m'h = \ell, \alpha h = x$ なる $h : L \to P$ が存在する．あとは $h' : L \to P$ が $m'h' = \ell$ のとき $h = h'$ を示せばよい．そのためには $\alpha h' = x$ を示せばよく（左四角形 $PQXY$ が引き戻しだから），m がモノだから $m\alpha h' = mx$ を示せばよいが，望みどおり $m\alpha h' = \beta m' h' = \beta\ell = mx$ となっている．よって正則モノの引き戻しは正則モノである．

- 以下の図式で，左四角形 $ABCD$ が引き戻しで，$em = 1_D$ であると仮定する．

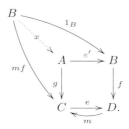

$f = 1_D f = (em)f = e(mf)$ だから，$e'x = 1_B$ かつ $gx = mf$ となるただ一つの $x : B \to A$ が存在する．特に $e' : A \to B$ は分裂エピである．

- 5個の対象からなり，$\alpha \neq \beta, \delta = \gamma\alpha = \gamma\beta, h = \gamma f = gp$ であるような以下の圏を考えることができる（恒等射は省略した）．このとき γ は正則エピ，四角形は引き戻し，p は正則エピではないことが確かめられる．

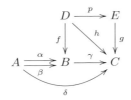

5.3.8 以下の割り当て F は,関手 $F : \mathscr{A} \times \mathscr{A} \to \mathscr{A}$ になっていることが示せる.

- $(X, Y) \in \mathscr{A} \times \mathscr{A}$ について,積錐 $X \xleftarrow{p_1^{X,Y}} X \times Y \xrightarrow{p_2^{X,Y}} Y$ を一つ選び,$F(X, Y) = X \times Y$ とする.
- $(f, g) \in (\mathscr{A} \times \mathscr{A})((X, Y), (X', Y'))$ について,そこで $f \circ p_1^{X,Y} : X \times Y \to X'$, $g \circ p_2^{X,Y} : X \times Y \to Y'$ が得られるので,$X' \times Y'$ の普遍性から $h : X \times Y \to X' \times Y'$ であって $p_1^{X',Y'} \circ h = f \circ p_1^{X,Y}$, $p_2^{X',Y'} \circ h = g \circ p_2^{X,Y}$ なるものがただ一つ存在する.そこで $F(f, g) = h$ とする.

5.3.9 演習問題 5.3.8 の記法を踏襲する.$A, X, Y \in \mathscr{A}$ について,$\alpha_{A,X,Y}$ を
$$\alpha_{A,X,Y} : \quad \mathscr{A}(A, X \times Y) \longrightarrow \mathscr{A}(A, X) \times \mathscr{A}(A, Y),$$
$$f \longmapsto (p_1^{X,Y} \circ f, p_2^{X,Y} \circ f)$$
と定義する.$X \times Y$ の普遍性から $\alpha_{A,X,Y}$ は全単射である.さらに α は三つの引数 $A, X, Y \in \mathscr{A}$ のいずれについても自然であることが証明できる.

5.3.10 $\mathbf{I}$ を小圏とし,関手 $F : \mathscr{A} \to \mathscr{B}$ は $\mathbf{I}$ 型極限を創出すると仮定する.任意の図式 $D : \mathbf{I} \to \mathscr{A}$ と D 上の錐 $\left(A \xrightarrow{p_I} D(I) \right)_{I \in \mathbf{I}}$ について,$\left(F(A) \xrightarrow{F(p_I)} FD(I) \right)_{I \in \mathbf{I}}$ が $\mathscr{B}$ 中の $F \circ D$ の極限錐のとき,$\left(A \xrightarrow{p_I} D(I) \right)_{I \in \mathbf{I}}$ が $\mathscr{A}$ 中の D の極限錐であることをいえばよい.$F : \mathscr{A} \to \mathscr{B}$ が $\mathbf{I}$ 型極限を創出するので,$F(X) = F(A), \forall I \in \mathbf{I}$, $F(q_I) = F(p_I)$ なる D 上の錐 $\left(X \xrightarrow{q_I} D(I) \right)_{I \in \mathbf{I}}$ がただ一つ存在し,これは極限錐である.いま $\left(X \xrightarrow{q_I} D(I) \right)_{I \in \mathbf{I}} = \left(A \xrightarrow{p_I} D(I) \right)_{I \in \mathbf{I}}$ となっている.

5.3.11 (a) $\mathbf{I}$ を小圏とする.関手 $F : \mathscr{A} \to \mathscr{B}$ は $\mathbf{I}$ 型極限を創出することを示すには,$\mathscr{A}$ 中の図式 $D : \mathbf{I} \to \mathscr{A}$ について,以下を示せばよいことをまず注意する.

- 図式 $F \circ D$ のある一つの極限錐 $\left(B \xrightarrow{q_I} FD(I) \right)_{I \in \mathbf{I}}$ について,$F(A) = B$ かつ任意の $I \in \mathbf{I}$ について $F(p_I) = q_I$ となるような D のただ一つの錐 $\left(A \xrightarrow{p_I} D(I) \right)_{I \in \mathbf{I}}$ が存在する.
- この錐 $\left(A \xrightarrow{p_I} D(I) \right)_{I \in \mathbf{I}}$ は D の極限錐である.
- 任意の $A \in \mathscr{A}$ と任意の $\mathscr{B}$ の同型射 $f : B' \to F(A)$ について,$F(f') = f$ となる $\mathscr{A}$ の同型射 f' がただ一つ存在する.

そこで $F = U$, $\mathscr{A} = \mathbf{Grp}$, $\mathscr{B} = \mathbf{Set}$ のとき（箇条書き中の最後の条件が成り立つのはやさしい），図式 $D : \mathbf{I} \to \mathbf{Grp}$ について，例 5.1.22 の公式

$$B = \{(x_I)_{I \in \mathbf{I}} \mid I \in \mathbf{I} \text{ について } x_I \in UD(I) \text{ で},$$
$$\mathbf{I} \text{ 中の } I \xrightarrow{u} J \text{ について } (UDu)(x_I) = x_J\}$$
$$q_I : B \longrightarrow UD(I), \quad (x_I)_{I \in \mathbf{I}} \longmapsto x_I$$

で与えられる図式 $U \circ D$ の極限錐 $\left(B \xrightarrow{q_I} UD(I)\right)_{I \in \mathbf{I}}$ を考えよう．

$F(A) = B$ かつ任意の $I \in \mathbf{I}$ について $F(p_I) = q_I$ となるような D のただ一つの錐 $\left(A \xrightarrow{p_I} D(I)\right)_{I \in \mathbf{I}}$ が存在することを示そう．集合論的に $A = B$, $p_I = q_I$ なので，任意の $I \in \mathbf{I}$ について $B \xrightarrow{q_I} UD(I)$ が群準同型になるような B の群構造がただ一つ存在することをいえば十分である．例 5.3.4 と同様の考察で，そのような B の群構造は

積　　　$(x_I)_{I \in \mathbf{I}}, (y_I)_{I \in \mathbf{I}} \in B$ について $(x_I)_{I \in \mathbf{I}} \cdot (y_I)_{I \in \mathbf{I}} = (x_I y_I)_{I \in \mathbf{I}}$
単位元　$(1_I)_{I \in \mathbf{I}} \in B$
逆元　　$(x_I)_{I \in \mathbf{I}} \in B$ について，$(x_I)_{I \in \mathbf{I}}^{-1} = (x_I^{-1})_{I \in \mathbf{I}}$

で与えられることがわかる（ここで $x_I y_I$, 1_I, x_I^{-1} は $D(I) \in \mathbf{Grp}$ の群構造から定まる元を意味している）．

さて集合 B にこの群構造を入れた $A \in \mathbf{Grp}$ と，集合論的に $p_I = q_I$ として定まる錐 $\left(A \xrightarrow{p_I} D(I)\right)_{I \in \mathbf{I}}$ が極限錐であることを示そう．

$\left(C \xrightarrow{r_I} D(I)\right)_{I \in \mathbf{I}}$ を D 上の錐とする．このとき $\forall I \in \mathbf{I}, r_I = p_I \circ m$ なるただ一つの群準同型写像 $m : C \to A$ は，$m(c) = (r_I(c))_{I \in \mathbf{I}}$ で定まることがわかる．

(b) $\mathbf{Grp}$ を $\mathbf{Ring}$, $\mathbf{Ab}$, $\mathbf{Vect}_k$ に変えても同様の議論が成り立つ．

5.3.12 $\mathbf{I}$ を小圏とし，関手 $F : \mathscr{A} \to \mathscr{B}$ は $\mathbf{I}$ 型極限を創出し，$\mathscr{B}$ は $\mathbf{I}$ 型極限をもつと仮定する．図式 $D : \mathbf{I} \to \mathscr{A}$ について，$\mathscr{B}$ は $\mathbf{I}$ 型極限をもつので，$F \circ D$ の極限錐 $\left(B \xrightarrow{q_I} FD(I)\right)_{I \in \mathbf{I}}$ をとる．$F : \mathscr{A} \to \mathscr{B}$ は $\mathbf{I}$ 型極限を創出するので，$F(A) = B$, $\forall I \in \mathbf{I}, F(p_I) = q_I$ なる D 上の錐 $\left(A \xrightarrow{p_I} D(I)\right)_{I \in \mathbf{I}}$ がただ一つ存在し，これは極限錐である．よって $\mathscr{A}$ は $\mathbf{I}$ 型極限をもつ．

$\left(A' \xrightarrow{p'_I} D(I)\right)_{I \in \mathbf{I}}$ を D の極限錐とすると，極限の一意性より $\alpha : A \to A'$, $\beta : A' \to A$ で $\alpha\beta = 1_{A'}$, $\beta\alpha = 1_A$ かつ $\forall I \in \mathbf{I}, p'_I \alpha = p_I, p_I \beta = p'_I$ なるものが存在する．$F(\beta)$ は同型（演習問題 1.2.21）から，これで極限錐 $\left(B \xrightarrow{q_I} FD(I)\right)_{I \in \mathbf{I}}$ を捻ってえられる錐 $\left(F(A') \xrightarrow{q_I F(\beta)} FD(I)\right)_{I \in \mathbf{I}} = \left(F(A') \xrightarrow{F(p'_I)} FD(I)\right)_{I \in \mathbf{I}}$ もまた極限錐である．よって F は $\mathbf{I}$ 型極限を保存する．

5.3.13 環 $R \in \mathbf{Ring}$ について，左 R 加群と左 R 加群準同型のなす圏を $\mathbf{Mod}_R$

と書く．

(a) 随伴 $\mathbf{Set} \underset{G}{\overset{F}{\rightleftarrows}} \mathscr{B}$ の単位と余単位をそれぞれ $\eta : 1_{\mathbf{Set}} \to GF, \varepsilon : FG \to 1_{\mathscr{B}}$ とする．任意のエピ $e \in \mathscr{B}(X,Y)$ と任意の $f \in \mathscr{B}(FS,Y)$ について，$e \circ g = f$ なる $g \in \mathscr{B}(FS,X)$ が存在することをいえばよい．G はエピを保つから，$Ge \in \mathbf{Set}(GX,GY)$ はエピである．演習問題 5.2.26 (b) より Ge は分裂エピなので，$Ge \circ t = 1_{GY}$ なる $t \in \mathbf{Set}(GY,GX)$ が存在する．このとき $g = \varepsilon_X \circ F(t \circ G(f) \circ \eta_S)$ とすれば，$e \circ g = f$ となることが確かめられる．実際，$t \circ G(\bar{f}) \circ \eta_S = \bar{g} : S \to GX$ なので $\overline{e \circ g} = G(e) \circ \bar{g} = G(f) \circ \eta_S = \bar{f}$ となっている．

(b) 一般の環 $R \in \mathbf{Ring}$ と左 R 加群 $P \in \mathbf{Mod}_R$ について，P が射影的であることは以下と同値である（定義を言い換えただけ）．いま $R = \mathbb{Z}$ で，$X = \mathbb{Z}/4\mathbb{Z}$, $P = Y = \mathbb{Z}/2\mathbb{Z}$, $f = 1_{\mathbb{Z}/2\mathbb{Z}}$, $p : X \twoheadrightarrow Y, n + 4\mathbb{Z} \mapsto n + 2\mathbb{Z}$ とすると，$p \circ g = f$ なる g は存在しないことがわかる（演習問題 5.2.26 (c) も参照）．

- 任意のエピ $p : X \twoheadrightarrow Y \in \mathbf{Mod}_R(X,Y)$（これは全射 R 加群準同型と同値）と $f \in \mathbf{Mod}_R(P,Y)$ について，$p \circ g = f$ なる $g \in \mathbf{Mod}_R(P,X)$ が存在する

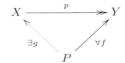

(c) 一般の環 $R \in \mathbf{Ring}$ と左 R 加群 $I \in \mathbf{Mod}_R$ について，I は単射的であることは以下と同値である（定義を言い換えただけ）．

- 任意のモノ $\iota : K \hookrightarrow L \in \mathbf{Mod}_R(K,L)$（これは単射 R 加群準同型と同値）と $f \in \mathbf{Mod}_R(K,I)$ について，$g \circ \iota = f$ なる $g \in \mathbf{Mod}_R(L,I)$ が存在する

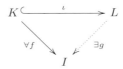

R が体 k のとき K の基底を $\{v_i \mid i \in I\}$ とすると，$\{\iota(v_i) \mid i \in I\}$ は L 中 k 線型独立なので，これを延長して L の基底 $\{\iota(v_i) \mid i \in I\} \sqcup \{w_j \mid j \in J\}$ にする（これらは選択公理を用いて証明される）．$\{i \in I \mid a_i \neq 0\}$, $\{j \in J \mid b_j \neq 0\}$ がともに有限集合になるような $(a_i)_{i \in I}, (b_j)_{j \in J}$ について，$g\left(\sum_{i \in I} a_i \iota(v_i) + \sum_{j \in J} b_j w_j\right) = \sum_{i \in I} a_i f(v_i)$ で定まる $g : L \to I$ は $g \circ \iota = f$ を満たす．

$R = \mathbb{Z}$ のとき $I = K = \mathbb{Z}/2\mathbb{Z}, L = \mathbb{Z}/4\mathbb{Z}, f = 1_{\mathbb{Z}/2\mathbb{Z}}, \iota : K \hookrightarrow L, n + 2\mathbb{Z} \mapsto 2n + 4\mathbb{Z}$ とすると，$g \circ \iota = f$ なる g は存在しないことがわかる（演習問題

演習問題の解答　**247**

5.2.25 (b) も参照).

6.1.5 ● 命題 6.1.1 は:$A, B \in \mathscr{A}$ について,「関手 $C: \mathscr{A}^{\mathrm{op}} \to \mathbf{Set}$, $Z \mapsto \{(A \xleftarrow{i} Z \xrightarrow{j} B)\}$ の表現」と「積錐 $A \xleftarrow{p} X \xrightarrow{q} B$」には 1 対 1 対応が存在する.
● 系 6.1.2 は:$A, B \in \mathscr{A}$ の積 $A \times B$ は存在するならば同型を除いて一意的である.
● 補題 6.1.3 は:$A \xleftarrow{p} A \times B \xrightarrow{q} B$ と $A' \xleftarrow{p'} A' \times B' \xrightarrow{q'} B'$ をともに積錐とし,$f: A \to A'$, $g: B \to B'$ を取る.このとき

(a) 以下が可換になるようなただ一つの $h: A \times B \to A' \times B'$ が存在する(通常,$h = f \times g$ と書かれる).

$$\begin{array}{ccccc} A & \xleftarrow{p} & A \times B & \xrightarrow{q} & B \\ {}_{f}\downarrow & & {}_{h}\downarrow & & \downarrow {}_{g} \\ A' & \xleftarrow{p'} & A' \times B' & \xrightarrow{q'} & B' \end{array}$$

(b) $A \xleftarrow{i} Z \xrightarrow{j} B$ と $A' \xleftarrow{i'} Z' \xrightarrow{j'} B'$ と $s: Z \to Z'$ が

$$\begin{array}{ccc} Z & \xrightarrow{i} & A \\ {}_{s}\downarrow & & \downarrow{}_{f} \\ Z' & \xrightarrow{i'} & A' \end{array} \qquad \begin{array}{ccc} Z & \xrightarrow{j} & B \\ {}_{s}\downarrow & & \downarrow{}_{g} \\ Z' & \xrightarrow{j'} & B' \end{array}$$

を可換にするならば

$$\begin{array}{ccc} Z & \xrightarrow{k} & A \times B \\ {}_{s}\downarrow & & \downarrow{}_{h} \\ Z' & \xrightarrow{k'} & A' \times B' \end{array}$$

も可換になる.ここで $k: Z \to A \times B$ と $k': Z' \to A' \times B'$ はそれぞれ以下を可換にするただ一つの射である.$k = (i, j)$, $k' = (i', j')$ と書くのだった.

$$\begin{array}{ccccc} A & \xleftarrow{p} & A \times B & \xrightarrow{q} & B \\ \parallel & & {}_{k}\uparrow & & \parallel \\ A & \xleftarrow{i} & Z & \xrightarrow{j} & B \end{array} \qquad \begin{array}{ccccc} A' & \xleftarrow{p'} & A' \times B' & \xrightarrow{q'} & B' \\ \parallel & & {}_{k'}\uparrow & & \parallel \\ A' & \xleftarrow{i'} & Z' & \xrightarrow{j'} & B'. \end{array}$$

● 命題 6.1.4 は:$\mathscr{A}(A, X \times Y) \cong \mathscr{A}(A, X) \times \mathscr{A}(A, Y)$ が A, X, Y について自然に成り立つ.

6.1.6 命題 6.1.4 の双対は「**I** を小圏とし，圏 $\mathscr{A}$ は **I** 型余極限をすべてもつと仮定する．このとき $\varinjlim_{\mathbf{I}}$ は関手 $[\mathbf{I}, \mathscr{A}] \to \mathscr{A}$ を定め，この関手は対角関手の左随伴になっている．」である．

また **I** が群 G で，$\mathscr{A} = \mathbf{Set}$ のとき，命題 6.1.4 は「集合 S を自明な作用で左 G 集合 S と思う関手の右随伴は，左 G 集合 X の固定点集合 $X^G = \{x \in X \mid \forall g \in G, gx = x\}$ を取る関手である」という内容である（つまり，演習問題 2.1.16 (a) の解答における $-^G \dashv T$ のこと）．これの双対は，「集合 S を自明な作用で左 G 集合 S と思う関手の左随伴は，左 G 集合 X の軌道による商集合 X/G を取る関手である」という内容である．ここで $x \sim y \Leftrightarrow G(x) = G(y)$, $G(x) = \{gx \mid g \in G\}$ と定義される（つまり，演習問題 2.1.16 (a) の解答における $-/G \dashv T$ のこと）．

6.2.20 (a) 任意の $A \in \mathbf{A}$ について $\alpha_A : X(A) \to Y(A)$ がモノであれば，α が $[\mathbf{A}, \mathscr{S}]$ におけるモノであることは明らかである．実際，任意の $Z \in [\mathbf{A}, \mathscr{S}]$ と，自然変換 $\beta, \beta' : Z \to X$ が $\alpha \circ \beta = \alpha \circ \beta'$ であるとき，任意の $A \in \mathbf{A}$ について $\alpha_A \circ \beta_A = \alpha_A \circ \beta'_A$ が成り立つので，$\beta_A = \beta'_A$ が得られ，$\beta = \beta'$ がわかる．

逆に α がモノとすると，補題 5.1.32 より

は引き戻しである．$\mathscr{S}$ は引き戻しをもつので系 6.2.6 が適用でき

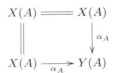

は引き戻しである ($A \in \mathbf{A}$)．補題 5.1.32 より α_A はモノである．

(b) **Set** はすべての極限をもつだけでなくすべての余極限ももつので，(a) と同様に，自然変換 $\mathbf{A}^{\mathrm{op}} \overset{X}{\underset{Y}{\rightrightarrows}} \mathbf{Set}$ が $[\mathbf{A}^{\mathrm{op}}, \mathbf{Set}]$ におけるエピであることと，任意の $A \in \mathbf{A}$ について $\alpha_A : X(A) \to Y(A)$ がエピ（この場合，全射）であることは同値である．

(c) モノについては米田の補題（定理 4.2.1）を用いた別解も可能である．実際，$\alpha : X \to Y$ が $[\mathbf{A}^{\mathrm{op}}, \mathbf{Set}]$ におけるモノであれば，任意の $Z \in [\mathbf{A}^{\mathrm{op}}, \mathbf{Set}]$ について $\alpha \circ - : [\mathbf{A}^{\mathrm{op}}, \mathbf{Set}](Z, X) \to [\mathbf{A}^{\mathrm{op}}, \mathbf{Set}](Z, Y)$ は単射であるが，$Z = H_A$ として米田を用いると $\alpha_A : X(A) \to Y(A)$ が単射であることが得られる ($A \in \mathbf{A}$)．

Set のような個別の圏の性質を用いるのではなく，一般に圏 $\mathscr{S}$ において「点ごとの計算」なしで，(a)（やその双対）を演繹することが不可能であることをいうには，小圏 **A** と引き戻し（押し出し）をもたない圏 $\mathscr{S}$ と，$[\mathbf{A}, \mathscr{S}]$ におけるモノ（エピ）α であって，ある $A \in \mathbf{A}$ で α_A がモノ（エピ）でないような例を構成すればよい．

6.2.21 (a) 自然同型 $H_A \cong X + Y$ が存在したとすると，系 4.3.2 より普遍元 $u \in (X+Y)(A) = X(A) + Y(A)$ が存在して，任意の $B \in \mathscr{A}$ と $x \in (X+Y)(B) = X(B) + Y(B)$ について，ただ一つの $f : B \to A$ が存在して $(X+Y)(f)(u) = x$ となる．このことから $u \in X(A)$ であれば任意の $B \in \mathscr{A}$ について $Y(B) = \emptyset$ が，$u \in Y(A)$ であれば任意の $B \in \mathscr{A}$ について $X(B) = \emptyset$ がわかる．

(b) $A, B, C \in \mathscr{A}$ について，自然同型 $H_A \cong H_B + H_C$ が存在したとすると，(a) より H_B または H_C の少なくとも一つは $\emptyset$ を取る定数関手だが，$1_B \in H_B(B)$，$1_C \in H_C(C)$ よりこれは不可能である．

6.2.22 小圏 **A** と前層 $X \in [\mathbf{A}^{\mathrm{op}}, \mathbf{Set}]$ について，
- 対応 $(1 \Rightarrow X) \to \mathbf{E}(X)$，$(A, f : 1 \to X(A)) \mapsto (A, f(*))$ によって，元の圏 $\mathbf{E}(X)$ とコンマ圏 $(1 \Rightarrow X)$ は圏同型である（ここで $1 = \{*\}$ とした）．
- 対応 $(H_\bullet \Rightarrow X) \to \mathbf{E}(X)$，$(A, \alpha : H_A \to X) \mapsto (A, \alpha_A(1_A))$ によって，元の圏 $\mathbf{E}(X)$ とコンマ圏 $(H_\bullet \Rightarrow X)$ は圏同型である．

6.2.23 $(A, u) \in \mathbf{E}(X)$ が終対象であることは，定義より $A \in \mathbf{A}$ と $u \in X(A)$ が，系 4.3.2 中の (4.6) の条件を満たすことであるから（ただし $\mathscr{A} = \mathbf{A}$ である）．

6.2.24 圏同値 $[\mathbf{A}^{\mathrm{op}}, \mathbf{Set}]/X \simeq [\mathbf{E}(X)^{\mathrm{op}}, \mathbf{Set}]$ は以下のように構成される．

前層 $F \in [\mathbf{A}^{\mathrm{op}}, \mathbf{Set}]$ と自然変換 $\alpha : F \to X$ は，$(A, x) \mapsto \alpha_A^{-1}\{x\}$ によって前層 $F' \in [\mathbf{E}(X)^{\mathrm{op}}, \mathbf{Set}]$ を定める（射の割り当ては省略）．ここで $A \in \mathbf{A}$，$x \in X(A)$ である．これによって関手 $F : [\mathbf{A}^{\mathrm{op}}, \mathbf{Set}]/X \to [\mathbf{E}(X)^{\mathrm{op}}, \mathbf{Set}]$ が得られる．

逆に，前層 $Z \in [\mathbf{E}(X)^{\mathrm{op}}, \mathbf{Set}]$ について，$A \in \mathbf{A}$ における切断が $\sum_{x \in X(A)} Z(A, x)$ であるような **A** 上の前層 Z' が定まり（制限写像の定義は省略する），さらに $A \in \mathbf{A}$ における成分を $\sum_{x \in X(A)} Z(A, x) \xrightarrow{\sum c_x} \sum_{x \in X(A)} \{x\} \, (= X(A))$ と定めることで自然変換 $Z' \to X$ が得られる．ここで $c_x : Z(A, x) \to \{x\}$ は 1 点集合へのただ一つの写像である．これによって関手 $G : [\mathbf{E}(X)^{\mathrm{op}}, \mathbf{Set}] \to [\mathbf{A}^{\mathrm{op}}, \mathbf{Set}]/X$ が得られる．

（注意）：読者はまず $\mathbf{A} = \mathbf{1}$ の場合に，問題が主張している圏同値 $\mathbf{Set}/X \simeq \mathbf{Set}^X$ の証明を理解しておくと読みやすい．ここで $X \in \mathbf{Set} \cong [\mathbf{1}^{\mathrm{op}}, \mathbf{Set}]$ は集合である．

6.2.25 (a) まず，対象 $B \in \mathbf{B}$ ごとの割り当て $B \mapsto (\mathrm{Lan}_F X)(B)$ が問題中に与えられているが，射 $g \in \mathbf{B}(B, B')$ についても $(\mathrm{Lan}_F X)(g) : (\mathrm{Lan}_F X)(B) \to (\mathrm{Lan}_F X)(B')$ を定義しよう．図式 $X \circ P_B : (F \Rightarrow B) \to \mathscr{S}$ の余極限錐を

$$\left(X(A) \xrightarrow{\ell_{B,(A, h:FA \to B)}} (\mathrm{Lan}_F X)(B) \right)_{(A, h:FA \to B) \in (F \Rightarrow B)}$$

とする．とくに，任意の $f \in (F \Rightarrow B)((A, h : FA \to B), (A', h' : FA' \to B))$（つまり $f \in \mathbf{A}(A, A')$ で $h' \circ Ff = h$ となるもの）について

$$\ell_{B,(A,h:FA\to B)} = \ell_{B,(A',h':FA'\to B)} \circ X(f) \tag{1}$$

が成り立つことに注意しよう．さて，$f \in \mathbf{A}(A, A')$ について

$$f \in (F \Rightarrow B)((A, h : FA \to B), (A', h' : FA' \to B))$$
$$\Longrightarrow f \in (F \Rightarrow B')((A, gh : FA \to B'), (A', gh' : FA' \to B'))$$

であることに注意すると

$$\left(X(A) \xrightarrow{\ell_{B',(A,g\circ h:FA\to B')}} (\mathrm{Lan}_F X)(B') \right)_{(A,h:FA\to B)\in(F\Rightarrow B)}$$

は図式 $X \circ P_B : (F \Rightarrow B) \to \mathscr{S}$ の余錐になることが確認できる．よって任意の $(A, h : FA \to B) \in (F \Rightarrow B)$ について，

$$(\mathrm{Lan}_F X)(g) \circ \ell_{B,(A,h:FA\to B)} = \ell_{B',(A,g\circ h:FA\to B')} \tag{2}$$

となるただ一つの $(\mathrm{Lan}_F X)(g) : (\mathrm{Lan}_F X)(B) \to (\mathrm{Lan}_F X)(B')$ が存在する．これによって割り当て $\mathrm{Lan}_F X$ は関手 $\mathrm{Lan}_F X : \mathbf{B} \to \mathscr{S}$ になることが確認できる．残りを示すには (b) を示せばよい．

(b) $X \in [\mathbf{A}, \mathscr{S}]$ について，コンマ圏 $(X \Rightarrow (- \circ F))$ の始対象 $(\mathrm{Lan}_F X, \alpha : X \to (\mathrm{Lan}_F X) \circ F)$ が構成できれば，系 2.3.7 より，対象ごとの割り当て $\mathrm{Lan}_F : [\mathbf{A}, \mathscr{S}] \to [\mathbf{B}, \mathscr{S}]$, $X \mapsto \mathrm{Lan}_F X$ は $- \circ F : [\mathbf{B}, \mathscr{S}] \to [\mathbf{A}, \mathscr{S}]$ の左随伴に拡張できる．

まず，$A \in \mathbf{A}$ ごとに α の A における成分を $\alpha_A = \ell_{FA,(A,1_{FA}:FA\to FA)}$ と定義する．α が自然変換になることを確かめるには，任意の $f \in \mathbf{A}(A, A')$ について $(\mathrm{Lan}_F X)(Ff) \circ \alpha_A = \alpha_{A'} \circ Xf$ をいえばよいが，それは以下の理由により両辺ともに $\ell_{FA',(A,Ff:FA\to FA')}$ と等しいので確かめられる．

- 左辺は $(\mathrm{Lan}_F X)(Ff) \circ \ell_{FA,(A,1_{FA}:FA\to FA)}$ だが，(2) より．
- 右辺は $\ell_{FA',(A',1_{FA'}:FA'\to FA')} \circ Xf$ だが，(1) より．

次に，対象 $(G, \beta) \in (X \Rightarrow (- \circ F))$ が与えられたときに，射 $\gamma \in (X \Rightarrow (- \circ F))((\mathrm{Lan}_F X, \alpha), (G, \beta))$ を構成しよう．すなわち，関手 $G : \mathbf{B} \to \mathscr{S}$ と自然変換 $\beta : X \to GF$ について，$(\gamma F) \circ \alpha = \beta$ となる自然変換 $\gamma : \mathrm{Lan}_F X \to G$ を構成する．$B \in \mathbf{B}$ について

$$\left(XA \xrightarrow{\beta_A} GFA \xrightarrow{Gh} GB \right)_{(A,h:FA\to B)\in(F\Rightarrow B)}$$

は図式 $X \circ P_B : (F \Rightarrow B) \to \mathscr{S}$ の余錐になっていることが確認できる．よって任意の $(A, h : FA \to B) \in (F \Rightarrow B)$ について，

$$Gh \circ \beta_A = \gamma_B \circ \ell_{B,(A,h:FA\to B)} \tag{3}$$

となるただ一つの $\gamma_B : (\mathrm{Lan}_F X)(B) \to GB$ が存在する．γ が自然変換になることを確かめるには，任意の $g \in \mathbf{B}(B, B')$ について $\gamma_{B'} \circ (\mathrm{Lan}_F X)(g) = Gg \circ \gamma_B$ をいえばよいが，そのためには任意の $(A, h : FA \to B) \in (F \Rightarrow B)$ について

$$\gamma_{B'} \circ (\mathrm{Lan}_F X)(g) \circ \ell_{B,(A,h:FA\to B)} = Gg \circ \gamma_B \circ \ell_{B,(A,h:FA\to B)}$$

をいえばよく（演習問題 5.1.36 (a) の双対），それは以下のように確かめられる．

- (2) より $(\mathrm{Lan}_F X)(g) \circ \ell_{B,(A,h:FA\to B)} = \ell_{B',(A,gh:FA\to B')}$
- (3) より $\gamma_{B'} \circ \ell_{B',(A,gh:FA\to B')} = G(gh) \circ \beta_A = Gg \circ (Gh \circ \beta_A) = Gg \circ (\gamma_B \circ \ell_{B,(A,h:FA\to B)})$

さて $(\gamma F) \circ \alpha = \beta$ を確かめるには，任意の $A \in \mathbf{A}$ について $\gamma_{FA} \circ \alpha_A = \beta_A$ をいえばよい．左辺は $\gamma_{FA} \circ \ell_{FA,(A,1_{FA}:FA\to FA)}$ となるが，(3) よりこれは $G(1_{FA}) \circ \beta_A$ となるので望みどおりである．

最後に，$(\gamma F) \circ \alpha = \beta$ となる自然変換 $\gamma : \mathrm{Lan}_F X \to G$ の一意性を示す．

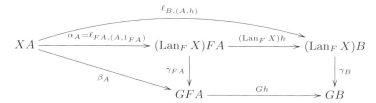

そのためには任意の $(A, h : FA \to B) \in (F \Rightarrow B)$ について (3) が成り立つことをいえばよいが（演習問題 5.1.36 (a) の双対），それは以下から確かめられる．

- (2) より，$(\mathrm{Lan}_F X)(h) \circ \ell_{FA,(A,1_{FA}:FA\to FA)} = \ell_{B,(A,h:FA\to B)}$
- $(\gamma F) \circ \alpha = \beta$ より，$\gamma_{FA} \circ \ell_{FA,(A,1_{FA}:FA\to FA)} = \beta_A$
- γ は自然変換なので $Gh \circ \gamma_{FA} = \gamma_B \circ (\mathrm{Lan}_F X)(h)$

(c) まず (a) の双対構成（右 Kan 拡張）は，次のとおりである：

$F : \mathbf{A} \to \mathbf{B}$ を小圏の間の関手とする．各対象 $B \in \mathbf{B}$ について，例 2.3.4 に述べたとおりコンマ圏 $(B \Rightarrow F)$ が存在する．射影関手を $Q_B : (B \Rightarrow F) \to \mathbf{A}$, $(A, h : B \to FA) \mapsto A$ と書こう．$X : \mathbf{A} \to \mathscr{S}$ を $\mathbf{A}$ から小さい極限をもつ圏 $\mathscr{S}$ への関手とする．各 $B \in \mathbf{B}$ について，割り当て $(\mathrm{Ran}_F X)(B) = \varprojlim(XQ_B)$ は関手 $\mathrm{Ran}_F X : \mathbf{B} \to \mathscr{S}$ になる．さらにコンマ圏 $((- \circ F) \Rightarrow X)$ の終対象 $(\mathrm{Ran}_F X, \eta : (\mathrm{Ran}_F X) \circ F \to X)$ が存在する．これにより定まる関手 Ran_F は $- \circ F$ の右随伴である．

さて $\mathscr{S} = \mathbf{Set}$ とする．群 G を一つの対象からなる圏と思ったものも G と書くことにする．一つの対象とその上の恒等射からなる $\mathbf{1}$ は，単位群に対応する圏である．

- I をただ一つの関手 $\mathbf{1} \to G$ とすると，$- \circ I : [G, \mathbf{Set}] \to [\mathbf{1}, \mathbf{Set}]$ は，演習

問題 2.1.16 の解答中の忘却関手 U であり，自然同型 $\mathrm{Lan}_I \cong F (= G \times -)$ と $\mathrm{Ran}_I \cong R (= \mathbf{Set}(G, -))$ が成り立つ．

- J をただ一つの関手 $G \to 1$ とすると，$- \circ J : [\mathbf{1}, \mathbf{Set}] \to [G, \mathbf{Set}]$ は，演習問題 2.1.16 の解答中の忘却関手 T であり，自然同型 $\mathrm{Lan}_J \cong -/G$ と $\mathrm{Ran}_J \cong -^G$ が成り立つ．

$\mathscr{S} = \mathbf{Vect}_k$ のときも，同様に演習問題 2.1.16 の解答中の四つの関手を左右の Kan 拡張として得ることができる．

6.3.21 (a) 定理 6.3.1 より U が余極限を保存しないことを示せばよい．そのためには U が始対象を保たないことをいえば十分である．**Grp** の始対象は単位群 $\{*\}$ で，**Set** の始対象は $\emptyset$ であり，$U(\{*\}) \not\cong \emptyset$ となっている．

(b) $\mathbf{1}$ を 1 点集合，$\mathbf{2}$ を 2 点集合とする．また $\emptyset$ を空圏，$\mathbf{1} = (\bullet)$ を射が一つの圏とし，$\mathbf{2} = (\bullet \longrightarrow \bullet)$ を二つの対象とその間の射（と二つの恒等射）からなる圏とする（例 1.1.8 を参照）．$I(1+1) \not\cong \mathbf{1} + \mathbf{1} (= D(2))$ は和を保たないので，右随伴をもたない．$\mathbf{Cat}(\mathbf{1}, \mathbf{2})$ は 2 元からなるので，これを F, G と名づけよう．すると
$$\emptyset \longrightarrow \mathbf{1} \underset{G}{\overset{F}{\rightrightarrows}} \mathbf{2}$$
は **Cat** におけるイコライザになっているが，C はこれを保たない．よって C は左随伴をもたないことがわかる．

(c) **Set** の始対象と終対象はそれぞれ $\emptyset$ と $\{*\}$ で，$[\mathscr{O}(X)^{\mathrm{op}}, \mathbf{Set}]$ の始対象と終対象はそれぞれ $\Delta(\emptyset)$ と $\Delta(\{*\})$ である．$X \neq \emptyset$ のとき $\Lambda(\{*\}) \not\cong \Delta(\{*\})$ かつ $\nabla(\emptyset) \not\cong \Delta(\emptyset)$ となっている．

6.3.22 (a) (A) $\Longrightarrow$ (R) は命題 4.1.11 であり，(R) $\Longrightarrow$ (L) は命題 6.2.2 である．

(b) $A \in \mathscr{A}$ について $U = H^A$ のとき，関手 $F : \mathbf{Set} \to \mathscr{A}$, $S \mapsto \sum_{s \in S} A$ ($f \in \mathbf{Set}(S, T)$ について $F(f)$ の割り当ては省略）が左随伴である．実際，$S \in \mathbf{Set}$ について，$(X, f : S \to H^A(X))$ が $(S \Rightarrow H^A)$ の始対象であるとは，任意の $(Y, g : S \to H^A(Y))$ について，$\forall s \in S$, $h \circ f(s) = g(s)$ なるただ一つの射 $h : X \to Y$ が存在することであるから，和の普遍性より $X = \sum_{s \in S} A_s$, $f(s) = p_s$ と取れる $(((A_s := A) \overset{p_s}{\to} X)_{s \in S}$ は和の余錐)．あとは系 2.3.7 を適用すればよい．

6.3.23 (a) 一般に圏 $\mathscr{C}$ のスケルトンとは，$\mathscr{C}$ の充満部分圏 $\mathscr{D}$ であって，任意の $C \in \mathscr{C}$ について $C \cong D$ なるただ一つの $D \in \mathscr{D}$ が存在するものをいう．命題 1.3.18 より包含 $\mathscr{D} \hookrightarrow \mathscr{C}$ は圏同値である．前順序集合を圏とみなしたとき，これのスケルトンを前順序集合とみなしたものは順序集合である．

（注意）：通常の圏論では，その基礎となる集合論によってスケルトンの存在が正当化されている．この問題では $\mathscr{C}$ は小さな圏なので，スケルトンの存在は選択公理から導くことができる．

(b) $\mathscr{A}$ は小さな積をもつ圏だから，任意の集合 I について $B^I\ (= \prod_{i \in I} B)$ が存在し，積の普遍性より $\mathscr{A}(A, B^I) \cong \mathscr{A}(A, B)^I$ が成り立つ．いま $\mathscr{A}$ が小圏であると仮定し $I = \sum_{A, A' \in \mathscr{A}} \mathscr{A}(A, A')$ を $\mathscr{A}$ の射の集合とすると，$\mathscr{A}(A, B^I) \subseteq I$ である．一方 $|\mathscr{A}(A, B)| \geq 2$ なので定理 3.2.2 から $|\mathscr{A}(A, B)^I| > |I|$ となり矛盾が生じた．

(c) $\mathscr{A}$ を小さな積をもつ小さな圏とする．$\mathscr{A}$ が完備であることをいうには，命題 5.1.26 (a) より $\mathscr{A}$ がイコライザをもつことを示せばよい．(b) より任意の $A, B \in \mathscr{A}$ について $|\mathscr{A}(A, B)| \leq 1$ がわかった．よって「演習問題 5.2.21 の (a) ならば (b)」より $\mathscr{A}$ はイコライザをもつ．完備性は圏同値で保たれる性質なので，(a) より $\mathscr{A}$ は完備順序集合に同値である．

(d) 任意の $n \geq 0$, $m \geq 2$ について $m^n > n$ であることから，(b) の変種「$\mathscr{A}$ を有限積をもつ圏とする．$\mathscr{A}$ が前順序でないと仮定すると，$\mathscr{A}$ が有限圏ではない」が成り立つことが (b) と同様に証明できる．有限圏のスケルトンはまた有限圏であり，また (b) で前順序集合に対応する圏はイコライザをもつことをみた．あとは有限圏 $\mathscr{A}$ が有限積をもつことと任意の小さな積をもつこととの同値性をいえばよい．

6.3.24 本問の解答にあたり，選択公理は断りなく用いる．

(a) $B = A \times \{\pm 1\}$ とする．$\max\{|\mathbb{N}|, |A|\} = \max\{|\mathbb{N}|, |B|\}$ に注意しよう．$\{g_a \mid a \in A\}$ で生成される G の部分群とは，モノイド準同型

$$\varphi: B^* \longrightarrow G, \quad ((a_1, s_1), \ldots, (a_\ell, s_\ell)) \longmapsto g_{a_1}^{s_1} \cdots g_{a_\ell}^{s_\ell}$$

の像である．ここで B^* は B の生成する自由モノイドで，その元は B の元からなる有限長の語である ($\ell \geq 0$, $a_j \in A$, $s_j \in \{\pm 1\}$)．$|B| \geq |\mathbb{N}|$ ならば $|B^*| = |B|$（斎藤毅著『集合と位相』（東京大学出版会，2009 年）の系 7.3.8.1 の証明を参照）より $|\operatorname{im}\varphi| \leq |B^*| \leq \max\{|\mathbb{N}|, |B|\}$ がわかった．

(b) G が群ならば，関数 $G \to \mathbf{Aut}(U(G))$, $g \mapsto (\iota_g: U(G) \to U(G), h \mapsto gh)$ は単射群準同型になる．(Cayley 埋め込み定理．これは米田埋め込みからも導出できる．) ここで集合 T について，T から T への全単射のなす群を $\mathbf{Aut}(T)$ とかいた (T の対称群)．また $\iota_g(h) = gh$ の右辺は G における積である．さて単射 $f: U(G) \hookrightarrow S$ がある状況で，単射群準同型 $\mathbf{Aut}(U(G)) \hookrightarrow \mathbf{Aut}(S)$ の存在をいえばよく（なぜなら，これがいえれば「濃度が高々 $|S|$ である群 G の同型類の集まり」が $\mathbf{Aut}(S)$ の部分群になることがわかるからである），実際以下が単射群準同型となっている．

$$\mathbf{Aut}(U(G)) \longrightarrow \mathbf{Aut}(S),$$
$$\Psi \longmapsto \Psi' = \left(S \to S, s \mapsto \begin{cases} f(\Psi(t)) & (s = f(t) \in f(U(G))) \\ s & (s \in S \setminus f(U(G))) \end{cases}\right)$$

（注意）「構造の数の数え上げ」による別解も述べておこう．これは他の代数的理論でも同様にいきそうであることがより鮮明であるため，原著者の意図はこちらであっ

たかもしれない．集合族 $\{T_\mu \mid \mu \in \Upsilon\}$ を，任意の集合 X が $|X| \leq |S|$ のとき，ある $\mu \in \Upsilon$ と全単射 $T_\mu \cong X$ が存在するように選ぶ（$\{T_\mu \mid \mu \in \Upsilon\}$ は $\mathscr{P}(S)$ の部分集合とできるので，Υ は本当に集合である）．$T = T_\mu$ に入れられる群構造の集まりは，
$$T' := T^{T^2} \times T^{T^1} \times T^{T^0}$$
の部分集合であることは，T^{T^2} の元が乗法表，T^{T^1} の元が逆元表，T^{T^0} の元が単位元を（それで本当に T が群になるかどうかは不問として）それぞれ与えることから明らかである（注意 2.1.4 も参照）．よって，濃度が高々 $|S|$ の群の同型類の集まりは，集合 $\sum_{\mu \in \Upsilon} T'_\mu$ の部分集合になるので，小さい．

(c) いま $\{G \in \mathbf{Grp} \mid |G| \leq \max\{|A|, |\mathbb{N}|\}\}$（これはクラス）の同型類の集合を $\{[G_\mu] \mid \mu \in \Omega\}$ とし（$[H]$ は群 H の同型類を表す），族 $(A \xrightarrow{h} U(G_\mu))_{\mu \in \Omega, h \in \mathbf{Set}(A, U(G_\mu))}$ を考えよう．これが弱始対象的集合であることを示す．任意の $(A \xrightarrow{f} U(G))$ について，f の像 $f(A)$ で生成される G の部分群を G' とすると，ある $\mu \in \Omega$ と，群同型 $\varphi : G_\mu \xrightarrow{\sim} G'$ が存在する．このとき $g := (G' \hookrightarrow G) \circ \varphi$ とすると $g \in (A \Rightarrow U)((A \xrightarrow{U(\varphi^{-1}) \circ f} U(G_\mu)), (A \xrightarrow{f} U(G)))$ となっている．

(d) 演習問題 5.3.11 より U は極限を創出するので，補題 5.3.6 と $\mathbf{Set}$ の完備性（例 5.1.22）より $\mathbf{Grp}$ が完備であることと U が極限を保存することがわかる．これと (c)（と $\mathbf{Grp}$ が局所小であること）より，GAFT（定理 6.3.10）が適用でき，U は左随伴をもつことが示された．

6.3.25 $\mathscr{C}$ をカルテシアン閉圏とする．任意の $A, B \in \mathscr{C}$ について $\mathscr{C}(A^B \times B, A) \cong \mathscr{C}(A^B, A^B)$ だが，ここで右辺の 1_{A^B} に対応する元を $\mathrm{ev}_{A,B}$ と書くことにする．カルテシアン閉圏 $\mathscr{C}, \mathscr{D}$ の間の積を保つ関手 $F : \mathscr{C} \to \mathscr{D}$ がカルテシアン閉とは，合成 $F(A^B) \times F(B) \xrightarrow{\sim} F(A^B \times B) \xrightarrow{F(\mathrm{ev}_{A,B})} F(A)$ に対応する $\theta_{A,B} \in \mathscr{D}(F(A^B), F(A)^{F(B)}) (\cong \mathscr{D}(F(A^B) \times F(B), F(A)))$ がすべての $A, B \in \mathscr{C}$ で同型射になることである．（このようにカルテシアン閉関手はカルテシアン閉圏の間の適切な射であるが，カルテシアン関手とよばれる fibered 圏論で違う意味に使われる概念もあるので注意しよう．）

米田埋め込み $H_\bullet : \mathbf{A} \to [\mathbf{A}^{\mathrm{op}}, \mathbf{Set}]$ はすべての（小さい）極限を保存することを思い出そう（系 6.2.11）．$H_\bullet(C^B)(A) = \mathbf{A}(A, C^B) \cong \mathbf{A}(A \times B, C)$ であり，$H_\bullet(C)^{H_\bullet(B)}(A) = [\mathbf{A}^{\mathrm{op}}, \mathbf{Set}](H_A \times H_B, H_C) \cong [\mathbf{A}^{\mathrm{op}}, \mathbf{Set}](H_{A \times B}, H_C) \cong \mathbf{A}(A \times B, C)$ である．ここで最後の同型は米田の補題（定理 4.2.1（あるいは系 4.3.7））により，その前の同型は関手圏において極限（とくに二項積）が点ごとに計算できる（系 6.2.12（および例 6.2.13））ことによる．よって各 $A \in \mathbf{A}$ において全単射 $H_\bullet(C^B)(A) \xrightarrow{\sim} H_\bullet(C)^{H_\bullet(B)}(A)$ が得られるが，この割り当ては自然変換（よって自然同型）$c_{C,B} : H_\bullet(C^B) \xrightarrow{\sim} H_\bullet(C)^{H_\bullet(B)}$ になっていることが確認でき，さらに $c_{C,B} = \theta_{C,B}$ であることも確認できる．よって $H_\bullet$ はカルテシアン閉である．

6.3.26 (a) $\mathscr{A}$ の射 $A' \xrightarrow{f} A$ に沿った引き戻しは関手的なので，f は関手 $F_f : \mathscr{A}/A \to \mathscr{A}/A'$ を定める．モノの引き戻しはモノであること（演習問題 5.1.42）と，関手は同型を同型に送ること（演習問題 1.2.21）より，F_f は写像 $\mathrm{Sub}(f) : \mathrm{Sub}(A) \to \mathrm{Sub}(A')$ を引き起こす．構成法から $\mathrm{Sub}(1_A) = 1_{\mathrm{Sub}(A)}$ となっている．

(b) $\mathscr{A}$ の射 $A'' \xrightarrow{g} A' \xrightarrow{f} A$ が引き起こす関手 $\mathscr{A}/A \xrightarrow{F_f} \mathscr{A}/A' \xrightarrow{F_g} \mathscr{A}/A''$ を考える．ここで演習問題 5.1.35（のうち「右四角と左四角が引き戻しならば全体四角が引き戻しである」という言明）より，任意の $X \in \mathscr{A}/A$ について $F_g(F_f(X)) \cong F_{fg}(X)$ が成り立つ．よって $\mathrm{Sub}(g) \circ \mathrm{Sub}(f) = \mathrm{Sub}(fg)$ が確かめられた．

(c) 引き戻しをもつ圏 $\mathscr{A}$ において，部分対象分類子とはモノ $t : 1 \hookrightarrow \Omega$ であって，$\mathscr{A}$ の任意のモノ $m : S' \hookrightarrow S$ について，

が，$\mathscr{A}$ の引き戻し図式になるような $u' : S' \to 1$ が存在するようなただ一つの $u : X \to \Omega$ が存在するものをいう．このとき

- $\mathscr{A}$ が局所小ならば，$S \in \mathscr{A}$ における成分が $H_\Omega(S) \xrightarrow{\sim} \mathrm{Sub}(S), u \mapsto S'$ であるような自然同型 $H_\Omega \xrightarrow{\sim} \mathrm{Sub}$ が存在する（系 4.3.2）．とくに $\mathscr{A}$ は well-powered．
- 1 は終対象であることが証明できる．演習問題 5.1.39 より，この定義で部分対象分類子をもつ圏 $\mathscr{A}$ は有限極限をもつことを注意しよう．

演習問題 5.1.40 (a) より，$S \in \mathbf{Set}$ について，部分対象 $m : S' \hookrightarrow S$ を与えることと，S の部分集合 $S'' \subseteq S$ を与えることは同じである（対応は $m \mapsto \mathrm{im}\, m$）．$\Omega = 2 = \{\mathtt{true}, \mathtt{false}\}$，$t : \{*\} \to \Omega, * \mapsto \mathtt{true}$ とすると，$u = \chi_{\mathrm{im}\, m}$ が，そのようなただ一つの $u \in \mathbf{Set}(S, \Omega)$ であるので，$\mathbf{Set}$ において $\mathrm{Sub} \cong H_2$ が成り立つ．

6.3.27 (a) $A \in \mathbf{A}$ について，米田より $\Omega(A) \cong [\mathbf{A}^{\mathrm{op}}, \mathbf{Set}](H_A, \Omega)$ となり，部分対象分類子の定義より $[\mathbf{A}^{\mathrm{op}}, \mathbf{Set}](H_A, \Omega) \cong \mathrm{Sub}(H_A)$ となる．演習問題 5.1.40 (a) と演習問題 6.2.20 (a) より，部分対象 $S \hookrightarrow H_A$ とは，各 $A' \in \mathbf{A}$ について $S(A') \subseteq H_A(A') = \mathbf{A}(A', A)$ を，$\mathbf{A}$ の任意の射 $h : A'' \to A'$ について，$H_A(h)(S(A')) \subseteq S(A'')$ となるように与えることと同じである．

この $S \in \mathrm{Sub}(H_A)$ は，普通，A 上の sieve とよばれる．つまり S が A 上の sieve であるとは，S は $\sum_{A' \in \mathbf{A}} \mathbf{A}(A', A)$ の部分集合であって，任意の $(g : A' \to A) \in S$ と任意の $\mathbf{A}$ の射 $h : A'' \to A'$ について $gh \in S$ が成り立つことである．以上の思考実験により，Ω は各 $A \in \mathbf{A}$ について，$\Omega(A) = \{S \mid S$ は A 上の sieve$\}$ とすればよいと推測される．

(b) まず **A** の射 $f : A \to B$ に $\Omega(f)(S) = \{h : A' \to A \mid fh \in S\}$ によって $\Omega(f) : \Omega(B) \to \Omega(A)$ を割り当てることで, Ω は **A** 上の前層になる. 前層圏 $[\mathbf{A}^{\mathrm{op}}, \mathbf{Set}]$ の終対象 1 は, 各切断が 1 点集合(これは **Set** の終対象)であるような前層であり, $t : 1 \to \Omega$ は, $1(A) = \{*\}$ のとき $t_A(*) = \sum_{A' \in \mathbf{A}} \mathbf{A}(A', A)$ と定義する (total sieve). 任意の $A \in \mathbf{A}$ について t_A はモノなので, 演習問題 6.2.20 (a) より t はモノである. 任意のモノ $m \in [\mathbf{A}^{\mathrm{op}}, \mathbf{Set}](\mathcal{F}, \mathcal{G})$ について, 各 $A \in \mathbf{A}$ における成分が $u_A(x) = \{f : A' \to A \mid \mathcal{G}(f)(x) \in \mathrm{im}(m_{A'} : \mathcal{F}(A') \to \mathcal{G}(A'))\}$ によって(ここで $x \in \mathcal{G}(A)$) 与えられる $u \in [\mathbf{A}^{\mathrm{op}}, \mathbf{Set}](\mathcal{G}, \Omega)$ が, 以下の図式を引き戻し図式にするただ一つの u であることが証明できるので, Ω は部分対象分類子である.

(別解)Ω が存在したとすると, $H_\Omega \cong \mathrm{Sub}$ より, とくに $A \in \mathbf{A}$ について $\mathrm{Sub}(H_A) \cong H_\Omega(H_A) \cong \Omega(A)$ となる(最後の同型は米田による). この思考実験に基づいて, $\Omega = \mathrm{Sub} \circ H_\bullet$ と定義しよう. これが意味をもつためには, 小圏 **A** について $[\mathbf{A}^{\mathrm{op}}, \mathbf{Set}]$ が well-powered であることを示さなければならないが, それは (a) の議論から $\mathrm{Sub}(X)$ が $\prod_{A \in \mathbf{A}} \mathscr{P}(X(A))$ の部分と思えることから可能である. $\mathrm{Sub} : [\mathbf{A}^{\mathrm{op}}, \mathbf{Set}]^{\mathrm{op}} \to \mathbf{Set}$ なので, Ω は関手 $\mathbf{A}^{\mathrm{op}} \to \mathbf{Set}$ と思える. さらに議論を続けて, この Ω が本当に部分対象分類子になることを示せる. 竹内外史著『層・圏・トポス』(日本評論社, 1978 年)も参照されたい.

(c) $[\mathbf{A}^{\mathrm{op}}, \mathbf{Set}]$ は系 6.2.11 よりとくに有限極限をもち, 定理 6.3.20 よりカルテシアン閉である. さらに (b) より部分対象分類子をもつので, $[\mathbf{A}^{\mathrm{op}}, \mathbf{Set}]$ はトポスである.

A.3 (a) $\left(L \xrightarrow{p_B} B\right)_{B \in \mathscr{B}}$ を $1_{\mathscr{B}}$ 上の錐とする(すなわち任意の $g : B' \to B$ について $g \circ p_{B'} = p_B$ である). このとき $f = p_0 : L \to 0$ が, 任意の $B \in \mathscr{B}$ について $p_B = (0 \to B) \circ f$ となるただ一つの射であることが確認できる. 実際, $g = (0 \to B)$ とすると f がそのような射であることがわかり, $p_B = (0 \to B) \circ f$ で $B = 0$ とすると $f = p_0$ でなければならないことがわかる.

(b) まず $p_L = 1_L$ を示す. $\left(L \xrightarrow{p_B} B\right)_{B \in \mathscr{B}}$ は $1_{\mathscr{B}}$ 上の錐なので, (a) で $g = p_L : L \to B$ とすると, 任意の $B \in \mathscr{B}$ について $p_B \circ p_L = p_B$ を得る. このことより $f = 1_L, p_L$ のいずれも, 任意の $B \in \mathscr{B}$ について $p_B = p_B \circ f$ となる射である. 一方 $\left(L \xrightarrow{p_B} B\right)_{B \in \mathscr{B}}$ は $1_{\mathscr{B}}$ 上の極限錐なので, このような f はただ一つ存在する. ゆえに $p_L = 1_L$ である. さて任意の $B \in \mathscr{B}$ と $g : L \to B$ について, $p_B = g \circ p_L = g$ より $\mathscr{B}(L, B) = \{p_B\}$ がわかった.

A.4 (a) 任意の $c \in C$ に対してある $s \in S$ が存在して $s \leq c$ が成り立つ.

(b) $\forall u \in S, \bigwedge_{t \in S} t \leq u$ かつ (a) より, $\forall c \in C, \bigwedge_{t \in S} t \leq c$ となる.

A.5 (a) $(A \Rightarrow G)$ における $\mathbf{I}$ 型の図式とは,以下の割り当てが関手 $F : \mathbf{I} \to (A \Rightarrow G)$ になる(つまり $F(u'u) = F(u')F(u)$, $F(1_I) = 1_{B_I}$)もののことである.

- 対象 $I \in \mathbf{I}$ について, $F(I) = (B_I, h_I : A \to G(B_I))$
- 射 $I \xrightarrow{u} J$ について, $h_J = G(F(u)) \circ h_I$ なる $F(u) : B_I \to B_J$

この割り当てから関手 $E = P_A \circ F : \mathbf{I} \to \mathscr{B}$ と, $G \circ E$ 上の頂点 A の錐 $\left(A \xrightarrow{h_I} G(B_I) \right)_{I \in \mathbf{I}} = \left(A \xrightarrow{h_I} (G \circ E)(I) \right)_{I \in \mathbf{I}}$ が得られるが,これが $(A \Rightarrow G)$ における $\mathbf{I}$ 型の図式と, $\mathscr{B}$ における $\mathbf{I}$ 型の図式 E と頂点を A とする $G \circ E$ 上の錐の組の間の 1 対 1 対応を与える.逆対応は,関手 $E : \mathbf{I} \to \mathscr{B}$ と錐 $\left(A \xrightarrow{q_I} (G \circ E)(I) \right)_{I \in \mathbf{I}}$ について, $F : \mathbf{I} \to (A \Rightarrow G)$ を,

- 対象 $I \in \mathbf{I}$ について, $F(I) = (E(I), q_I : A \to G(E(I)))$
- 射 $I \xrightarrow{u} J$ について, $F(u) = E(u)$

によって割り当てる(と F は関手になる).なお,ここまでの議論で G が極限を保存するという仮定は使われていない.

(b) F を $(A \Rightarrow G)$ 中の $\mathbf{I}$ 型図式とし, $C_B = \left(B \xrightarrow{p_I} (P_A \circ F)(I) \right)_{I \in \mathbf{I}}$ を $P_A \circ F$ 上の極限錐とする. G は極限を保存するので, $\left(G(B) \xrightarrow{G(p_I)} (G \circ P_A \circ F)(I) \right)_{I \in \mathbf{I}}$ は $G \circ P_A \circ F$ 上の極限錐である.

いま, F は対象 $I \in \mathbf{I}$ について $F(I) = (B_I, h_I : A \to G(B_I))$ の形で与えられているとしよう. F 上の錐 $C_A = ((X, h : A \to G(X)) \xrightarrow{r_I} F(I))_{I \in \mathbf{I}}$ は,対象 $I \in \mathbf{I}$ ごとの割り当て $r_I \in \mathscr{B}(X, B_I)$ であって,

- $\mathbf{I}$ の任意の対象 $I \in \mathbf{I}$ について $h_I = G(r_I) \circ h$
- $\mathbf{I}$ の任意の射 $I \xrightarrow{u} J$ について $r_J = F(u) \circ r_I$

となるものと同じである. $P_A(C_A) = C_B$ となる C_A の一意性を示すには, $P_A(C_A) = C_B$ と仮定すると X, h, r_I が決定されることを示せばよい. $P_A(C_A) = C_B$ のとき $X = B$ かつ任意の $I \in \mathbf{I}$ について $r_I = p_I$ は明らかである.また (a) でみたように $(A \xrightarrow{h_I} G(B_I))_{I \in \mathbf{I}}$ は錐であり, $\left(G(B) \xrightarrow{G(p_I)} (G \circ P_A \circ F)(I) \right)_{I \in \mathbf{I}}$ は $G \circ P_A \circ F$ 上の極限錐だから,任意の $I \in \mathbf{I}$ について $h_I = G(p_I) \circ h$ となるただ一つの $h \in \mathscr{A}(A, G(B))$ が存在する.

最後に C_A が極限錐であることを示そう. F 上の錐 $((Y, g : A \to G(Y)) \xrightarrow{s_I} F(I))_{I \in \mathbf{I}}$ を考える.これは対象 $I \in \mathbf{I}$ ごとの割り当て $s_I \in \mathscr{B}(Y, B_I)$ であって,

- $\mathbf{I}$ の任意の対象 $I \in \mathbf{I}$ について $h_I = G(s_I) \circ g$

- **I** の任意の射 $I \xrightarrow{u} J$ について $s_J = F(u) \circ s_I$

となるものと同じである. $t : Y \to B$ で

- **I** の任意の対象 $I \in \mathbf{I}$ について $s_I = p_I \circ t$
- $G(t) \circ g = h$

となるものの一意性を示す必要がある. C_B は極限錐なので, $\forall I \in \mathbf{I}, s_I = p_I \circ t$ なる t がただ一つ存在するが, この t が $G(t) \circ g = h$ を満たすことが確認できる. 実際, $G(C_B)$ は極限錐なので, 演習問題 5.1.36 (a) より $\forall I \in \mathbf{I}, G(p_I) \circ G(t) \circ g = G(p_I) \circ h$ をいえばよいが, $G(p_I) \circ G(t) \circ g = G(s_I) \circ g = h_I = G(p_I) \circ h$ となっている.

訳者あとがき

　本書は Tom Leinster 著 *Basic Category Theory* (Cambridge University Press, 2014) の日本語訳である．原著者は圏論，とくに高次元圏論の有名な研究者であり，その著作 *Higher Operads, Higher Categories* (Cambridge University Press, 2004) はよく知られている．また，第1章の脚注14にあげた "Basic Bicategories" や，有限次元代数の表現論のサーベイ (arXiv:1410.3671) などから，簡潔な議論を好む minimalist と見受けられる．さらに論文リストを眺めると，Thompson 群，エントロピー，生態学，幾何学的測度論などの単語が目に入ってきて（arXiv:0508617, 1106.1791, 1512.06314, 1606.0095 のすべてに "category theory" という単語が登場する），広い知見がうかがえる．個人的には，原著者のホームページにある "The categorical origins of Lebesgue integration" なるサーベイ講演のスライドが好みだ．原著者が圏論の入門書を著すのに最適の一人であることに疑いの余地はない．

　さて，「一生かけても読みきれないほどたくさんある」（本書の「ブックガイド」からの引用）圏論の教科書のなかで，本書の特徴は，普遍性の三つの化身「随伴・表現可能関手・極限」を理解し，統合する物語性にあるだろう．集合論についての説明（第3章，とくに「ZFC 公理系への批判とその代替案の提案」）も興味深い．前衛的だが，第一線の研究者だからこそ書ける内容だ．

　また通常，圏論は実際に数学で使っていき，自分であれこれと考えるうちにその心を会得していくものであるが，それを明示しているのも斬新ではなかろうか．なぜそのように考えるのか，証明の本質はどこにあるのかなどを，直観的であったとしても要所要所で説明しようとする姿勢に好感がもてる．

訳者あとがき

さりげない文章のいくつかにも，より進んだ内容が念頭にあると推察され，脚注も用いてそれらをわかりやすく訳せたかどうかは読者の判断を待ちたい．

本書でとりわけ私が気に入っているのは，随伴の扱いについてである．原著者の引用どおり「随伴関手はあらゆるところに現れる」重要な概念だが，たとえば，単位・余単位を用いた随伴の定義（三角等式）をさらさらと書き下せる人は，数学科の学生でも多くはないようだ．それが他の入門書とは違って，すぐ（第 2 章）に登場する．第 2 章まで読むだけでも実用的である．

そして最後の 6.3 節では一般随伴関手定理 (GAFT) が扱われる．GAFT（や SAFT）は「圏論に真に数学的内容をもつ定理はあるのか？」という問いへの明確な解答といえる．また「局所小」や「小完備」といった集合論的制限をまじめに考えることの大切さも教えてくれる．入門書にもかかわらず 200 ページほどで GAFT まで到達できることは驚異的ではないだろうか．

原著の存在には数学科図書室の新刊コーナーで気がついた．ある程度知っている内容についての入門書なのに引き込まれたのは，10 年前に小林健一郎訳『Accelerated C++』（ピアソンエデュケーション，2001 年）を読んで以来で，訳してみたいと直感した．（当時，翻訳家の一生を描いた NHK 連続ドラマ小説『花子とアン』が放送されていたからかもしれない．）ちょうどその時機に，東京大学情報理工学系研究科の蓮尾一郎さんを通じて翻訳のお話をいただけたことは幸運であった．途中で自分の研究に没頭してしまい，ずっと早くに完成していたはずの作業が遅れてしまったが，その経験も訳に活かされていることを希望する次第である．丸善出版の立澤正博さんには，日本語，組版，索引，訳し漏れの指摘をはじめ大変お世話になった．東京大学情報理工学系研究科の浅田和之さん，東京大学数理科学研究科の吉田純さんには原文の意味が取れない箇所について質問・議論させていただいた．訳注や演習問題の解答のいくつかは彼らによるものである．東京大学 Kavli IPMU の斎藤恭司さんは，本書のずっと先に広がる最先端の研究の様子が垣間見られるすてきなまえがきを書いてくださった．みなさまに感謝申し上げる．

最後になるが私は，日本の数学科では圏論の基礎を「集合と位相」と一緒に学ぶとよりよいと思っている．本書がその実現の一助となれば幸いである．

2016 年 12 月　土岡俊介

記号索引

空白 (引数を入れるための空白), 28
gf ($g \circ f$ の略記法), 12
αF (自然変換の水平合成の特別な場合の略記法), 43
$F\alpha$ (自然変換の水平合成の特別な場合の略記法), 44
α_A (自然変換の成分), 33
$\mathscr{A}(A, B)$ (圏 $\mathscr{A}$ における A から B への射の集まり), 12
$\mathscr{A}(A, -)$ ($A \in \mathscr{A}$ からの射集合を取る関手), 102
$\mathscr{A}(-, A)$ ($A \in \mathscr{A}$ への射集合を取る反変関手), 107
$\mathscr{A}(f, -)$ (射の引き戻し), 107
$\mathscr{A}(-, f)$ (射の押し出し), 109
$\mathscr{A}(A, D)$ (A を頂点とする D 上の錐の集合), 175
$D(-)(A)$ (関手圏の図式と評価の合成), 177
$\mathscr{B}^{\mathscr{A}}$ (関手圏), 36
B^A (B から A への関数の集合), 81
B^A (エクスポネンシャル), 197
B^A (定対象族の積), 135
$(f_i)_{i \in I}$ (積への射), 134
$\mathbf{A}, \mathbf{B}, \ldots$ (書体) (小圏の書体), 141

$-$ (引数を入れるための空欄), 28
$-$ (極限に入っていくただ一つの射), 142
$-$ (転置), 50
$-$ (余極限から出ていくただ一つの射), 151
$\tilde{}$ (米田の補題の対応), 116
$\hat{}$ (前層圏 (米田完備化)), 198
$\hat{}$ (米田の補題の対応), 116
$(\ )^{\bullet}, (\ )_{\bullet}$ (二つの引数を取る関手のカリー化), 180
$*$ (自然変換の水平合成), 43
V^* (線型空間の双対空間), 28

f^* (射の引き戻し), 107
f^* (線型写像 $f: V \to V'$ が引き起こす自然変換 $\mathbf{Hom}(V', -) \to \mathbf{Hom}(V, -)$), 28
f_* (射の押し出し), 102, 109
$\circ$ (関数の合成), 21
$\circ$ (自然変換の (垂直) 合成), 35
$\circ$ (射の合成), 12
$g \circ -$ (射の押し出し), 102, 109
$- \circ f$ (射の引き戻し), 107
$\forall$ (量化子 (「任意の」を意味する)), 4
$\exists!$ (量化子 (「ただ一つ存在する」を意味する)), 4
$\to$ (射), 13
$\hookrightarrow$ (包含写像), 7
$\xrightarrow{\sim}$ (同型), 120
$\Rightarrow$ (コンマ圏), 69
$\Rightarrow$ (コンマ圏の特別な場合の略記法), 70
$\Rightarrow$ (自然変換), 33
$\dashv$ (随伴), 50
$\bot, \top$ (随伴), 58
$\cong$ (関手の自然同型), 37
$\cong$ (圏同型), 31
$\cong$ (同型), 14
$\cong$ (圏同値), 39
$\leq$ (集合の濃度の不等号), 87
$\leq$ (前順序), 18
$|\ |$ (集合の濃度), 87
$[\ ,\ ]$ (関手圏), 36
$\otimes$ (線型空間のテンソル積), 7
$\times$ (圏の直積), 19
$\times$ (集合の直積), 80
$\times$ (積), 131
$\prod$ (集合族の直積), 80
$\prod$ (積), 134
$+$ (集合の直和), 80, 152
$\sum$ (集合族の直和), 81

記号索引

$\sum$ （和）, 151
$\amalg$ （集合の直和の別記法）, 81
$\bigsqcup$ （和）, 151
$\oplus$ （和）, 132
$\mathscr{A}/A$ （スライス圏）, 70
$A/\mathscr{A}$ （余スライス圏）, 71
$A/\sim$ （商集合）, 83
$\wedge$ （交わり）, 133
$\bigwedge$ （交わり）, 134
$\vee$ （結び）, 153
$\bigvee$ （結び）, 153

$(\ )^{-1}$ （逆射）, 14
$\emptyset$ （空圏）, 16
0 （空族の和（始対象））, 151
1 （一つの元からなる集合）, 1
1 （関手上の恒等自然変換）, 36
1 （恒等関手）, 21
1 （恒等射）, 12
1 （終対象）, 134
1 （一対象からなる圏）, 16
2 （二元からなる集合）, 82
2 （二対象からなる離散圏）, 36
2 （二対象からなるある圏）, 141

Δ （対角関手）, 87, 170
Δ （定値関手を割り当てる関手）, 59
ε （余単位）, 60
η （単位）, 60
π_1 （基点つき位相空間に基本群を対応させる関手）, 25
χ （集合の特性関数）, 82

Ab （アーベル群の圏）, 22
$(\ )_{ab}$ （群のアーベル化）, 53
Bilin （双線型写像の集合を取る関手）, 104
C （位相空間上の実数値連続関数のなす環を取る反変関手）, 27
CAT （圏の圏）, 21
Cat （小さい圏の圏）, 91
Cone （錐の集合）, 170
CptHff （コンパクト Hausdorff 空間の圏）, 146
CRing （可換環の圏）, 23
D （集合を離散位相と思う関手）, 4
E （イコライザの図式）, 141

E （元の圏）, 184
ev （評価関手）, 177
FDVect （有限次元 k 線型空間の圏）, 37
Field （体の圏）, 54
FinSet （有限集合の圏）, 41
Grp （群の圏）, 14
H^A （$A \in \mathscr{A}$ からの射集合を取る関手）, 102
H_A （$A \in \mathscr{A}$ への射集合を取る反変関手）, 107
H^f （射の引き戻し）, 107
H_f （米田埋め込みの割り当て）, 109
$H^\bullet$ （米田埋め込みの双対版）, 107
$H_\bullet$ （米田埋め込み）, 109
Hom （$\text{Hom}_\mathscr{A}(A,B)$ は $\mathscr{A}(A,B)$ の別記法）, 12
Hom （射集合を取る関手）, 110
Hom （k 線型空間 V, W の間の k 線型写像の集合）, 28
I （集合を密着位相空間と思う関手）, 9
$\varprojlim$ （極限）, 142
$\varinjlim$ （余極限）, 151
Mon （モノイドの圏）, 22
$\mathbb{N}$ （自然数の集合）, 18
$\mathscr{O}$ （位相空間の開部分集合のなす半順序集合）, 29
$\mathscr{O}$ （位相空間の開部分集合を取る反変関手）, 108
ob （圏の対象の集まり）, 12
$(\ )^{op}$ （反対圏）, 19
P （引き戻しの図式）, 141
$\mathscr{P}$ （べき集合）, 64, 82
$\mathscr{P}$ （集合のべき集合を取る反変関手）, 108
P_A （射影関手）, 192
Ring （（単位的）環の圏）, 14
S^1 （円周）, 104
Set （集合の圏）, 14
T （積の図式）, 141
Top （位相空間の圏）, 14
Top$_*$ （基点つき位相空間の圏）, 25
Toph （位相空間のホモトピー圏）, 20
Toph$_*$ （基点つき位相空間のホモトピー圏）, 104
Vect$_k$ （k 線型空間の圏）, 14
$\mathbb{Z}[x]$ （整数係数一変数多項式環）, 9

欧文索引

abelianization, 53
adjoint functor theorem
　general, 194
　special, 195
adjunction, 50
algebraic theory, 54
arrow, 12, → map
axiom of choice, 84

canonical, 38
cardinality, 88
cartesian closed category, 197
category, 12
　cartesian closed, 197
　comma, → comma category
　complete, 190
　coslice, 71
　discrete, 16
　dual, 19
　of elements, 184
　equivalence of categories, 39
　essentially small, 90
　finite, 145
　large, 89
　locally small, 89
　opposite, 19
　product, 19
　slice, → slice category
　small, 89
　well-powered, 202
characteristic function, 82
class, 89

cocone, 151, → cone
codomain, 14
coequalizer, 153, → equalizer
colimit, 151, → limit
comma category, 69
commute, 13
complete, 190
component, 33, 134
composition, 12
　horizontal, 43
　vertical, 43
cone, 141
　limit, 142
contravariant, 26
coproduct, 151, → sum
coprojection, 151
coreflective, 54
coslice category, 71
counit, → unit and counit
covariant, 27
creation of limit, 166

diagram, 141
　commutative, 13
　string, 65
direct limit, 157
discrete,
　→ category, discrete,
　→ topological space, discrete
disjoint union, 81
domain, 14
duality, 19

element
　category of elements, 184
　generalized, 111
　least, → least element
　universal, 120
empty family, 134
epic, 159, → monic
　regular, 162
　split, 162
epimorphism, 159, → epic
equalizer, 135
equivariant, 34
essentially surjective on objects, 40
evaluation, 177
exponential, 197

faithful, 29
fibred product, 138, → pullback
fixed point, 92
fork, 135
free functor, 22
full, → functor, full, → subcategory, full
function
　characteristic, 82
　partial, 75
functor, 20
　category, 36
　contravariant, 26
　covariant, 27
　diagonal, 87
　forgetful, 22
　free, 22
　full, 29
　representable, 102

general adjoint functor theorem, 194
generalized element, → element, generalized
greatest lower bound, 133
group
　abelianization, 53
　free, 23
　representation of, → representation

hom-set, 90

identity, 12
indiscrete, 9
initial, → object, initial, → weakly initial
interchange law, 44
inverse, 14
　limit, 144
　right, 84
isomorphism, 14
　natural, 36

join, 153

Kan extension, 188

large, 89
least element, 153
least upper bound, 153
limit, 142
　cone, 142
　creation of, 166
　direct, 157
　finite, 145
　inverse, 144
　reflection, 163
　small, 142
locally small, 89
lower bound, 133

map, 12
　bilinear, 5
meet, 133
model, 55
monic, 147
　regular, 162

split, 162
monoid, 18
monomorphism, 147, → monic
morphism, 12, → map

natural isomorphism, → isomorphism, natural
natural transformation, 33
naturally, 37

object, 12
　initial, 57
　injective, 168
　projective, 168
　terminal, 57, → object, initial
order-preserving map, 26
ordered set, 19

partial function, 75
partially ordered set, 19, → ordered set
permutation, 46
poset, 19, → ordered set
power, 135
　set, 82
preorder, 18, → ordered set
presheaf, 29
product, 130
　binary, 133
projection, 131
pullback, 137
　square, 138
pushout, 155, → pullback

quotient, 158

reflection, 67
reflective, 54
representation, 102
　left regular, 103

scheme, 26
section, 84
sequence, 84

shape
　of diagram, 141
　of generalized element, 111
sheaf, 29
Sierpiński space, 112
slice category, 70
small, 89
special adjoint functor theorem, 195
Stone–Čech compactification, 196
string diagram, 65
subcategory
　full, 30
　reflective, 54
subobject, 150
　classifier, 202
subset, 158
sum, 151, → product

tensor product, 7
topological space
　discrete, 4
　indiscrete, 9
topos, 202
total order, 46
transpose, 50
triangle identity, 61
type, 94

unit and counit, 60
universal
　element, 120
　property, 1
upper bound, 153

vertex, 141

weakly initial, 194
well-powered, 202
word, 23

Yoneda embedding, 109

Zermelo–Fraenkel with choice, 94

和文索引

●数字・記号・欧文
2 圏, 45

C^* 環, 42
Cantor, Georg, 93
　　Cantor–Bernstein の定理, 88
　　Cantor の定理, 88

Eilenberg, Samuel, 11

Fourier 解析, 42, 93
Fubini の定理, 180

GAFT, →一般随伴関手定理
G 集合, 26, 59, 188, →モノイド, 作用

∞ 圏, 45

Kan 拡張, 188
Kronecker, Leopold, 93

Lie 代数, 51

Mac Lane, Saunders, 11

n 圏, 45

SAFT, →特殊随伴関手定理

Sierpiński 空間, 112
Stone–Čech コンパクト化, 196

van Kampen の定理, 8, 156

well-powered, 202

$\mathbb{Z}$（整数）
　　環としての, 2, 57
　　群としての, 46, 101, 122, 124
ZFC, 94–98

●あ行
集まり, 13
あひる, 125
アーベル化, 53
アリティ, 55

イコライザ, 135, 158
　　――と引き戻し, 148
　　――への射, 174
　　集合の――, 83, 135
位相空間, 8, 64, →ホモトピー,
　　→群, 基本
　　――上の関数, 27, 29, 108
　　――の開部分集合, 108
　　――の圏, 14

266　和文索引

――におけるイコライザ, 136
――におけるエピ, 160
――における極限, 145, 164
――における積, 131
――における同型射, 15
――における余極限, 164
局所小, 90
本質的に小さくない, 91
2点からなる――, 108
Hausdorff, 160
コンパクト Hausdorff, 146, 196
トポスとしての, 200
部分――, 136
密着, 9, 56
離散, 4, 56, 105
位相群, 42
一意性, 2, 4, 36, 127
構成の――, 13, 21, 33, 51, 114
一般元, →元, 一般
一般随伴関手定理, 194, 205–207

埋め込み, 123

エクスポネンシャル, 197, →関数, 関数の集合
米田埋め込みで保たれる, 202
エピ, 159, →モノ
正則――, 162
分裂――, 162
エピ射, 159, →エピ

応用数学, 11
大きい, 89
押し出し, 155, →引き戻し

●か行
開部分集合, 108
下界, 133

可換, 13
核, 7, 9, 137
下限, 134
型, 94–96
一般元の――, 111
図式の――, 141
合併, 81, 153
押し出しとしての, 156
カルテシアン閉圏, 196–200
環, 2
――の圏, 14
――におけるエピ, 160
――における極限, 145, 165–168
――における同型射, 15
――におけるモノ, 147
局所小, 90
本質的に小さくない, 91
関数のなす――, 27, 108
自由可換――, 106
多項式――, 9, 23, 106
関係, 153, →同値関係
関手, 20
――圏, 36, 44, 197
――における極限, 176–183
――の合成, 21
――の積, 177
――の像, 30
共変――, 27
恒等――, 21
――の極限, 205, 207
自由――, 22
集合に値を取る――, 103
充満, 29
充満忠実, 40, 124
対角――, 59, 87, 170
対象について本質的に全射, 40
忠実, 29, 32

和文索引　**267**

　　反変——, 26, 109
　　表現可能——, 102, 108
　　　　——と随伴, 104, 201
　　　　——の極限, 182–183
　　　　——の同型, 125–126
　　　　——の余極限, 183–187
　　　　——の和, 187
　　　　極限を保存する, 174–176
　　忘却——, 22
　　　　——の左随伴, 51, 106, 194
　　　　極限を保存する, 189
　　　　表現可能, 103, 105
　　「見る」——, 101, 103
関数
　　——の集合, 56, 81, 197
　　——の総数, 79
　　——の直観的な記述, 78
　　全射, 159
　　単射, 147
　　特性——, 82
　　部分——, 75
完備, 190

逆
　　——極限, 144
　　——射, 14
　　——像, 67, 108
　　　　引き戻しとしての, 138
　　右——, 84
球面, 158–159
共通部分, 132, 144
　　引き戻しとしての, 139, 156
共変, 27
行列, 47
行列式, 34
極限, 142
　　——錐, 142
　　——と余極限, 158, 176, 192

　　——の間の射, 172
　　——の一意性, 171, 173
　　——の関手性, 167
　　——の創出, 166, 207
　　——の反射, 163
　　——の保存, 163
　　　　随伴による, 189
　　——への射, 176
　　——をもつ, 145
　　大きい——, 193–194, 206, 207
　　関手 Cone の表現としての, 171
　　関手圏における——, 176–183
　　逆——, 144
　　極限どうしの交換性, 180, 189
　　恒等関手の——, 205, 207
　　順——, 157
　　随伴としての, 173
　　積とイコライザからくる——, 145
　　小さい——, 142, 193–194, 207
　　点ごとでない, 179
　　点ごとの計算, 177
　　引き戻しと終対象からくる——, 149
　　非公式な語法, 142
　　有限——, 145
　　余極限との非交換性, 181
極限の創出, 166, 207
極限の反射, 163
局所小, 89, 102
曲面, 158–159
距離空間, 110

空族, 134, 152
クラス, 13, 89
群, 7, 122, 124, →モノイド
　　——の圏, 14
　　——におけるイコライザ, 137
　　——におけるエピ, 160
　　——における極限, 145, 165–168

和文索引

——における同型射, 15
——におけるモノ, 147
——における余極限, 165
局所小, 90
本質的に小さくない, 91
——の作用, 59, 188, →モノイド, 作用
——の表現, →表現
アーベル化, 53
アーベル群
　　——の有限極限, 147
　　——の余イコライザ, 155
位相——, 42
基本——, 8, 25, 104, 156
元で決まる準同型写像, 46
元の位数, 103, 126
構造を保たない射, 42
自由——, 23, 53, 75, 195, 202
正規部分——, 161
反対, 31
一つの対象からなる圏としての, 17
モノイド上の自由——, 54

計算機科学, 12, 94, 95
結合代数, 51
結合法則, 12, 181
圏, 12
　　——同値, 39
　　　　——と随伴, 65
　　——の 2 圏, 45
　　——の同型, 31
　　——の描写, 16
　　well-powered, 202
　　大きい, 89
　　カルテシアン閉——, 196–200
　　完備, 190
　　局所小, 89, 102
　　圏の——, 21, 91
　　　　Set との随伴, 93, 201

元の——, 184, 186
コンマ——, →コンマ圏
スライス——, →スライス圏
双対——, 19
ダイエットされた——, 41
小さい, 89, 141
直積——, 19, 31, 46
反対——, 19
一つの対象からなる——, 16–18,
　　→モノイド, →群
本質的に小さい, 90
モノイダル閉——, 198
有限, 145
余スライス——, 71
離散——, 16, 93, 105
　　——からの関手, 34, 36, 37
元
　　——の圏, 184, 186
　　一般——, 111, 126, 141, 147, 186
　　関数としての——, 80
　　最小——, →最小元
　　前層の——, 120
　　普遍——, 120
原像, →逆像
圏同値, 39
　　——と随伴, 65

語, 23
交換法則, 44
航空写真, 106
合成, 12
　　垂直——, 43
　　水平——, 43
恒等射, 12
　　0 重の合成としての, 13
固定点, 67, 92
コホモロジー, 28
コンマ圏, 69

——における極限, 207

●さ行
最小元, 153, 205, 207
　交わりとしての, 192
最小公倍数, 153
最小上界, 153
最小値, 132
最大下界, 133
最大公約数, 133
三角等式, 61, 66
算術, 82, 135, 189, 197
　濃度, 194, 201

思考実験, 144, 199, 203
自然数, 18, 84, 189, →算術
自然同型, →同型, 自然
自然に, 37
自然変換, 33
　合成, 35, 43–44
　恒等——, 35
始対象, →対象, 始, →弱始対象的
射, 12
　関数のようである必要はない, 15
射影, 131, 142
射影的対象, 168
弱始対象的, 194, 205–207
射集合, 90, 108
写像, →射
　順序を保つ——, 26, 31
　双線型——, 5, 104, 127, 198
自由関手, 22
集合
　——に値を取る関手, 103
　——の大きさ, 87–89
　——の圏, 14, 79
　　——におけるイコライザ, 83, 135
　　——におけるエピ, 160

——における押し出し, 156
——における極限, 144
——における積, 56, 80, 129, 131
——における同型射, 14
——におけるモノ, 147
——における余イコライザ, 155
——における余極限, 157
——における和, 80, 152
　局所小, 90
　トポスとしての, 98, 200
　本質的に小さくない, 90
——の商, 83, 155
——の直観的な記述, 78
——の定義, 84–86
——の無構造性, 78
1 点——, 1, 80, 134
2 点——, 82, 108, 200
ZFC における異様な特性, 95
開——, 108
関数の——, 56, 81, 197
空——, 79, 86
弱始対象的——, 194, 205–207
集合論の公理化, 94–98
有限——, 41, 90
歴史, 93–98
終対象, →対象, 終
充満, →関手, 充満, →部分圏, 充満
述語, 68
順極限, 157
順序集合, 19, 36
　——と前順序集合, 19, 201
　——における積, 132–133
　——における和, 153
　——の間の随伴, 64, 67, 191–193
　完備小圏, 193, 201
　全——, 46
順序の保存, 26, 31

和文索引

商, 158, 161
　集合の, 83, 154
　和の, 158
上界, 153
小圏, 89, 141, 142
上限, 153

錐, 141
　極限——, 142
　極限としての錐の集合, 175
　自然変換としての——, 170
随伴, 50
　——と圏同値, 65
　——における極限の保存, 188
　——についての自然性の公理, 50, 60, 110, 122
　——の一意性, 51, 128
　——の合成, 58
　——の固定点, 67
　——の非存在, 190
　始対象からみた——, 71–75, 121, 122
　自由と忘却, 51–54
随伴関手定理, 190–196
　一般——, 194, 205–207
　特殊——, 195
随伴としての量化子, 68
数学の基礎, 84–86, 96
スキーム, 26
図形, →元, 一般
図式, 141
　可換——, 13
　ストリング——, 65
ストリング図式, 65
スライス圏, 70
　前層圏の——, 187

整数, →$\mathbb{Z}$
生成された同値関係, 154

正則関数, 183
成分
　自然変換の——, 33
　積への射の——, 134
積, 130, 134
　——の一意性, 131
　——の関手性, 167
　——の結合法則, 181
　——の交換法則, 181
　——への射, 174, 182
　空族の——, 134
　二項——, 133
　引き戻しとしての, 138
　非公式な語法, 131
切片, 84
線型空間, 3, 5, 47, →双線型
　——上の関数, 28
　——の圏, 14
　——におけるイコライザ, 137
　——におけるエピ, 160
　——における極限, 145, 147, 165–168
　——における積, 132
　——におけるモノ, 147
　——における余極限, 165
　——における和, 152
　カルテシアン閉でない, 197
　局所小, 90
　本質的に小さくない, 91
　——の直和, 132, 152
　自由——, 23, 52, 105
　——の単位, 61, 69, 121
　線型写像のなす——, 28
　双対, 28, 37
全射, 159
前順序, 18, →順序集合
全順序, 46

前層, 29, 59
　――圏
　　――における極限, 182
　　――におけるモノとエピ, 187
　　――のスライス, 187
　　カルテシアン閉, 199
　　トポス, 202
　　――の元, 120
　　表現可能関手の余極限としての, 183–187
選択公理, 84, 162

層, 29, 200
像
　関手の――, 30
　逆, →逆像
　準同型写像の――, 155
双線型, →写像, 双線型
双対性, 19, 41, 158
　――の原理, 19, 58
　――のための用語, 150
　Gelfand–Naimark, 42
　Pontryagin, 42
　Stone, 41
　線型空間についての――, 28, 37
　代数と幾何, 27, 41
族, 80
　空――, 134, 152
素数, 183

●た行
体, 54, 101, 190
対角, →関手, 対角
台集合, 22
対象, 12
　――に探りを入れる, 96
　――のなす集合, 93, 103
　始――, 57, 152
　　――の一意性, 58
　　恒等関手の極限としての, 205, 207
　　随伴としての, 58
　射影的, 168
　終――, 57, 134, →対象, 始
　集合のようである必要はない, 15
　単射的, 168
対象について本質的に全射, 40
代数, 111
　結合――, 51
　代数的理論, 54
代数幾何学, 26, 42, 111
代数的位相幾何学, 25
代数的理論, 55
タイヤのチューブ, 159
多項式, 25, →環, 多項式
多様体, 42, 159
単位と余単位, 60
　――の観点からの随伴, 62, 63
　始対象としての単位, 71–75, 121
　単位の単射性, 75
単射, 147
単射的な対象, 168

値域, 14
チェス, 85
チェスにおけるキング, 85
置換, 46
忠実, 29, 32
中心, 31
稠密性, 185, 186
頂点, 141, 151

定義域, 14
点ごと, 27, 177, 198
テンソル積, 7, 104, 127, 198
転置, 50

同一性, 38–40
同型
　——射, 14
　——と充満忠実関手, 124
　関手により保たれる, 30
　圏の間の, 31
　自然——, 36
同値関係, 83, 161
　関係で生成される——, 154
同変, 34
特殊随伴関手定理, 195
特性関数, 82
トポス, 98, 200–203

●な行
濃度, 88, 194, 201

●は行
反射的, 54
反射的(随伴), 67
半順序集合, 19, →順序集合
反変, 26, 109

引き戻し, 137
　——四角形, 138
　——とイコライザ, 148
　——の貼り付け, 149
　モノの——, 150, 162
非交和, 81, →集合, 集合の圏, 和
評価, 38, 115, 177
表現
　関手の——, 102, 108
　　普遍元としての, 120–122
　群やモノイドの——
　　正則——, 103, 119
　　線型——, 26, 59, 188
表現可能関手, →関手, 表現可能
標準的, 38, 45

ファイバー積, 138, →引き戻し
フォーク, 135
不動点, 92
部分
　積の, 158
部分関数, 75
部分圏
　充満——, 30, 124
　反射的——, 54
部分集合, 82, 150
部分対象, 150
　——分類子, 200, 202
普遍
　——元, 120
　——性, 1–9
　　対象の一意的な決定, 2, 6
　——包絡環, 51
ブール代数, 41

閉曲線, 111
閉包, 64
べき, 135
　——級数, 183
　——集合, 82, 108, 132, 153

包含写像, 7
忘却, →関手, 忘却
ポセット, 19, →順序集合
保存, →極限, 保存
ホモトピー, 20, 104, →群, 基本
ホモロジー, 25
本質的に小さい, 90

●ま行
交わり, 134

密着位相空間, 9, 56

結び, 153

明示的な構成, 53, 195

モデル, 55
モノ, 147
　——の合成, 162
　——の引き戻し, 150, 162
　正則——, 162
　分裂——, 162
モノイダル閉圏, 198
モノイド, 18
　——上の自由群, 54
　——についての米田の補題, 119
　——の間のエピ, 161
　——の間の準同型, 26
　——の作用, 26, 28, 34, 36, 103,
　　→群, 作用
　反対, 31
　一つの対象からなる圏としての, 18,
　　34, 41, 91
モノ射, 147, →モノ

●や行
矢印, 12, →射

余イコライザ, 153, →イコライザ
余極限, 151, →極限
　——からの射, 176

——と積分, 180
余射影, 151
余錐, 151, →錐
余スライス圏, 71
余積, 151, →和
余単位, →単位と余単位
米田埋め込み, 109, 122–123
　エクスポネンシャルを保つ, 202
　極限を保存する, 182
　余極限を保存しない, 183
米田の補題, 114
　モノイドについての——, 119
余反射的, 54

●ら行
離散, →圏, 離散, →位相空間, 離散

列, 84, 111
連結性, 187
連立方程式, 25, 136, 146

●わ行
和, 151, →積
　——からの射, 176
　押し出しとしての, 156
　空族の——, 151

著作者
T. レンスター (Tom Leinster)
University of Edinburgh

監修者
斎藤　恭司（さいとう　きょうじ）
京都大学数理解析研究所名誉教授.
東京大学国際高等研究所カブリ数物連携宇宙研究機構
客員上級科学研究員.

訳　者
土岡　俊介（つちおか　しゅんすけ）
東京工業大学情報理工学院准教授.

ベーシック圏論　普遍性からの速習コース

平成 29 年 1 月 30 日　発　　　行
令和 6 年 5 月 20 日　第 9 刷発行

著作者　　T. レ ン ス タ ー

監修者　　斎　藤　恭　司

訳　者　　土　岡　俊　介

発行者　　池　田　和　博

発行所　　丸善出版株式会社
〒101-0051 東京都千代田区神田神保町二丁目 17 番
編集：電話 (03) 3512-3266 ／ FAX (03) 3512-3272
営業：電話 (03) 3512-3256 ／ FAX (03) 3512-3270
https://www.maruzen-publishing.co.jp

© Shunsuke Tsuchioka, 2017

印刷・製本／三美印刷株式会社

ISBN 978-4-621-30070-1　C 3041　　　　　Printed in Japan

本書の無断複写は著作権法上での例外を除き禁じられています.